作物种质资源与遗传育种研究

刘建霞 著

中国农业科学技术出版社

图书在版编目（CIP）数据

作物种质资源与遗传育种研究／刘建霞著 . --北京：中国农业科学技术出版社，2023.10

　ISBN 978-7-5116-6480-8

　Ⅰ.①作…　Ⅱ.①刘…　Ⅲ.①作物-种质资源②作物育种-遗传育种　Ⅳ.①S3

中国国家版本馆 CIP 数据核字（2023）第 200103 号

责任编辑	陶　莲
责任校对	贾若妍　李向荣
责任印制	姜义伟　王思文

出 版 者	中国农业科学技术出版社
	北京市中关村南大街 12 号　　邮编：100081
电　　话	（010）82109705（编辑室）　　（010）82109702（发行部）
	（010）82109709（读者服务部）
网　　址	https://castp.caas.cn
经 销 者	各地新华书店
印 刷 者	北京建宏印刷有限公司
开　　本	170 mm×240 mm　1/16
印　　张	19　彩插　6 面
字　　数	360 千字
版　　次	2023 年 10 月第 1 版　2023 年 10 月第 1 次印刷
定　　价	98.00 元

前　言

　　作物种质资源是推动现代种业创新的物质基础，是推进农业高质量发展的"芯片"，是保障国家粮食安全、建设生态文明、维护生物多样性的战略性资源。种质资源即遗传资源、品种资源或基因资源，是选育作物新品种的基础材料。作物遗传育种是以遗传学为基础，研究作物遗传改良及品种繁育的理论、方法和技术。作物新品种选育和繁殖是种子（苗）工程及种子（苗）产业的源头和核心，是作物生产实现高产、优质、高效的基础。作物遗传育种的实质是筛选和创造可遗传的优良变异，供生产使用和进一步研究。作物种质资源是育种的物质基础，稀有特异种质对育种成效具有决定性的作用。作物种质创新利用技术推动育种发展，新的育种目标能否实现决定于所拥有的种质资源。种质资源在人类社会生存与可持续发展过程中不可或缺，是农作物育种、遗传理论研究、生物技术研究和农业生产的重要物质基础，也是一个国家最有价值、最具战略意义的资源。种质资源的研究水平不仅关系到资源的利用效率、作物育种和生产发展的水平，而且是衡量一个国家在全球"基因大战"中竞争力的重要指标，我国农作物种质资源物种繁多、数量巨大，并以其丰富性和独特性为举世公认。因此，进行作物种质资源与遗传育种研究具有极其深远的理论和实践意义。

　　笔者多年来一直从事作物种质资源与遗传育种研究，先后主持了山西省自然科学（青年）基金项目"山西省马铃薯遗传资源多样性的 SSR 研究"（2010021026-2），山西省科学技术攻关项目"食用豆种质资源发掘、创新及高效栽培技术研究"（20140311005-3），大同市农业重点研发项目"藜麦种质资源引种大同地区适应性筛选与种质创新"（2018042），大同市应用基础研究项目"道地恒山黄芪优质种源选育与组学分析"（2022053），该书在这些科研项目的基础上撰写而成。全书共 8 篇 25 章，第一篇总体阐述作物种质资源与遗传育种的研究内容、研究方法、研究进展，特别加入了现代育种新技术如反向育种、基因编辑等遗传育种最新进展。第二篇到第八篇分别介绍了小麦、玉米、马铃薯、藜麦、绿豆、小豆、黄芪等 7 个作物种质资源与遗传育种方面的研究情况，重点阐述了小麦与藜麦的种质资源与遗传育种研究。第二篇小麦遗传育种研究，主要对源于偃麦草小麦白粉病抗性遗传与基因定位加以阐述，对小麦新品种进行细胞与遗传学分析。第三篇玉米种质资源研究，主要介绍重金属铜胁迫引发的信号蛋白对玉米防护系统的调控机制。第四篇马铃薯种质资源研究，主要是运用 SSR 分子标记对山西主要栽培的马铃薯遗传多样性进行分析。第五篇藜麦种质资源与遗传育种研究，对藜麦种质资源进行了抗旱性筛选以及干旱、盐碱、低温、石墨烯胁迫后，藜麦生理生化特性及基因表达的响应分析；另外用叠氮化钠和甲基磺酸乙酯对藜麦进行诱变；正交试验优化了藜麦离体再生体系。第六篇绿豆种质资源研究，针对激素对盐胁迫下绿豆种质的缓解作用进行了研究。第七篇小豆种质资源研究，对小豆进行了重金属胁迫和叠氮化钠诱变。第八章黄芪种质资源研究，围绕除草剂和盐胁迫对黄芪种质的影响展开论述。

在撰写过程中除了每一部分所列参考书目外，还参考了大量科研文献，诚挚地向所有作者致谢。特别感谢师姐贺润丽在整个小麦研究部分的指导、帮助和支持；特别感谢山西大同大学农学与生命科学学院领导和老师们的帮助和支持。

由于笔者水平有限，在撰写过程中疏漏与不足在所难免，恳请读者批评指正，将不胜感激。

刘建霞

2023 年 7 月于山西大同大学

目　　录

第三篇　玉米种质资源研究

第四篇　马铃薯种质资源研究

第五篇　藜麦种质资源与遗传育种研究

第一篇
作物种质资源与遗传育种

1 绪 论

作物种质资源是农作物新品种培育和原始创新的物质基础，是保障国家粮食安全、推动农业绿色发展、维护生物多样性的战略性资源（武晶 等，2022）。作物遗传育种是农业科学的核心，是发展农业生产、提高劳动生产率的理论和技术基础。作物种质资源是作物育种与遗传学研究的基础，在作物育种发展进程中，育种的突破性成就在于对关键性种质资源的发掘和利用。不断加强作物种质资源的搜集、整理、保存、研究和利用，拓展和改进作物育种途径，深入开展技术和基础理论研究，大力发展生物技术，促进作物遗传育种技术和理论水平的提高，使作物的遗传改良取得重大成就，推动农业生产的持续稳定发展。

1.1 种质资源

种质资源（germplasm resources）是指具有一定种质或基因、可供育种及相关研究利用的各种生物类型。种质是亲代传给子代的遗传物质，是控制生物本身遗传和变异的内在因子。种质资源的遗传物质是基因，且作物遗传育种研究主要利用的是生物体中部分或者个别基因，因此，种质资源又称遗传资源（genetic resources）、基因资源（gene resources）、品种资源（variety resources）。

1.1.1 种质资源分类及特点

种质资源是携带生物遗传信息的载体，具有实际或潜在利用价值（刘旭 等，2018）。作物种质资源是人类社会生存和发展的物质基础，也是现代农业科学发展的前提。它为农作物新品种的培育提供原材料，为生物技术研究提供基因来源。随着遗传育种研究的不断发展，种质资源所包含的内容越来越广，凡能用于作物育种的生物体都可归入种质资源的范畴，包括地方品种、改良品种、新选育的品种、引进品种、突变体、野生种、近缘植物、人工创造的各种生物类型、无性繁殖器官、单个细胞、单个染色体、单个基因、甚至 DNA 片段等（张天真，2008）。从作物遗传育种的角度，按作物育种的实用价值，种质资源可分为地方品种、主栽品种、原始栽培类型、野生近缘种和人工创造的种质资源 5 类（孙其信，2019）。

1.1.1.1　按作物育种实用价值分类

地方品种（primitive varieties or landraces）：又称"农家品种""传统品种""地区性品种"。指在局部地区内栽培的品种，未经过现代育种技术遗传修饰，但具有稀有有用特性，如特别抗某种病虫害、特别的生态环境适应性、特别的品质性状，以及未来可能特别有价值的特殊性状。

主栽品种（major varieties）：又称商业品种（commercial varieties），是育种的基本材料，指那些经现代育种技术改良过的品种，包括自育成或引进的品种，具有较好的丰产性与较广的适应性。

原始栽培类型（primitive cultivation type）：是指具有原始农业性状的类型，大多为现代栽培作物的原始种或参与种。该类型多有"一技之长"，但不良性状遗传力高。

野生近缘种（wild relatives）：是指现代作物的野生近缘种及与作物近缘的杂草，包括介于栽培类型和野生类型之间的过渡类型。这类种质资源常具有作物所缺少的某些抗逆性，可通过远缘杂交及现代生物技术把该类种质的优异性状转入栽培作物中，如偃麦草与小麦杂交小偃 6 号。

人工创造的种质资源（artificially created germplasm resources）：是指杂交后代、突变体、远缘杂种及其后代、合成种等。这些材料多具有某些缺点而不能成为新品种，但其有一些明显的优良性状，可作为育种的亲本在作物育种中发挥一定的作用。

1.1.1.2　按亲缘关系分类

Harlan 和 Dewet（1971）按亲缘关系，即按彼此间的可交配性与转移基因的难易程度将种质资源分为初级基因库、次级基因库和三级基因库 3 个级别的基因库。

初级基因库（gene pool 1）：是指库内各种资源间能相互杂交，基因转移容易，正常结实。库内各资源无生殖隔离，杂种可育，染色体配对良好。

次级基因库（gene pool 2）：是指库内各类资源间的基因转移是可能的，但存在一定的生殖隔离。库内各资源杂交不实或杂种不育，必须借助特殊的育种手段才能实现基因转移。如大麦与球茎大麦。

三级基因库（gene pool 3）：库内各类资源间的亲缘关系更远，基因转移困难，库内各资源彼此间杂交不实、杂种不育现象更明显。如水稻与大麦、水稻与油菜。

1.1.2　种质资源研究工作内容

"广泛收集、妥善保存、深入研究、积极创新、充分利用"是我国作物种质资源研究工作的重点。地球上有记载的植物约有 20 万种，其中陆生植物约 8 万种，然而只有 150 余种被用以大面积栽培。而世界上人类粮食的 90% 仅来源于约 20 种作物，其中 75% 由小麦、水稻、玉米、马铃薯、大麦、甘薯和木薯 7 种作物提供（孙其信，2019）。物竞天择和生态环境改变，使得种质资源的流失（又称遗传流失）（genetic erosion）是必然的。种质资源一旦从地球上消灭，就难以用任何现代技术重新创造出来，因此必须采取紧急有效的措施，来发掘、收集和保存现有的种质资源。

1.1.2.1　种质资源收集与保存

有效地收集与保存已有的作物种质资源，不但可以防止种质流失，而且有利于集中研究和利用。

（1）种质资源收集

种质资源收集（collection of germplasm resources）是指对种质资源有目的的汇集方式，有直接考察收集、征集、交换和转引 4 种。我国作物种质资源十分丰富，目前和今后相当一段时间内，主要着重于收集本国的种质资源，同时也注重发展对外种质交换，加强国外引种。收集的资源样本要求有一定的群体。如自交草本植物至少要从 50 株上采取 100 粒种子，而异交的草本植物至少要从 200~300 株上各取几粒种子。收集的样本应包括株、种子和无性繁殖器官。采集样本时，必须详细记录品种或类型名称，产地的自然耕作、培养条件，样本的来源（如荒野、农田、农村庭院、乡镇集市等），主要形态特征、生物学特性和经济性状、群众反映及采集的地点和时间等。征集是指通过通信方式向外地或外国有偿或无偿索求所需要的种质资源。征集是获取种质资源花费最少、见效最快的途径。交换是指育种工作者彼此互通各自所需的种质资源，是目前种质资源收集的主要方法。转引一般指通过第三者获取所需要的种质资源。

（2）种质资源保存

种质资源保存（maintenance of germplasm resources）是指为使种质资源不至流失、并能延续下去的人为方式，主要包括植株保存、种子保存、花粉保存、营养体保存、分生组织保存和基因保存等方式。保存种质资源的目的是维持样本的一定数量，保持各样本的生活力及原有的遗传变异性。

优先考虑保存以下几类种质资源：①应用研究和基础研究的种质，一般指进行遗传育种研究所需的种质。包括主栽品种、地方品种、过时品种、原始栽培类型、野生近缘种和育种材料等。②濒危和稀有种质，特别是栽培种的野生祖先种。③具有经济利用潜力而尚未被发现和利用的种质。④在普及教育上有用的种质，如分类上的各个作物的种、类型和野生近缘种等。

1.1.2.2　种质资源的评价与研究

种质资源的评价与研究内容包括性状和特性的鉴定、细胞学鉴定研究和遗传性状的评价等。鉴定是对种质资源做出客观的科学评价，是种质资源研究的主要工作。作物在生长发育过程中，其产量和品质除了受到病害、虫害和杂草等生物因素的影响外，还受到不良气候和土壤环境因素的影响。这些对作物生长发育产生不利影响的生物因素称为生物逆境。其中，作物对病原菌的侵入、扩展和危害的抵抗能力称为抗病性；作物对昆虫的侵袭和危害的抵御能力称为抗虫性。对作物生长发育产生不利影响的环境因素称为非生物逆境（如干旱、盐碱、重金属、湿害、泽害、冻害、冷害、热害等）。通过对生物逆境抗性和非生物逆境抗性的鉴定和选择，可以选育出抗逆性强的高产优质作物品种。

（1）生物逆境鉴定

作物抗病性鉴定指标。作物抗病性鉴定指标分为定性分级和定量分级两大类。定性分级主要根据侵染点及其周围枯死反应的有无或强弱、病斑大小、色泽及其上产孢的有无、多少，把抗病性分为免疫、高抗到高感等级别。定性分级多应用于病斑型（或侵染型）、抗扩展的过敏性坏死反应型及危害作物局部的一些病害。定量分级即通常所用的普遍率、严重度和病情指数来区分抗病等级。如小麦白粉病抗病鉴定按 0~9 级法观察记载病级，其中 0 级为免疫，1~3 级为抗病型，4 级为中抗，5~6 级为中感，7~8 级为感病，9 级为高感。

作物抗虫性鉴定指标。抗虫性鉴定指标主要选用寄主受害后的表现，或昆虫个体或群体增长的速度等。

（2）非生物逆境鉴定

Levitt（1980）将非生物逆境分为温度胁迫、水分胁迫和土壤胁迫三大类。温度胁迫（temperature stress）中有低温和高温危害，低温危害又分为冻害（freezing injury）和冷害（chilling injury）。水分胁迫（water stress）中有干旱、湿害和渍害（logging damage）。土壤胁迫中有盐碱害（salt and alkaline damage）、土壤瘠薄（barren）和重金属害（heavy metal stress）等。

抗旱性鉴定。干旱（drought）是指长时期降水偏少，造成空气干燥、土壤缺水，使作物体内的水分发生亏缺，影响其正常生长发育而减产的一种农业气象灾害。主要有大气干旱（atmospheric drought）、土壤干旱（soil drought）及混合干旱（mixed drought）3 种类型。根据作物的抗旱特点可分为避旱、免旱和耐旱。作物的避旱性（drought escape）是通过早熟或发育的可塑性，在时间上避开干旱的危害。避旱性不是真正的抗旱性。免旱性（drought avoidance）是指在生长环境中水分不足时植物体内仍能保持一部分水分而免受伤害，以致能进行正常生长的性能，包括保持水分的吸收和减少水分的损失。耐旱性（drought tolerance）则指作物忍受组织水势低的能力，其内部结构可与水分胁迫达到热力学平衡，而不受伤害或减轻损害。免旱性的主要特点大都表现在形态结构上，耐旱性则大都表现在生理上抗旱。作物抗旱性通过抗旱性鉴定指标反映，抗旱性指标有：①形态指标。株型紧凑、根系发达、根冠比较高、输导组织发达、叶直立、叶片小且厚、茸毛密集和蜡质、角质层发达及气孔下陷等是抗旱的形态结构指标。②产量指标。抗旱系数、干旱敏感指数和抗旱指数都是从产量上反映抗旱性的重要指标。③生长发育指标。种子发芽率、存活率、萌发胁迫指数、干物质积累速率和叶面积等均能在一定程度上反映品种的抗旱性。④生理指标。较高的相对含水量（RWC）和较低的失水速率（RWL），且水势、压力势和相对含水量下降速度慢，下降幅度小，能保持较好的水分平衡。⑤生化指标。耐旱性生化指标有脯氨酸和甘露醇等渗透性物质的含量、植株的脱落酸（ABA）水平、超氧化物歧化酶（SOD）与过氧化酶（CAT）活性等（Liu et al., 2018）。

耐湿性鉴定：耐湿性（moisture tolerance）是指在土壤水分饱和条件下，作物根部受到缺氧和其他因素的胁迫而具有免除或减轻受害的能力。耐湿性鉴定指标指耐湿条件下籽粒产量以及根茎叶形态学指标和生理生化指标。

耐渍性鉴定：耐渍性（water logging tolerance）是指作物在涝害条件下相对于正常情况下的高存活能力，或高生长率、高生物积累量或产量。耐渍性鉴定指标有形态指标，解剖指标、生理生化和分子生物学等指标。

耐盐碱性鉴定：耐盐性（salt tolerance）是指作物对盐害的耐性。习惯上，把碳酸钠与碳酸氢钠为主的盐碱化土壤称为碱土，把氯化钠与硫酸钠为主的盐碱化土壤称为盐土。碱土和盐土两者常同时存在，难以绝对划分。实际上把盐分过多的土壤统称为盐碱土，简称为盐土，耐盐碱性简称为耐盐性。作物的耐盐性主要有避盐性和耐盐性。避盐性（salt avoidance）作物是通过泌盐以避免盐害的，如玉米、高粱等，或通过吸水与加速生长以稀释吸进的盐分或通过选择吸收以避免盐害，如大麦。耐盐性则是通过生理的适应，忍受已进入细胞的盐类。如通过细胞渗透调节以适应因盐渍而产生的水分胁迫；消除盐对酶和代谢产生的毒害作用；通过代谢产物与盐类结合，减少游离离子对原生质的破坏作用等。不同作物、同一作物不同品种及同一品种不同生育阶段的耐盐能力都有明显差异。耐盐性鉴定指标包括：①形态指标。在盐害条件下的幼苗苗高、根长、根数和叶片数等。②生理生化指标。盐胁迫下，作 Na^+/K^+ 和 Ca^+ 浓度显著增加，脯氨酸、氨基乙酸、可溶性糖、多羟基化合物和甜菜碱等在细胞内进行积累，保护细胞结构和水的流通，从而提高耐盐能力；盐胁迫时 CAT 酶、APX 酶、愈创木酚过氧化物酶、谷胱甘肽还原酶（GR 酶）和 SOD 酶的含量、活性增高，并且这些酶的浓度和盐胁迫的程度有很好的相关性；高盐浓度也可引发作物激素如 ABA 和细胞分裂素的增加，使作物产生生理适应并增强作物耐盐性。③产量指标。盐胁迫下，最终产量或产量构成因素是衡量其耐盐的最可靠指标。

重金属耐性鉴定：重金属（heavy metal）一般指密度在 4.5 g/cm³ 以上的金属。构成土壤环境污染的重金属主要有汞、镉、铅和铬等对生物毒性强的金属和具有一定毒性的金属铜、锌和镍等。作物的重金属耐性（heavy metals tolerance）是指作物在某一特定的含量较高的重金属环境中，由于体内具有某些特定的生理机制而使作物不会出现生长率下降或死亡等毒害症状。作物对重金属产生耐性通过金属排斥性（metal exclusion）和金属富集（metal accumulation）两条途径（Liu et al., 2018）。

抗冻性鉴定：冻害（freezing injury）是指气温下降到冰点以下使作物体内结冰而受害的现象。作物抗冻性（freezing resistance）是指作物在冰点以下温度的环境中，其生长习性、生理生化、遗传表达等方面的特殊适应特性。作物抗冻性的生理生化指标有可溶性蛋白质、可溶性糖、脯氨酸、抗坏血酸（ASA）和谷胱甘肽（GSH）浓度等。电导法适合大量种质资源材料早期抗冻性筛选，也可以用转基因技术。

抗冷性鉴定：冷害（chilling injury）是指 0 ℃以上的低温影响作物正常生长发育的现象。抗冷性（chilling tolerance）是指作物在 0 ℃以上的低温下能维持正常生长发育到成熟的特性。抗冷性鉴定指标有形态指标、生长发育指标和生理生化指标。生理生化指标较为普遍，包括细胞膜透性、脯氨酸、保护酶（POD、SOD、CAT、APS 等）、可溶性蛋白和植物激素含量等。

耐热性鉴定：热害（heat injury）是指由高温引起作物伤害的现象。耐热性（heat resistance）是指作物对高温胁迫（high temperature stress）的适应性。鉴定评价指标有外部形态、经济指标、微观结构、生理生化和分子生物学等。

耐瘠薄性鉴定：瘠薄（barren）是指土壤因缺少作物生长所需的养分而不肥沃。耐瘠薄（barren tolerance）则是指作物抗瘠薄能力强，在土壤养分较低时能够按照自身习性生长发育的特征特性。鉴定指标有形态指标、生理生化指标、其他指标等。

1.1.2.3 种质资源的创新利用及信息化

国际上常将储备的具有形形色色基因资源的各种材料称之为基因库（gene pool）或基因银行（gene bank）。目的在于从中可获得用于作物育种及相关研究所需要的基因。拓展基因库，进行种质资源创新的方式与途径很多，常用的有利用雄性不育系、聚合杂交、不去雄的综合杂交以及理化诱变等。

诱变技术在我国种质创制及新品种选育中取得重大进展。据不完全统计，我国在"十二五"期间，在国家"863"计划及国家科技支撑计划下，通过诱变育种育成水稻、小麦、玉米和大豆等作物新品种58个，这些新品种在生产上发挥了重要作用。常用的诱变育种有物理诱变育种、化学诱变育种和生物诱变育种。

（1）物理诱变

物理诱变育种（physical mutation breeding）是指利用各种辐射因素诱导生物体遗传特性发生变异，然后根据育种目标，对这些变异进行鉴定、培育和选择，最终育成新品种的方法。

（2）化学诱变

化学诱变育种（chemical mutation breeding）是利用化学诱变剂处理作物材料，以诱发遗传物质的突变，从而引起形态特征的变异，然后根据育种目标，对这些变异进行鉴定、培育和选择，最终育成新品种。化学诱变剂主要有烷化剂、叠氮化钠、碱基类似物等。

烷化剂：烷化剂是指具有烷化功能的化合物。在生物体内能形成碳正离子或其他具有活泼的亲电性基团的化合物，进而与细胞中的生物大分子（DNA、RNA和酶）中含有丰富电子的基团（如氨基、疏基、羟基、羧基和磷酸基等）发生共价结合。常用的烷化剂有甲基磺酸乙酯（ethyl methyl sulfonate，EMS）、硫酸二乙酯（diethyl sulfate，DES）、乙烯亚铵（ethyleneimine，EI）、亚硝基乙基脲烷（nitrosoethylurethane，NEU）和亚硝基甲基脲（nitrosomethyl-urea，NMU）等。

叠氮化钠：叠氮化钠是一种动植物的呼吸抑制剂，它可使复制中的DNA碱基发生替换，是目前诱变率高而且安全的一种诱变剂（刘建霞 等，2018）。

碱基类似物：碱基类似物是与DNA中碱基的化学结构相类似的一些物质。它们能与DNA结合，又不妨碍DNA复制。与DNA结合时或结合后，DNA再进行复制时，它们的分子结构有了改变，进而导致配对错误，发生碱基置换，产生突变。最常用的碱基类似物有类似胸腺嘧啶的5-溴脲嘧啶（5BU）和5-溴脱氧核苷（BUDR），以及类似腺嘌呤的5-嘌呤（5-AP）。化学诱变剂的特点主要有：①对处理材料的直接损伤轻。有的化学诱变剂只限于使 DNA 的某些特定部位发生变异。②诱发突变率较高，而染色体畸变较少。主要是诱变剂的某些碱基类似物与 DNA 的结合而产生较多的点突变，对染色体损伤轻而不致引起染色体断裂产生畸变。③大部分有效的化学诱变剂较物理诱变剂的生物损伤大，容易引起生活力和可育性下降。化学诱变剂所需的设备比较简单，成本较低诱变效果较好，应用前景较广阔。但化学诱变剂对人体更具有危险性，必须选择不影响操作人员健康的有效诱变剂。

（3）生物诱变

生物诱变是利用有一定生命活性的生物因素来诱发产生变异，进而产生有价值的突变。生物诱变因素主要包括病毒入侵、T-DNA 插入、外源 DNA、转座子和反录转座子等，生物诱变可以引起基因沉默、基因重组、插入突变以及产生新基因等。

我国的国家作物种质资源数据库系统，目前拥有的种质资源已逾 30 万份，使我国作物种质资源信息管理跨入世界先进行列，成为世界上仅次于美国的第二大作物遗传资源数据库系统。

1.1.3 我国作物种质资源研究进展

1.1.3.1 我国种质资源主要成就

我国经历了 3 个阶段的作物种质资源发展。1955—1956 年为第一个阶段：科学探索期。以全国性农作物种质资源征集、地方品种整理为标志。第二个阶段：学科形成时期。以 1960 年董玉琛院士提出"品种资源"概念和 1978 年中国农业科学院作物品种资源研究所成立为标志；第三个阶段：科学规范期。以系统研制农作物种质资源性状描述规范、数据质量控制标准、出版《中国作物及其野生近缘植物》等系列学术专著为标志，基本实现了农作物种质资源工作的标准化、规范化和全程质量控制。通过 3 个阶段发展，我国作物种质资源研究取得了以下主要成就：①查清了中国农作物种质资源本底多样性。首次明确中国有 9 631 个粮食和农业植物物种，其中栽培及野生近缘植物物种 3 269个（隶属 528 种农作物），并阐明了各种农作物栽培历史、利用现状和发展前景。②建立和完善了作物种质资源安全保存体系。截至目前，建成国家种质资源长期库 1 座、复份库 1 座、中期库 10 座、种质圃 43 个、原生境保护点 169个以及种质资源信息系统，保存 350 多种农作物种质资源 49.5 万份，在世界各国中位居第二。③开展多种农作物种质资源精准鉴定评价，新基因发掘取得显著成效。对筛选出至少具有 1 个突出优异性状的 17 000 余份水稻、小麦、玉米、大豆、棉花、油菜、蔬菜等作物种质资源进行了表型与基因型的精准鉴定，发掘出一批作物育种急需的新基因和优异种质。④种质创新研究与有效利用走在国际前列。通过创制水稻"野败型""冈 D 型""印水型""红莲型"和"温敏"不育系，以及小麦–长穗偃麦草、簇毛麦、冰草等新种质并广泛应用于商业品种，使我国在种质创新研究与有效利用方面处于国际领先地位。⑤制定《全国农作物种质资源保护与利用中长期发展规划》。2015 年农业部、国家发展改革委、科技部联合发布了《全国农作物种质资源保护与利用中长期发展规划（2015—2030 年）》。规划设置了 4 项任务、3 个体系、5 个行动，充分体现了规划具有很强的可操作性。⑥我国作物种质资源对农业产业发展的支撑作用。近年来，累计更新农作物种质资源 430 925 份，基本实现了有种可供，年均分发 8.1 万份次。通过田间展示与信息和实物共享，作物种质资源在解决国家重大需求问题的支撑作用日益显著（刘旭，2018）。

1.1.3.2　我国种质资源发展趋势

我国种质资源发展趋势有以下 4 个方面：①加强与作物起源地及多样性富集国家的合作，加大优异资源引进和交换力度；②深度发掘高产、稳产、绿色环保（重要病虫害广谱抗性、节水、水肥高效利用、重金属高吸附效率等）优异种质资源；③针对优质（营养、食味、加工、保健品质等）、适宜特殊环境（农牧交错带、漏斗区等）、旅游农业等农作物特色种质资源筛选与创新；④种质资源表型和基因型精准化鉴定与评价。

总之，种质资源获取越来越便利；种质资源保护力度越来越大；鉴定评价越来越深入；种质资源研究体系越来越完善。

1.2　作物遗传育种

1.2.1　基本概念

遗传学（genetics）是研究生物遗传与变异的学科，是生命科学中一门体系完整、发展迅速的理论学科，同时也是一门紧密联系实际的基础应用学科，在探索生命的本质、推动生命科学的发展中起到了重要和核心作用。

作物育种（crop breeding）是按照人类的意图对多种多样的种质资源进行各种形式的改造，而且育种工作越向高级阶段发展，种质资源的重要性就越加突出。

遗传学是现代作物育种的主要理论基础。作物育种的主要任务是创造可供选择的遗传变异以选育作物优良品种。了解目标性状的遗传基础，育种家可以事先明确适当的育种方法和技术，确定选择群体的规模，预测操作的预期结果等，一言以蔽之，可以增强育种过程的计划性和目的性，避免盲目性。

1.2.2 作物遗传育种研究进展

任何作物都经历着由野生植物采收、栽培、驯化、育种的逐步发展过程。

1.2.2.1 作物驯化

驯化（domestication）是把野生植物培育成栽培植物的过程。Meyer 和 Purugganan 把这个过程分为 4 个时期：第 1 阶段为驯化起始期；第 2 阶段为有利等位基因频率提高期；第 3 阶段为适应当地新环境的栽培群体形成期；第 4 阶段为有计划育种期。只有第 1 阶段属于驯化，大约持续了 2 000 年，使得作物在进化上不同于野生祖先种，而第 2 到第 4 阶段属于多样化（diversification）阶段，使得作物品种在产量、适应性和品质上得以显著改良（表 1-1）。

表 1-1　作物驯化（第 1 阶段）和多样化（第 2 到第 4 阶段）过程经常
发生的性状变化

作物类型	第 1 阶段	第 2 阶段	第 3 阶段	第 4 阶段
种子作物	种子更大	种子更多	春化需求降低	产量提高
	资源分配改变	种子大小更加多样	光周期敏感性降低	非生物胁迫耐性增强
	种皮更薄、饰纹更多、更易软化	色素改变	激素敏感性改变	生物胁迫耐性增强
	花序结构（形态、数目和确定性）改变	风味改变	开花期同步化	食用品质改善
	产量潜力和丰产性提高	淀粉含量改变	生长周期缩短或延长	
	丧失休眠	不落粒	矮化	
	有限生长	萌发抑制减少		
块根块茎作物	风味改变	毒性降低	杂交以利用杂种优势	营养品质提高
	资源分配改变	营养繁殖，有性繁殖变弱	促进已交	改良繁殖能力和速度
	淀粉含量改变	耐非生物胁迫	产量提高	
	能在不同环境下旺盛生长	耐生物胁迫		
	分枝减少	收获季节延长		

资料来源：Meyer et al., 2013；刘忠松，2014。

1.2.2.2　作物有利基因鉴定和等位基因发掘

生物任何性状都是基因型、环境及其互作的结果。从遗传的角度来看，作物性状可分为质量性状和数量性状。质量性状在群体中可以分为不同类型，表现为少数基因控制，受环境影响小，但遗传简单；数量性状表现为连续变异，受多基因控制，受环境影响大。不管是哪种类型的性状，其形成都是生物生长发育过程基因表达的结果，实际上都涉及多个基因。连锁作图和关联作图都能初步定位控制性状的基因，但要最终鉴定控制性状基因的经典方法是图位克隆（Peters et al.，2003；Lee et al.，2013）。基因鉴定的图位克隆法、分离群体混合测序的鉴定法、大量种质的基因组重测序 GWAS 法和 RNA 测序法，从种质资源中通过同源克隆方法发掘等位基因法，是科学有效利用最佳等位基因进行作物遗传改良的依据。

（1）图位克隆

图位克隆（map-based cloning）又称定位克隆（positional cloning）连锁作图和关联作图都能初步定位控制性状的基因，但要最终鉴定控制性状基因的经典方法是图位克隆。图位克隆鉴定有利基因的基础是基因定位即找到与性状紧密连锁的标记。基因定位有连锁分析（家系分析）和关联分析（群体分析）两条途径。连锁分析需要构建性状分离的作图群体，对群体进行标记基因型分析和目标性状鉴定，找到目标性状两侧的标记，界定控制目标性状的基因组区域。为了加速这一过程，现多采用分离群体两极植株、F_2 代隐性植株和 F_1 或近等基因系（NIL）进行分析。

（2）基因组（重）测序

通过大量（100 ~ 1 000 份）种质基因组重测序进行全基因组关联（GWAS）分析鉴定控制重要农艺性状的基因已在水稻、玉米和粟等作物上应用。GWAS 分析能找到控制性状的候选基因（Bolger et al.，2014；Huang et al.，2010；Huang et al.，2012）。通过基因组测序鉴定有利基因的策略已开发出 SHOREmap、NGM、MutMap 和 NIKS 等几种方法。这些方法都是通过分离 F_2 代群体混合高通量测序、测序结果与参考基因组序列连配鉴定 SNP，根据 SNP 频率确定候选区域，进一步进行候选区域基因的功能分析验证。

（3）转录组测序

转录组测序鉴定差异表达基因时，提取野生型和突变体性状表达组织的总 RNA 进行 RNA 深度测序（100 倍），所得到的序列组装成 unigenes，比较 unigenes 在野生型和突变体之间的表达量差异，结合 KEGG 分析、代谢产物分析等鉴定出候选关键基因。对于候选基因，可以利用转录组测序获得的序列设计引物进行扩增，比较基因组多态性和表达差异，验证候选基因的功能和影响的步骤（Hirsch et al.，2013）。

（4）同源克隆发掘等位基因

遗传学通过遗传互补试验确定基因是否等位，关联作图通过对自然群体的分析能鉴定出等位基因。随着越来越多的有利基因被鉴定、克隆，利用已克隆基因的序列，通过同源克隆挖掘种质资源中蕴藏的大量新等位基因已成为一种简便易行的方法。同源克隆法发掘等位基因的基本程序（图 1-1）（Kumar et al.，2010）。

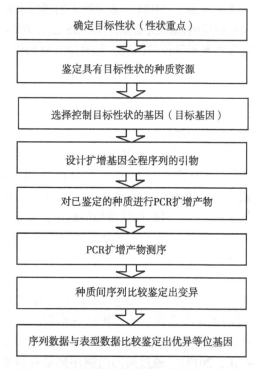

图 1-1 同源克隆法发掘等位基因的基本程序

1.2.2.3 表型选择与基因型选择

选择是一项独立的育种技术，贯穿育种过程始终。每一种育种方法都离不开选择，每一个育种步骤都需要选择。正确的选择是作物育种成功的关键。育种选择方法可分为两大类：表型选择和基因型选择。

表型选择是指直接测定目标性状的表型值，根据表型值是否符合育种目标决定去留。DNA 标记辅助选择是一种利用分子标记与目标基因型相关的方法选育有利基因型的技术，常用的分子标记有限制性片段长度多态性（RFLP）、随机扩增多态性（DNA）、序列相关区域（SRP）、微卫星重复序列（microsatellite）和单核苷酸多态性 SNP 等。这些标记可以利用 PCR、电泳等技术方法进行分析从而筛选出有利基因型。DNA 标记辅助选择可用于各种育种程序，如标记辅助回交育种、标记辅助基因聚合、标记辅助纯系选育、标记辅助轮回选择等（刘建霞 等，2010）。

基因组选择是 2001 年提出的一种基因型选择方法（Meuwissen et al.，2001）。基因组选择的程序：①构建与育种群体遗传相似的训导群体；②对训导群体进行多点表型鉴定和基因型分析；③利用大量标记位点构建表型预测模型；④培育育种群体并分析标记基因型；⑤根据育种群体的标记基因型数据用预测模型估算育种材料的育种值；⑥根据育种值的高低进行育种群体的选择（图 1-2）（Heffner et al.，2009）

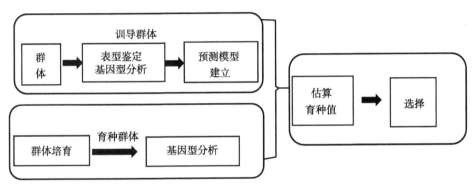

图 1-2 基因组选择的程序

与 DNA 标记辅助选择相比基因组选择有几个特点（Desta et al.，2014）：①不需要事先知道标记与性状之间是否关联；②克服了等位基因多样性和遗传背景效应的影响，标记的效应，不像 DNA 标记辅助选择，要么是 0，要么是 1（依赖预设的显著性阈值），而是介于 0~1；③仅估测育种值，选择育种值最高的单株，不能鉴定、导入新基因；④育种周期更短；⑤更适合于复杂性状的基因型选择（刘忠松，2014）。

1.2.2.4 CRISPR/Cas9 技术在作物遗传育种中的应用

CRISPR/Cas9（clustered regularly interspaced short palindromic repeats/CRIS-RP-associated nuclease9）是由一个非特异性的 Cas9 核酸酶和一组可与靶基因特异性互补的 CRISPR RNA（crRNA）组成的精准编辑系统。通过 20 bp 的 CrRNA 和位于靶序列下游的原间隔序列邻近基序（PAM）来决定 CRISPR/Cas9 实现 DNA 切割的特异性。操作便捷、编辑高效和通用性广，可以快速而精准地阐明基因组的结构和功能，在遗传变异和生物表型之间建立因果联系。

经过遗传工程改造后的 CRISPR/Cas9 已经作为一种新型的基因编辑工具被用于多种生物的基因组编辑。常规育种方法依靠现有的自然遗传变异，需要进行长期选育过程，才能将选定的性状渗入到另一个优良的品种中，且选育效果受到自然界中优良等位基因的可用性限制。新的等位基因可以通过随机诱变引入，但具有理想特性的突变体需要对大种群进行大规模的筛选才能确定，而筛选耗时长。因此，可以通过直接引入精确和可预测的基因组修饰来加速植物育种，而 CRISPR/Cas9 系统功能完备，且可以同时对多个靶位点进行修饰。

CRISPR/Cas9 技术在作物品质改良育种、作物产量提升育种、作物抗逆育种、作物雄性不育性材料选育中有初步的研究应用。Wang 等（2020）利用 CRISPR/Cas9 技术对水稻氨基酸转运体基因 *AAP6*（amino acid transporter gene 6）和 *AAP10* 进行靶向敲除，所获突变体的蛋白质含量显著降低，并且直链淀粉含量降低，为培育食用口感和蒸煮品质理想的水稻品种提供了新的策略。Li 等（2020）利用 CRISPR/Cas9 技术对大麦 D 醇溶蛋白（dhordein）基因进行靶向敲除，共得到 2 个突变株系，转录组分析表明，突变体的 D 醇溶蛋白基因转录水平比野生型低，该研究为培育高品质麦芽品种提供依据。水稻 *GS3*（grain size gene 3）和 *Gnla*（grain number gene la）基因分别控制水稻的籽粒大小和粒数。沈兰等（2017）利用 CRISPR/Cas9 技术对水稻 *GS3* 和 *GnIa* 基因进行靶向编辑，使用农杆菌介导法转化 4 个优质水稻品种，分别获得了 *GS3* 和 *Gnla* 的移码突变体，*gs3* 突变体和 *gnla* 突变体与野生型相比粒长变长，千粒质量增加；*gs3* 突变体与 *gnla* 突变体相比，穗粒数显著增加。Liu 等（2020）从番中鉴定出 1 个 LBD Ⅱ（lateral organ boundaries domain Ⅱ）型基因家族 *LBD40*（lateral organ boundaries domain gene 40）基因，该基因能在植物根和果实中高表达，在 PEG 和高盐的诱导下高表达，利用 CRISPR/Cas9 技术靶向敲除番茄 *LBD40* 基因获得突变体，干旱胁迫处理后，与野生型比较，突变体的保水能力提高。Chen 等（2018）构建 CRISPR/Cas9 载体用于靶向敲除玉米 *MS8*（male sterility gene 8）基因，所得突变株获得雄性不育表型，且突变基因符合孟德尔遗传规律，可稳定传递到子代。

1.2.2.5 双单倍体育种和反向育种

（1）双单倍体育种

单倍体（haploid）是具有配子染色体组的个体。双单倍体（doubled haploid，即 DH，dihaploid），是二倍体的单倍体配子细胞人工诱导加倍后产生的二倍体个体或者由四倍体的配子细胞孤雌/雄发育产生的二倍体个体。杂交是重要的育种手段。杂交的基础是基因重组。基因重组的基础是减数分裂时同源染色体的配对、形成交叉和姊妹染色单体的交换。一次减数分裂可实现的遗传重组程度取决于 2 个因素：①染色体数目（染色体自由组合）；②同源染色体发生交换的数目和位置（交换重组）。染色体的交换和重组并不是随机发生的，有些区段易发生重组（热区），有些不易发生重组（冷区）。影响交换发生频率和位置的因素包括内在的基因型、性别和外在的温度、化学处理等因素（Wijnker et al., 2008）。

减数分裂的结果是产生配子，配子是具有单倍体染色体数目的细胞。由这种细胞发育成的植株是单倍体。单倍体染色体加倍后成为双单倍体。单倍体具有纯合速度快、用于选择的群体小和隐性基因也能表达的优点，因而在育种上有重要应用价值。育种应用的关键是如何获得大量的单倍体植株。自从花药培养取得成功后，利用花药、小孢子或胚珠（未授粉子房）培养再生单倍体的方法被广泛采用，并取得显著效果。但由花药、小孢子培养诱导产生单倍体需要离体培养设施、应用于育种存在基因型依赖性、分离扭曲、白化苗和体细胞变异等问题，更简便的单倍体诱导方法是育种家追求的目标。不同单倍体诱导方法的主要特点和广泛应用的作物（表 1-2）（刘忠松，2014）。

表 1-2　不同单倍体诱导方法的主要特点和应用作物

类型	诱导方法	单倍体来源	应用作物举例	备注
离体培养	花药培养	雄配子	水稻	
	游离小孢子培养	雄配子	油菜	
	未授粉子房	雄配子	甜菜	
	（胚珠）培养	雄配子		
原位杂交	球茎大麦技术	雌配子	大麦	
	远缘杂交	雌配子	小麦	
	特殊基因型	雄配子		能转育
	诱导系诱导	雌配子		细胞质
	着丝粒介导的诱导	雄配子/雌配子	（理论上）各种作物	能转育细胞质

（2）反向育种

反向育种（reverse breeding）是基于通过遗传工程来抑制减数分裂重组，并随后产生双单倍体植物（DH），其源于含有未重组的亲本染色体的孢子。

杂交育种期望在减数分裂时通过促进同源染色体的交叉、交换，实现基因重组，打破有利基因与不利基因之间的遗传重组，最终将有利基因聚集到一起。反向育种正好与此相反，期望完全阻止同源染色体的交叉、交换，使得同源染色体在减数分裂中期Ⅰ和后期Ⅰ如同单价体一样随机分离。通过反向育种进行杂种重建包括以下步骤：①通过转基因（如 DMC1 基因 RNAi 干扰）选育染色体不交叉、半不育的亲本；②用野生型亲本给半不育亲本授粉，从半不育亲本上收获杂种 F₁ 种子；③用杂种 F₁ 植株的花粉给 GFP-tail swap 植株授粉，诱导单倍体形成，从 GFP-tailswap 植株上收获种子；④种植从 GFP-tailswap 植株上收获的种子，选留单倍体植株，单倍体植株自交后收获自交种子，成为 DH 系；⑤选择互补的染色体被替换的 DH 系进行杂交重建原始杂种，固定杂种优势。

1.3　作物种质资源与遗传育种

种质资源是长期自然演化与人工创造而形成的一种重要的自然资源。积累了自然选择和人工选择引起的极其丰富的遗传变异，蕴藏着控制各种性状的基因，形成了各种优良的遗传性状及生物类型。长期的育种实践充分体现了种质资源在作物育种中的物质基础作用与决定性作用。作物种质资源是品种改良的物质基础，作物遗传改进的发展水平很大程度上取决于掌握和利用种质资源的数量和质量，突破性育种成就有赖于特异种质资源的发掘和利用。

1.3.1　作物种质资源是育种的物质基础

作物种质资源具有不同育种目标所需要的多样化基因，才使得人类的不同育种目标得以实现。栽培作物品种是在漫长的生物进化与人类文明发展过程中形成的。在这个过程中，野生植物先被驯化成多样化的原始栽培植物，经种植选育变为各种各样的地方品种，再通过对自然变异、人工变异不断地自然选择与人工选择而育成符合人类需求的各类新品种。现代育种工作之所以取得显著的成就，除了育种途径的发展和采用新技术外，关键还在于广泛地搜集和较深入研究、利用了优良的种质资源。育种工作者拥有种质资源的数量与质量，以及对其研究的深度和广度是决定育种成效的主要条件，也是衡量其育种水平的重要标志。育种实践证明，在现有遗传资源中，任何品种和类型都不可能具备与社会发展完全相适应的优良基因，但可以通过选育，将分别具有某些或个别育种目标所需要的特殊基因有效地加以综合，育成新品种。

1.3.2　稀有特异种质对育种成效具有决定性的作用

作物育种成效的大小，在很大程度上取决于所掌握的种质资源数量和对其性状表现及遗传规律的研究深度。从世界范围内近代作物育种的显著成就来看，突破性品种的育成及育种上大的突破性成就，几乎无一不决定于关键性优异种质资源的发现与利用。如小麦 IBL/IRS 易位系与世界小麦抗锈病育种；玉米高赖氨酸突变体 Opaque-2 与玉米营养品质的遗传改良，这些特异种质资源对人类和平与发展起到了不可替代的作用。

1.3.3　作物种质创新利用技术推动育种发展

中国杂交水稻育种处于国际领先，是以国家最高科学技术奖获得者袁隆平院士为代表的科学家，通过创制"野败型""冈 D 型""印水型""红莲型"和"温敏"不育系等新种质及其广泛利用。国家最高科学技术奖获得者李振声院士系统研究了小麦与偃麦草远缘杂交，将小麦野生近缘种偃麦草中的多种优良基因转移到小麦中，育成了"小偃四号""小偃五号""小偃六号"等一系列小麦新品种。"小偃六号"1988 年累计推广面积 360 万 hm^2，不仅为中国小麦育种做出了杰出贡献，而且为小麦染色体工程育种奠定了基础。南京农业大学陈佩度教授等将小麦野生近缘种簇毛麦中的抗白粉病基因 *Pm21* 导入小麦，培育出一批对多种白粉病菌生理小种均表现高抗或免疫的新品种。此后，中国农业科学院作物科学研究所的科研人员通过创建基于生理发育指标和单一受体亲本回交等克服远缘杂交障碍、活体花器官不同发育时期辐照提高异源易位诱导频率、开发高密度特异标记追踪小片段易位或基因等新技术，实现了外源基因规模化转移与有效利用，在国际上率先获得了小麦与新麦草属、冰草属和旱麦草属间的杂种及其衍生后代，并首次育成携带冰草属 *P* 基因组优异基因的小麦新品种 7 个，以及涉及中国 10 大麦区中 9 大麦区的一大批后备新品种（系），解决了利用冰草属 *P* 基因组改良小麦的国际难题，实现了从技术创新、材料创新到产品创新的全程覆盖，为引领小麦育种发展新方向奠定了坚实的物质和技术基础（刘旭 等，2018）。

1.3.4　新的育种目标能否实现取决于所拥有的种质资源

作物育种目标不是一成不变的，人类物质生活水平的不断提高对作物育种不断提出新的目标。新的育种目标能否实现取决于育种家所拥有的种质资源数量和质量。如在油料、麻类、饲料和药用等植物方面，常常可以从野生植物中直接选出一些优良类型，进而培育出具有经济价值的新作物或新品种。

参考文献

刘建霞，雷海英，温日宇，等，2010. 山西省马铃薯主栽品种遗传多样性的 SSR 分析 [J]. 华北农学报，27 (6)：72-77.

刘建霞，侍亚敏，温日宇，等，2018. 晋藜 1 号种子及幼苗对叠氮化钠诱变的响应 [J]. 种子，37 (1)：80-83.

刘旭，2018. 中国作物种质资源研究现状与发展 [C] //中国作物学会. 中国作物学会学术年会论文摘要集.

刘旭，李立会，黎裕，等，2018. 作物种质资源研究回顾与发展趋势 [J]. 农学学报，8 (1)：1-6.

刘忠松，2014. 作物遗传育种研究进展 Ⅰ. 作物驯化 [J]. 作物研究，28 (1)：116-119.

刘忠松，2014. 作物遗传育种研究进展 Ⅱ. 作物有利基因鉴定和等位基因发掘 [J]. 作物研究，28 (2)：226-230.

刘忠松，2014. 作物遗传育种研究进展 Ⅲ. 作物基因工程与基因组编辑 [J]. 作物研究，28 (3)：332-337.

刘忠松，2014. 作物遗传育种研究进展 Ⅳ. 双单倍体育种与反向育种 [J]. 作物研究，28 (5)：575-579.

刘忠松，2014. 作物遗传育种研究进展 Ⅴ. 表型选择与基因型选择 [J]. 作物研究，28 (6)：780-784.

沈兰，李健，付亚萍，等，2017. 利用 CRISPR/Cas9 系统定向改良水稻粒长和穗粒数性状 [J]. 中国水稻科学，31 (3)：223-231.

孙其信，2019. 作物育种学 [M]. 北京：中国农业大学出版社.

王洪刚，孔凡晶，刘树兵，1998. 作物遗传育种研究进展及发展趋向 [J]. 山东农业大学学报 (3)：129-135.

武晶，郭刚刚，张宗文，等，2022. 作物种质资源管理：现状与展望 [J]. 植物遗传资源学报，23 (3)：627-635.

张天真，2008. 作物育种学总论 [M]. 北京：中国农业出版社.

Bolger M E, Weisshaar B, Scholz U, et al., 2014. Plant genome sequencing-applications for crop improvement [J]. Current Opinion in Biotechnology, 26: 31-37.

Chen R G, Xu Q L, Liu Y, 2018. Generation oftransgene-free maize male sterile lines using the CRISPR/Cas9 system [J]. Frontiers in Plant Science, 9 (7): 1180-1196.

Desta Z A, Ortiz R, 2014. Genomic selection: genome-wideprediction in plant improvement [J]. Trends in Plant Science, 19: 592-601.

Dinkeloo K, Boyd S, Pilot G, 2018. Update on amino 49 acid transporter functions and on possible amino acid sensing mechanisms in plants [J]. Seminars in Cell and Developmental Biology, 74 (2): 105-113.

Han B, Huang X, 2013. Sequencing-based genome-wide association study in rice [J]. Current Opinion in Plant Biology, 16: 133-138.

Heffner E L, Sorrells M E, Jannink J L, 2009. Genomic selectionfor crop improvement [J]. Crop Science, 49: 1-12.

Henderson I R, 2012. Control of meiotic recombinat frequency in plant genomes [J]. Current Opinion in Plant Biology, 15: 556-561.

Hirsch C N, Buell C R, 2013. Tapping the promise of genomics in species with complex, nonmodel genomes [J]. Annual Review of Plant Biology, 64: 89-110.

Huang X, Wei X, Sang T, et al., 2010. Genome-wide association studies of 14 agronomic traits in rice land races [J]. Nature Genetics, 42: 961-967.

Huang X, Zhao Y, Wei X, et al., 2012. Genome-wide association study of flowering time and grain yield traits in a world wide collection of rice germplasm [J]. Nature Genetics, 44: 32-39.

Kumar G R, Sakthivel K, Sundaram R M, et al., 2010. Allele mining in crops: prospects and potentials [J]. Biotechnology Advances, 28: 451-461.

Lee J, Koh H J, 2013. Gene identification using rice genome sequences [J]. Journal of Genetics and Genomics, 35: 415-424.

Li Y, Liu D, Zong Y, et al., 2020. New D hordein alleleswere created in barley using CRISPR/Cas9genomeediting [J]. Cereal Research Communications, 48 (2): 131-138.

Liu J X, Wang J X, Lee S C, et al., 2018. Copper-caused oxidative stress triggers the activation of antioxidant enzymes via ZmMPK3 in maize leaves [J]. PLoS One, 13 (9): e0203612.

Liu J X, Wang R M, Liu W Y, et al., 2018. Genome-wide characterization of heat-shock protein 70s from chenopodium quinoa and expression Analyses of Cqhsp70s in response to drought stress [J]. Genes, 9 (2): 35.

Liu L, Zhang J L, Xu J Y, et al., 2020. CRISPR/Cas9 targeted mutagenesis of SILBD40, a lateral organboundaries domain transcnption factor, enhances drought tolerance in tomato [J]. Plant Science, 301 (2): 1-13.

Luo Q, Li Y, Shen Y, et al, 2014. Ten years of gene discovery for meiotic e-vent control in rice [J]. Journal of Genetics and Genomics, 41: 125-137.

Martin M, Fitzgerald M A, 2002. Proteins in rice grains influence cooking properties [J]. Journal of Cereal Science, 36 (3): 285-294.

Meuwissen T H E, Hayes B J, Goddard M E, 2001. Prediction of total genetic value using genome wide dense marker maps [J]. Genetics, 157: 1819-1829.

Meyer R S, Purugganan M D, 2013. Evolution of crop species: genetics of do-mestication and diversification [J]. Nature Reviews Genetics, 14: 840-852.

Peters J L, Cnudde F, Gerats T, 2003. Forward genetics and map-based clo-ning approaches [J]. Trends in Plant Science, 8: 484-491.

Wang S Y, Yang Y H, Guo M, et al., 2020. Targeted mutagenesis of amino acid transporter genes for rice quality improvement using the CRISPR/Cas9 system [J]. The Crop Journal, 8 (3): 457-464.

Wang S Y, Yang Y H, Guo M, et al., 2020. Targetedmutagenesis of amino acid transporter genes for ricequality improvement using the CRISPR/Cas9 system [J]. The Crop Journal, 8 (3): 457-464.

Wijnker E, De Jong H, 2008. Managing meiotic recombination in plant breeding [J]. Trends Plant Science, 13: 640-646.

Winker E, Schnittger A, 2013. Control of the meiotic cell division program in plants [J]. Plant Reproduction, 26: 143-158.

第二篇

小麦遗传育种研究

2 源于偃麦草小麦白粉病
抗性遗传文献综述

小麦（*Triticum aestivum* L.），英文：*wheat*，属于禾本科小麦族（Triticeae）中小麦亚族（Triticinae）小麦属（*Triticum*）的一个种。普通小麦为异源六倍体（2n＝6x＝42），由 A、B 和 D 3 个亚基因组组成，基因组大小为 17.9×10⁹ bp，重复序列丰富（＞80%）（Varshney et al.，2006）。经小麦属（*Triticum*）和山羊草属（*Aegilops*）连续两轮的多倍体化，分别形成四倍体小麦（AABB）和六倍体小麦（AABBDD）。小麦是世界上种植面积最广、总产量最多的粮食作物，播种面积占全国耕地面积的 20%~30%，据联合国粮食及农业组织的多年统计，世界小麦收获面积和总产分别约占谷物收获面积和总产的 32% 和 28%~30%，小麦的收获面积和总产量在谷物中均居首位。全球有超过 40% 的人口以小麦为主食。小麦也为人类提供大量的能量和蛋白质，对人类营养具有不可低估的重要性（Wang et al.，2020）。

根据中华人民共和国 2020 年度国民经济和社会发展统计公报显示，截至 2020 年，我国的小麦种植面积在 2 338 万 hm²（较上年减少了 35 万 hm²），占全年粮食种植总面积的 20.02%，小麦产量 13 425 万 t（较上年增产 0.5%），占全年粮食产量的 20.05%（国家统计局：http：//www.stats.gov.cn/）。千粒重是影响小麦产量的重要农艺性状，是小麦高产育种的主要目标。而小麦产量受到白粉病等真菌病害的威胁，白粉病抗性对于稳定小麦产量具有决定性作用。20 世纪 80 年代以来，随着矮秆、半矮秆品种的推广和水肥条件的改善，小麦病害的发生及危害在我国日趋严重。小麦白粉病是由小麦白粉菌（*Erysiphe graminis* f. sp. *tritici*）引起的一种真菌性病害，主要危害是减少穗粒数和粒重，严重降低小麦的产量和品质。最近几年，小麦白粉病在我国无论是发病面积还是发病程度都维持在一个较高的水平，且每年都有一些地区偏重至大流行（钱拴 等，2005），已经成为威胁我国小麦生产的重要常见病害之一。

利用化学方法防治小麦白粉病虽然有一定成效，但需要花费大量人力、物力，还会引起环境污染等生态问题，因此挖掘新的白粉病抗性基因，综合利用多种抗原,选育抗病品种,进行抗病基因的合理布局和利用被公认为是防治小麦白粉病最经济、有效、安全的途径(张增艳 等,2002)。尽管已在小麦染色体的 37 个位点鉴定出 53 个抗白粉病主效基因,但是随着集约化品种的选育、推广与生态条件的变化,小麦种内长期累积的遗传变异资源受到极大的侵蚀,有益遗传资源日益贫乏,新的小麦白粉病菌生理小种不断出现,以及优势生理小种的变化,目前利用的大部分普通小麦种内及小麦近缘种的抗白粉病基因已失去抗性或正在丧失抗性(解超杰 等,2003),使我国小麦白粉病抗性遗传基础趋于单一化。因此,发掘、鉴定、转移、定位、克隆和利用小麦野生近缘物种中新的抗白粉病基因,对于小麦抗白粉病的育种工作具有重要意义。

2.1 小麦白粉病介绍

2.1.1 小麦白粉病的发生状况

小麦白粉病是一种世界性病害。20 世纪 60 年代以前,该病仅在具有充沛雨量的海洋性和半大陆性气候环境的小麦种植区流行并造成严重的产量损失(Bennet,1984)。60 年代早期,由于遗传基础单一的半矮秆品种的推广,生长调节剂的使用,栽培密度的加大,氮肥施用量的增加以及灌溉条件的改善,小麦白粉病在世界的危害范围不断扩大,损失程度日益加重(Saari et al.,1974;Roelfs,1977)。目前,小麦白粉病在亚洲、东非、北非、北欧及北美东部的冷凉地区发生严重。此外,小麦白粉病还在温暖潮湿、冬天气候温和的美国东南部和南美的南部锥状地带秋麦区危害严重。一般麦区产量损失 2% ~ 5%,在欧洲、北美洲小麦白粉病发生严重的地区产量损失可达 20%,亚洲的印度等地,重病年份产量损失竟达 45%(马贵龙,2003)。

中国小麦白粉病是由戴芳澜先生于 1927 年首先在江苏省发现。20 世纪 70 年代以前仅在云、贵、川及沿海等湿润多雨麦区造成危害。70 年代后期以来,随着栽培水平的不断提高,尤其是种植密度的增加和水肥条件的改善,含单一抗病基因 Pm8 品种的大面积种植,小麦白粉菌群体变异加快,绝大部分品种抗性丧失,其发生范围和面积不断扩大,危害程度明显加重,以至于我国小麦白粉病流行区曾两度明显向北扩展,几乎蔓延到全国所有小麦种植区。1980—1981 年该病除在四川、贵州等省发生严重外,在江淮及黄淮地区的江苏、安徽、河南等省也造成危害,病害发生第一次明显北移。80 年代中期,该病继续向我国北方地区发展,河北、山东、河南、山西、陕西、甘肃、北京、天津等省、市发生逐年加重。1990—1991 年全国再次大流行,危害范围不仅遍及黄淮、江淮流域,且发生界限进一步北移,波及辽宁、吉林和黑龙江等省春麦区，发病面积超过 1 200 万 hm²，发展成为全国 20 多个省市小麦生产中发病面积最大、危害损失最重的常发性病害（李振歧，1997；刘万才 等，2000）。据统计，1990 年，全国小麦白粉病发病面积约 1 207万 hm²，占全国小麦总面积（3 073万 hm²）的 39%，粮食损失达 14.38 亿 kg；1991 年，全国发病面积 1 227万 hm²，损失小麦 7.7 亿 kg（朱建祥，1992）。引起这两次大流行的主要原因是携带 *Pm8* 基因的 1B/1R 易位系类小麦品种丧失抗性（施爱农 等，1998）。因此，白粉病抗性基因在小麦生产中的地位是极其重要的。

2.1.2　小麦白粉病菌及其对小麦的生理危害

小麦白粉病菌是高度专性寄生真菌，其形态学学名为禾谷类白粉菌小麦专化型（*Erysiphe graminis DC.* f. sp. *tritici* Marchal），异名为禾本科布氏白粉菌小麦专化型（*Blumeria graminis*（DC）E. O. Speer f. sp. *tritici* Em. Marchal），为单倍体，必须在活的寄主上进行世代交替，能以无性和有性两种方式生殖。白粉病菌菌丝体生于寄主体表，无色，仅以吸器伸入寄主的表皮细胞汲取营养来维持菌丝体的营养生长和生殖生长。在温度和湿度适宜条件下，白粉菌分生孢子在寄主表面 2~4 h 即可萌发产生芽管，6 h 后芽管前端膨大形成附着孢，7~11 h产生侵入钉，侵入钉依靠病菌产生的酶作用和机械力量直接穿透寄主表面的角质层，侵入表皮细胞，形成初生吸器，吸收寄主营养。初生吸器形成后，即向体外长出菌丝。菌丝扩展到一定程度后，在菌丝中心产生分生孢子梗和分生孢子。分生孢子成熟后脱落，由气流传播引起再侵染（陶家凤 等，1982）。

小麦白粉菌的分生孢子生存条件较宽松，在温度 0.5~30 ℃，相对湿度 5%~100%范围内均可萌发和侵染，湿度越大，萌发率越高。其分生孢子最适萌发温度为 10~20 ℃，20 ℃时萌发最快，超过 30 ℃时，分生孢子的形成和再侵染便很少发生。因而适宜发病温度为 15~20 ℃，10 ℃ 以下发展缓慢，在 0 ℃左右的低温和 28~32 ℃的高温条件下不发病。分生孢子萌发的最适水分条件是高湿但不形成水滴，一般湿度越大，萌发率越高。因而高湿度有利于病菌侵染和发病，适温下相对湿度又在 70%以上就有可能大流行。但在相对湿度小于 54%时，分生孢子仍可萌发、侵染，病害仍可发生并有所发展。另外，白粉病菌的分生孢子对直射阳光非常敏感，因而直射阳光对分生孢子的萌发有抑制作用。

白粉病菌一般在小麦的下部叶片发生严重，但高度感病品种全部叶片、叶鞘及麦穗均可受害，发病严重时整个植株从下至上均为白色霉层覆盖。白粉菌侵染小麦发病后几天，开始形成病斑，在病斑表面形成一层白粉，随后发展成白色粉状霉斑。当条件适宜时，病斑孢子堆常常合并，形成大片白色至灰色霉层。随后，白粉状霉层逐渐致密，变成灰白色至淡褐色，最后在霉层中形成许多黄褐色至黑褐色圆形子囊壳（有性繁殖的孢子囊）。随着病情发展，在较老孢子堆周围的组织逐渐死亡和变褐，病叶开始褪绿、发黄至枯死。

小麦植株被白粉病菌侵染后，养分被掠夺，呼吸和蒸腾作用加强，而光合作用的效能显著降低，碳水化合物的积累和输送相应减少。在发病早而重的情况下，植株的生长发育受阻，根系吸收养分的能力也随之下降，分蘖减少，甚至造成幼苗死亡。最终结果是导致成穗数、穗粒数和千粒重减少，从而使小麦产量大幅度降低，乃至绝收（Bowen et al.，1991；Evens et al.，1992）。如病害发生较晚或较轻，则主要影响籽粒的饱满度，降低千粒重。苗期病害造成产量损失往往比成株期病害要大，因而研究人员往往对苗期病害的关注较多。但随着白粉病危害程度日益加重，研究人员已经开始对成株期病害、慢白粉以及穗白粉关注起来，有关这方面的报道亦逐渐增多。

此外，小麦白粉菌对寄主具有严格的专化性。根据其侵染寄主种类的不同，可以区分为几个专化型。小麦专化型白粉菌主要危害小麦，也可以侵染黑麦、燕麦及一些禾本科杂草等，但不能侵染大麦。在温室人工接种条件下，小麦白粉病菌也可以侵染鹅冠草属（*Roegneria*）、披碱草属（*Elymus*）和冰草属（*Agropyrum*）的一些种。在同一专化型内又可以根据对品种间的致病性的差异区分为不同的毒力型（生理小种）（司权民 等，1992）。小麦白粉病菌内生理分化现象十分明显，选用 9 个鉴别寄主并采用 8 进制编码命名生理小种的方法，在国内已鉴定出生理小种 70 多个（刘万才 等，2000）。

2.2　小麦抗白粉病基因研究进展

2.2.1　小麦抗白粉病基因的来源

针对小麦白粉病具有生理小种多、变异快、侵染时期长、适应范围广、依靠气流传播的特点，培育抗病品种、综合利用多种抗原是防治小麦白粉病既安全又最为经济有效的措施。自 1930 年澳大利亚学者 Water house 首次报道小麦品种 Thew 携带一个显性抗白粉病基因后，对小麦白粉病基因的抗性表现、遗传特点及基因定位的研究不断发展，迄今已在 37 个位点发现并正式命名了 53 个小麦抗白粉病基因，正式命名符号为 *Pm*（powdery mildew）（表 2-1，表 2-2）。小麦白粉病的抗性主要由单基因或寡基因控制，其抗性来源为小麦自身和近缘种、属，即普通小麦的一级、二级和三级基因库。

表 2-1　源于普通小麦抗白粉病基因的染色体定位、代表品种及其显隐性

来源	普通小麦 *T. aestivu*		
基因	染色体定位	代表品种	显隐性
Pm1a	7AL	Axminster/Cc×8Cc	显性
Pm1e（*Pm22*）	7AL	Virest	显性
Pm3a（*Mla*）	1AS	Asosan	显性
Pm3b（*Mlc*）	1AS	Chul	显性
Pm3c（*Mls*）	1AS	Asonora	显性
Pm3d（*Mlk*）	1AS	Kolibri	显性
Pm3e	1AS	W150	显性
Pm3f	1AS	MichiganAmber/Cc×8	显性
Pm3g	1AS	Aristide	显性
Pm3h	1AS	Abessi	显性
Pm3i	1AS	N324	显性
Pm3j	1AS	GUS122	显性
Pm5b	7BL	Ibis	隐性
Pm5c	7BL	Kolandi	隐性
Pm5d	7BL	IGV1-455	隐性
Pm5e	7BL	Fuzhuang30	隐性
Pm9	7AL	Normandie（pm1，pm2）	隐性
Pm10	1D	Norin4	显性
Pm11	6BS	Chinese Spring	显性
Pm14	6B	NorLin10	显性
Pm15	7DS	NorLin10	显性
Pm23	5A	Line 81-7241	显性
Pm24	1DS	Chiyacao	显性
Pm28	1B	Meri	显性

资料来源：McIntosh 等（Huang et al.，2004；Miranda et al.，2006；Miranda et al.，2007；McIntosh et al.，2004；McIntosh et al.，2005；Hsam et al.，2003；Zhu et al.，2004），以及个人收集整理。

表 2-2　小麦外源抗白粉病基因的染色体定位、代表品种及其显隐性

基因	染色体定位	来源	代表品种	显隐性
Pm1b	7AL	栽培一粒小麦 *T. monococcum*	MocZlatka	显性

（续表）

基因	染色体定位	来源	代表品种	显隐性
Pm1c	7AL	野生一粒小麦 *T. boeoticum*	MIN	显性
Pm1d	7AL	斯卑尔脱小麦 *T. spelta*	EdTRI2258	显性
Pm2	5DS	提莫菲维小麦 *T. timopheevi*	U1ka/8×Cc/ XX194	显性
Pm4a	2AL	栽培二粒小麦 *T. dicoccum*	khapli/8 * Cc	显性
Pm4b（*M1e*）	2AL	波斯小麦 *T. carthlicim*	Amada	显性
Pm5a (*pm5*, *M1h*)	7BL	栽培二粒小麦 *T. dicoccum*	Hope	隐性
Pm6（*M1f*）	T2B/2G	提莫菲维小麦 *T. timopheevi*	Timalen	显性
Pm7	T4BS. 4BL/5RL	黑麦 *Secal*	Transec	显性
Pm8	T1BL/1RS	黑麦 *Secal*	kavkaz	显性
Pm12	T6BS/6SS. 6S	拟斯卑尔脱山羊草 *Ae. speltoide*	Line31	显性
Pm13	T3BL. 3BS/3S, T3DL. 3DS/3S	高大山羊草 *Ae. longissima*	RIA，RID	显性
Pm16	4A	野生二粒小麦 *T. dicoccoide*	Normanlines	显性
Pm17	T1AL/1RS	黑麦 *Secal*	Amigo，TAM107	显性
Pm19	7D	方穗山羊草 *Ae. teuschii*	XX7186	显性
Pm20	T6BS/6RL	黑麦 *Secale*	PI583795	显性
Pm21	T6AL/6VS	簇毛麦 *Haynaldia*	R137. R55	显性
Pm25	1A	野生一粒小麦 *T. boeoticim*	NC96BGTA5	显性
Pm26	2BS	野生二粒小麦 *T. dicoccoide*	TTD140	隐性
Pm27	T6B/6G	提莫菲维小麦 *T. timopheevi*	146-I55-T	显性
Pm29	7DL	卵穗山羊草 *Ae. ovata*	Pova	显性
Pm30	5BS	野生二粒小麦 *T. dicoccoide*	87-1/C20// 2×8866	显性
Pm31（*MIG*）	6AL	野生二粒小麦 *T. dicoccoide*	G-305-M/781// Jing411×3	显性
Pm32	5BL	拟斯卑尔脱山羊草 *Ae. speltoides*	L501	显性
Pm33（*pmPS5B*）	2BL	波斯小麦 *T. carthlicum*	F3line Am9//3× Laizhou953	显性
Pm34	5DL	粗山羊草 *Ae. tanschii*		显性
Pm35	5DL	粗山羊草 *Ae. tanschii*		显性

（续表）

基因	染色体定位	来源	代表品种	显隐性
Pm36	5BL	野生二粒小麦	MG-FN14999	显性
		T. turgidum ssp. dicoccoides		
Pm37	7AL	提莫菲维小麦 *Triticum timopheevii*	NC99BGTAG11	显性

资料来源：Mcintosh 等（Huang et al.，2004；Miranda et al.，2006；Miranda et al.，2007；McIntosh et al.，2004；McIntosh et al.，2005；Hsam et al.，2003；Zhu et al.，2004），以及个人收集整理。

2.2.1.1 小麦抗白粉病基因的一级基因库

普通小麦是一个异源六倍体物种，具有 3 对不同的染色体组（AABBDD），许多抗性基因来源于普通小麦的二倍体、四倍体祖先和野生近缘种，例如与 A 染色体组有亲缘关系的栽培一粒小麦，与 B 染色体组有亲缘关系的乌拉尔图小麦，以及与 D 染色体组有亲缘关系的粗山羊草（Hsam et al.，2002；Jiang et al.，1994）。

普通小麦一直是小麦抗白粉病基因的重要基因库，已报道在小麦的 11 个位点上发现了 24 个抗性基因（表 2-1），这说明抗白粉病基因仍能够在栽培小麦、古老品种及当地品种中挖掘出来。由于来自普通小麦自身这些抗病基因向目标品种中导入时不存在杂交障碍、遗传累赘，也可以由同源重组而去除，因而这一类抗白粉病基因利用起来比较方便。如在欧洲和地中海发现的 *Pm5a*、*Pm5b*、*Pm6*；在巴尔干半岛、日本和美国发现的 *Pm3a*；在德国发现 *Pm3c* 和在几个欧洲国家和中国发现的 *Pm3d*。其中最著名的有携带 *Pm1*、*Pm2* 和 *Pm9* 的诺曼底栽培培小麦 Normandia。我国农家种复壮 30 携带 *Pm5e*，齿牙糙携带 *Pm24* 等。

小麦的二倍体和四倍体亲缘物种如一粒小麦、二粒小麦等与普通小麦的基因组高度同源，可以通过杂交和回交实现有性重组而将有利基因转移至普通小麦中。Mains 等（1933）早在 1933 年就认为小麦的野生近缘种栽培一粒小麦（AA）、栽培二粒小麦（AABB）和提莫非维小麦（AAGG）是抗白粉病基因的主要来源，被称为小麦的第一基因库。来源于第一基因库近缘种的小麦抗白粉病基因有：①二倍体一粒小麦（*T. monococcum* 2n = 2x = 14，AA），如 *Pm25*（Shi et al.，1998；Murphy et al.，1998）；②二倍体粗山羊草（*Ae. tauschii* 2n = 2x = 14，DD），如 *Pm2*、*Pm19*（Hsam et al.，2002；Zeller et al.，2002）、*Pm34*（Miranda et al.，2006）、*Pm35*（Miranda et al.，2007）；③四倍体二粒小麦（*T. dicoccu* 2n = 4x = 28，AABB），如 *Pm4a* 和 *Pm5a*（Hsam et al.，

2002）；④四倍体硬粒小麦（*T. durum* 2n＝4x＝28，AABB）如 *Pm3h*（Zeller et al.，1998）；⑤四倍体野生二粒小麦（*T. dicoccoides* 2n＝4x＝28，AABB）为四倍体和六倍体普通小麦的祖先，如：*Pm16*（Rong et al.，2000）、*Pm26*（Liu et al.，2002；Yang et al.，2002）、*Pm30*（Hsam et al.，2002；Zeller et al.，2002）、*Pm31*（Xie et al.，2003）和 *Pm36*（Blanco et al.，2008）等，Mains 等（1933）认为其是抗白粉病基因和其他抗性基因主要来源；⑥四倍体波斯小麦（*T. carthlicum* 2n＝4x＝28，AABB），如 *Pm4b*（Hsam et al.，2002；Zeller et al.，2002）和 *Pm33*（Zhu et al.，2005）。

2.2.1.2 小麦抗白粉病基因的二级基因库

小麦抗白粉病基因的二级基因库是指与小麦至少有一个同源染色体组的多倍体小麦属和山羊草属植物。如果抗性基因位于同源染色体上，可以通过直接杂交和胚胎拯救的方法转移基因。大部分二倍体和四倍体小麦属和山羊草属植物属于二级基因库，其中一些已被用作小麦白粉病的抗原：①四倍体栽培小麦即提莫菲维小麦（*T. timopheevii*）及其野生种阿拉拉特小麦（*T. araraticum* 2n＝4x＝28，AAGG）是 *Pm6* 和 *Pm27*（Hsam et al.，2002；Zeller et al，2002；Mains et al.，1993；Murphy et al.，2002）的供体；②拟斯卑尔脱山羊草（*Ae. Speltoides* 2n＝2x＝14，SS）是 *Pm1d* 和 *Pm12* 的供体（Hsam et al.，2002；Zeller et al.，2002）；③高大山羊草（*Ae. Longissima* 2n＝2x＝14，SS）是 *Pm13*（Cenci et al.，1999）的供体。拟斯卑尔脱山羊草和高大山羊草都是二倍体物种，含有 S 基因组，其 S 基因组与小麦 B 基因组亲缘关系紧密，与小麦 D 基因组至少有 5 条染色体呈共线性（Hsam et al.，2002；Zeller et al.，2002）。

2.2.1.3 小麦抗白粉病基因的三级基因库

小麦抗白粉病基因的三级基因库是指与普通小麦没有同源染色体组的其他麦类，象簇毛麦（*Hylandia* 2n＝2x＝14，VV）、栽培黑麦（*Secale cereale* 2n＝2x＝14，RR）和一些山羊草属。这些麦类供体的抗性基因不能通过同源重组的方法转移，但可以运用遗传工程技术使外源基因导入普通小麦，如通过辐射诱导使染色体变异来转入整条染色体或片段从而导入基因；或通过位于染色体 5BL 上的 *Ph1* 基因及 5B 缺失系诱导突变。已有 4 个抗白粉病基因，通过这些方法从黑麦转移到栽培小麦（Hsam et al.，2002）。目前黑麦染色体的 1R 长臂最容易整合到小麦染色体中（Hsam et al.，2000），*Pm7* 就是通过小麦和黑麦 4BS.4BL-5RL 的代换使栽培黑麦 Petkus 抗白粉病基因转移到普通小麦中。*Pm8* 和 *Pm17* 都是位于黑麦染色体组的 1R 短臂上，*Pm8* 是小麦的 1BL 被黑麦的 1RS 所代替而导入，*Pm17* 是小麦的 1AL 被黑麦的 1RS 所代替而导入

（Jiang et al.，1994；Blanco et al.，2008），*Pm20* 是把黑麦染色体的 6RL 转移到普通小麦得到的。另外，卵穗山羊草（*Aegilops ovata*，2n = 4x = 28，UUMM）携带 *Pm29*，野生二倍体簇毛麦（*Hyanaldia vilosa* 2n = 2x = 14，VV）携带 *Pm21*。其他携带潜在抗白粉病基因的近缘种属有尾状山羊草（*Ae. Caudata*）、圆柱山羊（*Ae. markgrafii*）、小伞山羊草（*Ae. umbelluata*）、易变山羊草（*Ae. variabilis*）、钩刺山羊草（*Ae. triuncalis*）和无芒山羊草（*Ae. mutica*），还有一些小麦属多年生亚种，比如偃麦草属（*Elytriga*）、披碱草属（*Elymus*）和冰草属（*Agropyrum*）等也携带潜在的抗白粉病基因（Hsam et al.，2002；Jiang et al.，1994；Eser et al.，1998）。

综上所述，小麦具有丰富的基因资源库，目前正式命名的 53 个主效 *Pm* 基因中除 24 个来源于普通小麦外，其余基因都是来源于小麦近缘种属（表 2-2），说明通过远缘杂交从外缘种属向普通小麦导入新的抗白粉病基因非常普遍。因此，利用外源抗病基因可以极大地丰富普通小麦抗病基因资源，同时也有助于扩大小麦育种的遗传基础。

2.2.2 小麦抗白粉病基因的染色体分布

随着越来越多的抗白粉病基因的定位，不难看出，这些基因在小麦基因组中并不是随机分布的，而是倾向于在基因富集区成族分布（Huang et al.，2004）。从表 2-3 可以看出，第三、第四同源群中分别只有 1 个基因，而有 8 个基因分布在第一同源群上，且在 1AS 的 *Pm3* 位点有 10 个等位基因，7AL 的 *Pm1* 位点有 5 个等位基因。

表 2-3 小麦抗白粉病基因在染色体上的分布

染色体组	A	B	D	R
1	*Pm3*，*Pm25*	*Pm28*，*Pm32*	*Pm10*，*Pm24*	*Pm8*，*Pm17*
2	*Pm4*	*Pm6*，*Pm26*，*Pm33*		*Pm7*
3		*Pm13*		
4	*Pm16*			
5	*Pm23*	*Pm30*，*Pm36*	*Pm2*，*Pm34*，*Pm35*	
6	*Pm21*，*Pm31*（*MIG*）	*Pm11*，*Pm12*， *Pm14*，*Pm27*		*Pm20*
7	*Pm1*，*Pm9*，*Pm37*，*Pm18*（*Pm1c*）	*Pm5*	*Pm15*，*Pm19*，*Pm29*	

2.2.3　小麦抗白粉病基因的抗性评价与利用

自 20 世纪 70 年代初 1B/1R 易位系和代换系的衍生种作为抗原在我国小麦育种中应用以来，所育成的品种 90%以上是含有 *Pm8* 抗白粉基因 1B/1R 的衍生后代这些小麦品种的大面积推广导致了 *Pm8* 的致病小种的毒力频率迅速上升，造成我国小麦品种对白粉病抗性普遍下降的局面（邱永春 等，2004）。虽然同时期还辅助应用了一些含有其他抗病基因的小麦品种，但 *Pm1*、*Pm3*、*Pm5* 以及 *Pm8* 等抗性基因已经先后被相应毒性基因克服，丧失其抗性，基因 *Pm7* 与不良性状连锁而在生产上没有应用 *Pm9* 没有单独的载体，与 *Pm1* 和 *Pm2* 共存于一个品种中，但含 *Pm1*+*Pm24*，*Pm9* 的 Normindie 对我国小麦白粉病生理小种不具备抗性。*Pm10*~*Pm37* 是近年引进或创造出的新抗原，其中 *Pm10*、*Pm1*、*Pm14*、*P15* 只对冰草属白粉病菌表现抗性，而不抗小麦白粉病菌，在生产上没有利用价值；*Pm17* 抗性不全，但大多数菌系对其均无很高毒力；*Pm18* 过去表现抗性不强，近年又被证明是 *Pm1c*，不宜单独使用；*Pm19* 不抗我国白粉菌优势小种 15 号小种，不能在育种中进行应用。在强毒力小种 E20 出现以后，只有 *Pm12*、*Pm16*、*Pm20*、*Pm21*、*Pm30* 和 *Pm31* 等 6 个基因表现抗病。除 *Pm21* 以外，含有 *Pm12*、*Pm16*、*Pm20* 品种（系）农艺性状差，不宜直接用作育种亲本，而 *Pm30*~*Pm37* 以及暂命名的 *Pm* 基因在我国利用价值还有待于进一步鉴定。

近年来，国内外小麦遗传育种家们已经意识到由于抗病基因单一化所造成的严重后果，加大了发掘、引入和转育含有新的抗白粉病基因品种的研究力度和投入。研究表明，*Pm4b*，*Pm2*+*Pm6* 在我国部分地区仍然保持很好的抗性，可加以利用。*Pm17* 虽然对白粉病抗性不强，但大多数菌系对其均无很高毒力，其 1R 具有良好的增产性能和拥有对麦二叉蚜的抗性，因此可以作为背景抗性与其他基因组合使用。由南京农业大学发现并鉴定的 *Pm21* 是目前已知抗白粉病基因中最好的抗病基因，其载体品种无明显的不良性状，在不同小麦遗传背景下抗病性均表现稳定，经国内外 20 余个单位鉴定，含 *Pm21* 的易位系抗目前国内所有的白粉病菌株及检测过的 120 个欧洲生理小种是目前世界上抗谱最广、抗性最稳定的白粉病抗性基因。*Pm23* 由四川农业大学发现 *Pm24* 来源于我国的农家品种 Chiyacao（齿牙糙），这两个基因已经在育种中广泛应用。从流行病学的观点出发，利用多样化的抗原更有利于提高白粉病的防治效果和小麦生产的安全性。因而，利用好现有的抗病基因，尤其发现和鉴定新的抗病基因，对实现小麦白粉病抗原的多样化有重要的实践意义。

2.2.4　分子标记在小麦抗白粉病基因中的应用

2.2.4.1　小麦抗白粉病基因的分子标记

　　分子标记是近年来发展起来的以 DNA 分子变异为基础的一种遗传标记。它是指由于 DNA 分子发生缺失、插入、易位、重排或由于存在长短与排列不一的重复序列等机制而产生的多态性标记。具有以下特点：多态性高；无上位性。既不影响目标性状基因的表达，也不与不良性状连锁；直接以 DNA 的形式表现，在植物的各个组织，各发育时期均可检测到，不受季节、环境条件限制，不存在表达与否问题；大多数分子标记表现共显性，能够鉴别纯合基因型和杂合基因型，可提供完整的遗传信息。作为一种理想的遗传标记，分子标记最早用于人类遗传研究，并很快应用到作物遗传育种研究。利用分子标记已在分子图谱构建、种质资源鉴定、基因标记与定位、基因组比较作图研究等方面取得了很大进展，在分子标记辅助选择育种和基因克隆领域有着广阔的应用前景。

　　小麦抗白粉病基因分子标记的研究始于 20 世纪 90 年代初，利用分子标记技术，育种家可以容易地鉴别出众多抗病基因的异同，对于那些仅通过抗病反应型无法区分的抗病基因就更加有意义。目前常用于小麦抗白粉病基因的分子标记技术主要有：①RFLP（restriction fragment length polymorphism，限制性片段长度多态性）。用该技术已定位的白粉病基因有 *Pm1*、*Pm2*、*Pm3b*、*Pm4a*；*Pm18*（Hartl et al., 1995）；*Pm1c*（Hartl et al., 1999）；*Pm2*（Mohler et al., 1996）；*Pm2*、*Pm4a*、*Pm21*（Liu et al., 2000）；*Pm3a*、*Pm3b*、*Pm3c*（Hartl et al., 1999）；*Pm3g*（Sourdille et al., 1999）；*Pm6*；*Pm12*（Jia et al., 1996）；*Pm13*（Cenci et al., 1999）；*Pm17*（Liu et al., 2001）；*Pm21*（Liu et al., 1999）；*Pm26*（Rong et al., 2000）；*Pm27*（Järve et al., 2000）；*Pm29*（Hsam et al., 2002）。②RAPD（random amplified polymorphic DNA，随机扩增的多态性 DNA）。用该技术已定位的白粉病基因有 *Pm1*（Hu et al., 1997）；*Pm1*、*Pm2*、*Pm3*、*Pm3a*、*Pm3b*、*Pm3c*、*Pm4a*、*Pm12*（Shi et al., 1998）；*Pm13*（Cenci et al., 1999）；*Pm18*（Hartl et al., 1995）；*Pm21*（Qi et al., 1996）。③AFLP（amplified framgent length polymorphism，扩增片段长度多态性）。用该技术已定位的白粉病基因有 *Pm1c*、*Pm4a*（Hartl et al., 1999）；*Pm17*（Liu et al., 2001）；*Pm24*（李振声 等，1985）；*Pm29*（Hsam et al., 2002）。④STS（sequence tagged site，序列标志位点）。用该技术已定位的白粉病基因有 *Pm1*、*Pm2*（Mohler et al., 1996），*Pm13*（Cenci et al., 1999）。⑤SCAR（sequence characterized amplified region，序列特异性扩增区）。*Pm21*

（Liu et al., 1999）。⑥DDTR（differential display reverse transcriptase，DDTR）。
Pm13（Cenciet al., 1999）。⑦SSR（microsatellites，微卫星）。用该技术已定
位的白粉病基因有 *Pm24*（Perugini et al., 2007），*Pm27*，*Pm30*（Liu et al.,
2002）*Pm31*、*Pm33*（Zhu et al., 2005）、*Pm34*（Miranda et al., 2006）、
Pm35（Miranda et al., 2007）、*Pm37*（Perugini et et al., 2007）。

2.2.4.2 SSR 分子标记技术在小麦抗白粉病基因研究中的应用

SSR（simple sequence repeats，简称 SSR，简单重复序列）又称微卫星
（microsatellite），是指一类由 1~5 个核苷酸组成的基序（motif）或基本重复单
位串联构成的一段 DNA，广泛分布于生物体基因组的不同位置。SSR 分子标
记具有以下的特点：在植物基因组中分布广泛、随机；保守性强，在同种而不
同遗传型间序列多数相同；呈孟德尔式遗传，多为共显性标记；需要模板量
少，对模板质量要求低；使用简便，重复性好。

SSR 简单重复序列位点两侧，多是相对保守的单拷贝序列。专化性微卫星
位点的侧翼序列在种内、属内种间、少数甚至是在亲缘属间都是保守的。因此
这些侧翼序列能被用于设计引物扩增单个的微卫星位点。通过 PCR 扩增含有
重复序列的区域，可以检测串联重复在长度上的变化。由于重复数量的不同而
产生不同大小的片段，从而可以检测到多态性。SSR 位点被认为是通过一个重
复的增加或减少逐步进化的。SSR 序列中重复单位数目高度变异的原因据推测
可能是由于 DNA 复制过程中的分子滑动（slippage）或不等交换（unequal
crossing over）。当利用一对引物扩增不同基因型中的 SSR 位点时，扩增产物之
间等位基因的差异表现为重复单位数目的整数倍，这一多态性称简单序列长度
多态性（SSLP）。微卫星 PCR 引物一般被设计 17~22 个核苷酸长，GC 含量在
50%左右，Tm 大约为 60 ℃。进行 SSR 扩增产物分析的理想片段大小为 100~
250 bp。引物设计可以通过人工或计算机软件完成。

琼脂糖、聚丙烯酰胺凝胶电泳（PAGE）、变性 PAGE 和毛细管电泳被用
于检测 SSR 扩增产物的大小和鉴定多态性。在非变性胶中一般用溴化乙啶染
色检测 PCR 产物。然而用琼脂糖和聚丙烯酰胺不能精确测定产物的大小。变
性 PAGE 和毛细电泳可以分辨 DNA 片段的单核苷酸差异。在 PAGE 中，SSR
扩增产物可以通过银染色、放射性标记（引物或 PCR 产物）、荧光标记（引
物或 PCR 产物）进行检测。SSR 标记的缺点是，开发费用较高，且需要有
DNA 序列的信息。

目前小麦 SSR 分子标记用于抗白粉病基因标记定位的研究很多。Chantret
等（Blanco, 2008），利用小麦 SSR 标记对抗病品种"RE714"含有的抗病基
因 M1RE 进行了定位研究，结果表明 M1RE 位于 6A 染色体长臂的远端，与

Xgwm427、Xgwm1617、Xgwm4794b 等 SSR 标记位点连锁。Huang 等（2000）发现位于染色体 1D 上的 3 个 SSR 标记位点 Xgwm106、Xgwm337 和 Xgwm458 与 *Pm24* 基因连锁，并将该基因重新定位到 1DS 上。Liu 等（2001）发现来自野生二粒小麦 C20 的抗白粉病基因 *Pm30* 与染色体 5BS 上的 SSR 标记位点 Xgwm159 连锁，遗传距离为 5.7 cM，并根据这一结果将 *Pm30* 定位到 5BS 上。Xie 等（2003）发现来源于以色列野生二粒小麦材料 G-305-M 的抗白粉病基因 *Pm31* 与 Xgwm570、Xpsp3029、Xpsp30719 和 Xpsp3152 等 SSR 位点连锁，根据此结果将该基因定位到 6AL 上。到目前为止，SSR 标记已经成功用于小麦抗白粉病基因的标记定位，如 *Pm3*、*Pm3g*、*Pm3h*、*Pm3j*、*Pm4a*、*Pm4b*、*Pm5e*、*Pm16*、*Pm17*、*Pm24*、*Pm27*、*Pm30*、*Pm31*、*Pm32*、*Pm33*、*Pm34*、*Pm35*、*Pm37* 等。随着小麦中 SSR 数量的增多，SSR 技术将在小麦基因标记定位的研究中发挥越来越重要的作用。

2.2.5 小麦抗白粉病基因的分析方法

2.2.5.1 基因数目和基因类型的测定

（1）与感病品种杂交

鉴于小麦白粉病的抗性多为单基因控制，参照孟德尔遗传规律，可以从与感病品种测交 F_1、F_2 和 BC_1 代群体的抗感分离比例分析出抗性基因数目。如果 F_1 表现抗病，则说明待测材料基因为显性；如果 F_1 表现感病，则基因为隐性；如果 F_2 抗感比为 3：1 或 BC_1 抗感比为 1：1，则待测材料含 1 对显性基因；若 F_2 抗感比为 15：1，则表示待测材料为 2 对显性基因；若 F_2 抗感比为 63：1，则表示待测材料为 3 对显性基因。

（2）与已知抗性基因近等基因系测交

利用含已知基因的近等基因系为测交种与待测材料测交，根据杂种后代抗感分离比例进行遗传分析推测测试材料的基因数目和基因型。如果 F_2 不发生抗感分离，说明待测材料的基因与测验种基因相同；如果 F_2 抗感比为 15：1，说明待测材料的基因与测验种的基因不同，为 1 个显性基因；若 F_2 抗感比为 63：1，则说明待测材料与测验种的基因为 2 个显性基因。

（3）基因推导

根据植物寄主与病原物基因对基因假说，即小麦的每一个抗白粉病基因在白粉菌方面都对应一个无毒（有毒）基因，用白粉菌的无毒（有毒）基因来识别其相应的抗病基因。中国农业科学院植物保护研究所从全国各地采集、分离的约 1 500 份白粉菌菌系中筛选、纯化和保存了一套对 *Pm1*、*Pm2*、*Pm3a*、*Pm3b*、*Pm3c*、*Pm4a*、*Pm4b*、*Pm5*、*Pm2+Pm6* 等有鉴别力的菌系，用上述菌系分别接种鉴别寄主与测试品种（系），然后比较测试品种（系）与鉴别寄主抗谱的相似性，根据其相似性程度推导测试品种的抗病基因。

比较上述方法，测交遗传分析，特别是利用已知近等基因系，测定结果比较准确，但是工作量较大，所需时间较长，至少需要 2~3 个世代。基因推导测定的时间较短，但是由于测定的结果是依据测试品种与鉴别寄主抗谱的相似程度，其准确性受到很多因素的影响。因此作为初步鉴定，利用基因推导较好，对于准确鉴定，利用已知近等基因系的测交遗传分析更为适宜。

（4）分子标记

目前大量开展的分子标记工作，为准确地确定抗病基因的类型提供了有效的工具，特别对于多种抗病基因累加的材料，常规的研究方法不易辨别，利用分子标记简单方便而且有效。张增艳等（2002）利用小麦抗白粉病基因 *Pm4*、*Pm13*、*Pm21* 的特异 PCR 标记对含有 *Pm4b*、*Pm13*、*Pm21* 的小麦品系复合杂交 F$_2$ 代 40 个植株进行检测，从中选择到 11 株 *Pm4b+Pm13+Pm21* 基因聚合的抗病植株，以及 19 株 *Pm4b+Pm13*、*Pm4b+Pm21*、*Pm13+Pm21* 基因聚合的抗病植株，为持久、广谱抗病小麦育种奠定了基础。

2.2.5.2　基因的染色体定位

（1）非整倍体分析法

把基因确定到染色体上主要是用单体分析，分析时用 21 种单体作母本与待测基因材料杂交，根据杂种 F$_1$ 或 F$_2$ 代抗感分离比例确定携带受测基因的相关染色体。利用单体、端体系列测交法成功的确定了 *Pm1~Pm22* 绝大部分基因在染色体上的位置。

（2）染色体分带和原位杂交

原位杂交是用放射性标记或生物素标记的 DNA 探针与染色体 DNA 杂交，在染色体水平上对 DNA 直接进行检测，能准确定位基因或 DNA 序列在染色体的位置。该技术对检测异源染色体和片段非常有效，但是难以辨别亲缘关系很近的基因组和区分基因所处的染色体。原位杂交与 C-分带、RFLP 等技术结合使用，对外源抗性基因定位效果较好。

（3）分子标记

分子标记技术不仅广泛应用于作物遗传图谱构建、基因定位、鉴别品种、品系（含杂交种、自交系）及分析种质资源遗传多样性等方面，而且为准确地确定和定位抗病基因提供了有效的工具，特别对于多种抗病基因累加的材料，常规的研究方法不易辨别，利用分子标记简单方便而且有效。由于 RFLP、SSR 和 AFLP 分子标记的探针或引物已被绘制成遗传连锁图谱或遗传物理图谱。利用分子标记可以推断出与标记共分离或连锁的基因位点在染色体上的位置，为基因克隆提供基础。

2.3　偃麦草在小麦育种中的应用

小麦属于禾本科（Poaceae）小麦族（Triticeae）小麦属。小麦族内约有300余个种，染色体基数均为7，含有20余种染色体组，不同种的倍性从二倍体至十二倍体不等，其中约77%为多年生，其余为一年生（金善宝，1990）。小麦族除包括小麦、大麦、黑麦等重要粮食作物外，还包括一些优良的牧草如偃麦草、鹅观草、披碱草、冰草、赖草等。

小麦的近缘植物泛指小麦族中除小麦属以外的其他属。小麦的近缘物种类型繁多，变异多样，具有丰富的遗传多样性，并且含有在小麦育种中具有重要利用价值的优良基因。这些近缘种都具有和小麦杂交的潜力，因此用于小麦遗传改良的基因资源是十分丰富的。偃麦草是与普通小麦亲缘关系较近的一个属，是小麦遗传改良中具有重要利用价值的近缘植物之一。由于偃麦草具有抗病、抗旱、抗寒、耐盐碱等许多优良性状，因此从20世纪30年代就对其进行了研究和利用（李振声 等，1985）。在偃麦草属中主要有3个种，即二倍体长穗偃麦草（Elytriga elongatum，2n=14）、中间偃麦草（Elytriga intermedium，2n=42）和十倍体长穗偃麦草（Elytriga ponticum，2n=70）。通过偃麦草与小麦杂交，国内外育种家已育成了一批异附加系、异代换系、易位系和优良品种，把偃麦草基因组中的一些有益基因转入普通小麦背景中。

2.3.1　中间偃麦草在小麦育种中的应用

2.3.1.1　中间偃麦草的植物学特性

中间偃麦草（Eintermedium 2n=42，EEEEStSt 或者是 JJJ$_s$J$_s$SS，以前又称天兰鹅冠草，天兰冰草）是禾本科小麦亚族（Triticinae）偃麦草属（Elytrigia）中的多年生野生草本植物。中间偃麦草是多种小麦病害的良好抗原，对小麦条锈病、叶锈病、秆锈病和白粉病免疫，对小麦黑穗病、黄矮病、根腐病和叶枯病高抗，对小麦赤霉病有较强的耐性等，且易与小麦杂交，成为小麦遗传改良中具有重要价值的基因资源，被广泛应用于小麦遗传育种研究中。

2.3.1.2　中间偃麦草与小麦染色体组间的亲缘关系

随着试验技术的发展，尤其是分子生物学和原位杂交技术的广泛应用，中间偃麦草染色体组的构成及其来源问题，人们现已基本形成一致意见：中间偃麦草中含有两个亲缘关系相近的但与小麦远同源的染色体组，他们与长穗偃麦草有关，可能是来源于二倍体长穗偃麦草；另外一个染色体组与其他两个染色体组亲缘关系较远，拟鹅冠草可能是其最原始供体。中间偃麦草的染色体组的构成可以表示为 $E_1E_1E_2E_2XX$（Stst）= $E^eE^eE^bE^b$StSt 或者是 JJJsJsSS。

2.3.1.3　中间偃麦草在小麦育种中的应用成就

中间偃麦草是最早被选用为小麦远缘杂交的优良亲本之一，早在 1921 年 I. Percival 就开始利用中间偃麦草与小麦进行杂交试验。1928—1930 年苏联 H. B. 齐津（音译）等利用普通小麦与它杂交成功，并培育出多年生小麦、再生饲料小麦和普通小麦新品种，育成了大穗、多花、抗倒、抗病、中熟的小麦冰草杂种 599（小麦/黑麦//中间偃麦草），抗旱、抗病、抗落粒、千粒重 50 g 及蛋白质含量 17% 的格列尔库尔 114（小麦/中间偃麦草），大穗多花、抗白粉病和叶锈病的斯涅格伊列夫卡等小麦新品种。我国孙善澄等（1953）在东北哈尔滨率先开始利用中间偃麦草与小麦的进行有性杂交的研究试验，并在 1956 年杂交成功。此后李振声等也开始研究，并于 1957 年获得了中间偃麦草与小麦的杂交种子。从此，中间偃麦草被广泛地用作与小麦远缘杂交的野生亲本材料被广泛应用于小麦遗传改良的育种实践中。

黑龙江省农业科学院作物育种所小麦室以小麦品种（系）为母本，以中间偃麦草为父本进行杂交、回交和后代连续选择，先后育成了具有中间偃麦草优良性状小偃 1 号、龙麦 1 号、龙麦 2 号、龙麦 3 号、龙麦 6 号、新曙光 6 号、新曙光 8 号和新曙光 9 号及广西 260、广西 261。还在国内首先创造和培育出兼有双亲优良性状的新物种——八倍体小偃麦（Trititrigia），即远中 1、远中 2、远中 3、远中 4、远中 5（中 4）、远中 6、远中 7 等；并以上述材料为亲本，先后育成龙麦 8 号、龙麦 9 号、龙麦 10 号以及一批新品系。从此，"远中"系列八倍体小偃麦被广泛用作亲本，并选育出一大批小麦新品种（系），如小冰 32、陕麦 150 和陕麦 611（祁适雨 等，2000；孙善澄，1981）。张荣琦等（2004）利用八倍体小偃麦小偃 693 和远中 5 与普通小麦杂交创造异附加系和异代换系新种质，再与普通小麦回交培育出优质小麦品种小偃 503 和早优 504。这些品种在小麦生产上都起了一定的增产作用，并在小麦抗病和优质育种中得到广泛的应用。一些源于中间偃麦草的小偃麦作为抗原已广泛应用于小麦的抗病育种（表 2-4）。

2.3.1.4　中间偃麦草在小麦抗白粉病育种中的应用情况

中间偃麦草对小麦白粉病免疫，其 E 染色体组上携带有小麦白粉病抗性基因（李振声 等，1985；陈漱阳 等，1993），它与普通小麦杂交选育带有中间偃麦草 E 组染色体的八倍体小偃麦也携带有此抗性基因。而八倍体小偃麦的 E 组染色体与普通小麦 ABD 组染色体有部分同源关系，有良好的补偿能力，因此选育的易位系综合性状表现较好，并具有偃麦草的某些优良性状，是选育新品种的有效途径（韩方普 等，1995）。

表 2-4　源于中间偃麦草的八倍体小偃麦及其后代的抗病性和外源染色体构成

材料	2n=	抗病性或靶性状	外源基因组的染色体构成
Zhong-1	52~54	小麦条纹花叶病，卷叶螨	2S+4J+4J^s+2W-T
Zhong-2	56	小麦条纹花叶病，卷叶螨	2S+4J+4J^s+2S-J^8
Zhong-3	56	大麦黄矮病，小麦条纹花叶病	4S+4J^s+2J^s-J^s-S+2S-S-J^{s}2S-J
Zhong-4	54~56	大麦黄矮病，小麦条纹花叶病	4S+4J^s+2S-S-J^s+2S-J^s+2-J
Zhong-5	56	大麦黄矮病，小麦条纹花叶病	4S+2J^s+4J^s-W+2S-S-J^s+2S-J^s+2S-J
Z1	44	大麦黄矮病	2S-J^s
Z2	44	大麦黄矮病，叶锈，条锈	2S-J^s
Z3	44		2S
Z4	44	叶锈，条锈，秆锈	2W-J^s
Z5	44	叶锈，秆锈	2W-J^s
Z6	44	大麦黄矮病，叶锈，秆锈	2S-J^s
TAF46	56	大麦黄矮病，小麦条纹花叶病，叶锈，条锈，秆锈	6S+8J
Otrastavuskaya	5	小麦条纹花叶病，多年生特性	8S+6J
L1	44	大麦黄矮病，秆锈	2J（J^s type）
L2	44	叶锈	2J（J^s type）
L3	44		2J（J^s type）
L4	44		2S
L5	44		2J（J^s type）
L7	44	秆锈	2S
T4	42	叶锈	2W（3D）-J^s
T7	42	叶锈	2W（6D）-J^s
T24	42	叶锈	2W（5A）-J^s
T25	42	叶锈	2W（1D）-J^s

（续表）

材料	2n=	抗病性或靶性状	外源基因组的染色体构成
T33	42	叶锈	2W（2A）-Jˢ
86-187	42	秆锈	2W（7D）-Jˢ
TC6	42	大麦黄矮病	2W（7D）-Jˢ
TC7	42	大麦黄矮病	2W（1B）-Jˢ
TC14	42	大麦黄矮病	2W（7D）-Jˢ
A29-13-3	42	小麦条纹花叶病	2W（4A）-Jˢ
C15092	42	小麦条纹花叶病	2Jˢ
C117766	42	小麦条纹花叶病	2W（4A）-Jˢ
wGRC27	42	小麦条纹花叶病	2W（4D）-Jˢ
MT-2	54~56	小麦条纹花叶病，卷叶螨，纹枯病菌，眼斑病，多年生特性	8-10S+8Jˢ+10-14J+2S-Jˢ

　　小麦与中间偃麦草远缘杂交得到的杂种后代，有的虽然不能作为新品种来利用，但具有某些突出特征特性的类型，却是进一步用于转移有益基因的桥梁亲本，在小麦遗传改良中具有十分重要的利用价值。苏联的西尼科维齐利用春小麦品系//小麦/中间偃麦草杂交，培育出了一套具有 1E-7E 偃麦草染色体的 7 种小麦异附加系，其中最有意义的是带有抗白粉病基因 1E 的附加系（李振声 等，1985）。山东农业大学植物遗传工程试验室以小麦品种烟农 15（感病品种）与中间偃麦草杂交或回交，从后代中选出了大量抗白粉病的异附加系、易位系及部分双二倍体。王洪刚等（2002）分别对从烟农 15 与中间偃麦草杂交后代中选育的抗白粉病异附加系 DAL66 和兼抗白粉病与条锈病小偃麦易位系 GP143 进行了报道，并根据白粉病抗性遗传分析推测白粉病抗性基因来源于中间偃麦草。刘树兵等（2002）对中间偃麦草与烟农 15 杂交后代中鉴定筛选了两个对白粉病免疫二体附加系 Ⅱ-1-7-1 和 Ⅱ-3-3-2 进行遗传分析和白粉病抗性及 GISH 鉴定，表明 E 染色体组的一对染色体携带一个新的抗白粉病基因。

　　丁斌等（2003）对烟农 15 与中间偃麦草杂交后代中选育的双体异附加系 Line1、Line4、Line10、Line14 和 Line15 鉴定，结果表明 Line1 和 Line15 对白粉病表现为免疫（附加中间偃麦草第 7 部分同源群的染色体），而 Line10、Line14（附加中间偃麦草第 1 部分同源群的染色体）和 Line4（多种染色体变异）全部表现为中感。林小虎等（2005）对烟农 15 与中间偃麦草杂交后代中选育的双体异附加系山农 Line15（可能附加了中间偃麦草第 5 同源群染色体）和八倍体小偃麦山农 TE263 进行白粉病 15 号生理小种接种鉴定和遗传分析，证明山农 TE263 对白粉病免疫，山农 Line15 对白粉病高抗近免疫，推测其抗性可能均来源于中间偃麦草。赵逢涛等（2005）对中间偃麦草与烟农 15 杂交后代中筛选出 6 个双体异附加系，白粉病抗性鉴定，结果表明 line0605 表现免疫；line0610 和 line0625 表现高抗；line0607 表现中抗；line0609 和 line0611 表现中感。Liu 等（2005）还通过细胞学鉴定与抗病性鉴定相结合的方法，筛选出了抗白粉病的部分双二倍体 E990256。钟冠昌等（1995）用八倍体小偃麦与普通小麦杂交，创造大量具有抗病性好、抗逆性强和品质优良等优良性状的异附加系和异代换系。Chang 等（2003）用 GISH 技术证明 TAI17044 的染色体组成为 $2n=56=42wheat+6St + 4J+4J-sat$。山西省农业科学院以八倍体小偃麦 TAI17045 为桥梁亲本与小麦杂交和回交，育成一批抗病性和农艺性状均已稳定的小偃麦易位系（王建荣 等，2004）。马强等（2007）用栽培小麦品种川麦 107 与八倍体小偃麦 TAI7047 杂交，从后代中选育出一些对小麦条锈和白粉病都免疫的高代稳定品系 YU25。

2.3.2　长穗偃麦草在小麦育种中的应用

2.3.2.1　长穗偃麦草的植物学特性

长穗偃麦草 [*Elytrlgja elongate*（Host）Nevski = *Agropyron elongatum*（HoSt）Beauv. = *Thinopyrum elongatum*（Host）D. R. Dewey = *Thinopyrum ponticum* Podp. $2n=70$，$JJJJJJJ^sJ^sJ^s$] 是禾本科小麦族偃麦草属植物，产于欧洲东南部和小亚细亚，主要分布在地中海沿岸以及中东和苏联的内陆地区。该物种具有许多优良的性状，如生长繁茂、多花多实、抗多种小麦病害（三锈、白粉、黄矮病等）、抗寒冷、耐盐碱、耐干旱、较耐湿、耐贫以及高蛋白等，是小麦性状改良的不可多得的优异外源基因供体。十倍体长穗偃麦草为部分同源异源十倍体，5 个染色体组中已明确的 3 个基本的染色体组为来自二倍体长穗偃麦草（*E. elongata*）的 Ee 组、百萨偃麦草（*Th. bessarabicum*）的 Eb 组和拟鹅观草属（*Pseudoroegneria*）的 St 组。

2.3.2.2　长穗偃麦草与小麦染色体组间的亲缘关系

在小麦的近缘植物中，长穗偃麦草 E 基因组与小麦 A、B、D 基因组的遗传分化程度相对较小。十倍体长穗偃麦草的 5 个基因组的亲缘关系很近，其中 St 组和 E 组关系非常近，这可能是造成该物种基因组组成被长期争议的主要原因。十倍体长穗偃麦草与普通小麦之间的亲缘关系也比较近，二者杂交比较容易产生可育后代，是小麦远缘杂交中利用的比较成功的一个物种。众多证据表明，它所包含的 St 组和 E 组染色体与小麦的 3 个基因组间的关系密切，其中与 D 基因组关系最近，与 A 组次之，与 B 组关系相对较远。有试验资料表明，单体代换系 3A/3E 与 3D/3E 中 3E 染色体通过自交的传递率显著高于 3B/3E 中 3E 染色体的传递率。这很可能缘于 E 基因组与 A、B、D 基因组之间的亲缘关系及功能补偿作用的差异。长穗偃麦草含有一些基因可促进部分同源染色体之间发生配对，这些基因分布于不同的染色体组中，并具很强的传递力。小麦和长穗偃麦草杂种回交后代的部分植株在减数分裂后期出现多条染色体同时断裂现象，使不同染色体通过断口联结形成新的易位成为可能。

2.3.2.3　长穗偃麦草在小麦遗传改良中的应用成就

长穗偃麦草是对小麦育种贡献较大的外源基因供体种之一，李振声等（1985）将普通小麦与长穗偃麦草杂交选育出了丰产、抗病的冬小麦新品种小偃 6 号。小偃 6 号是我国最先运用远缘杂交技术成功地将长穗偃麦草的有益基因导入小麦并取得重大突破的小麦远缘杂交新品种，最高年推广面积为 1 000 万亩。随后，他们又以小偃 6 号为基础材料，选育出了面粉品质优良、抗逆与抗病性强、适应性广、产量稳定的小麦新品种小偃 54。夏光敏等（1996；1999）利用细胞融合技术将长穗偃麦草的染色体小片段导入济南 177，获得杂种株，再经系统选育获得抗病、耐盐性好、蛋白质含量高的小麦新品种山融 3 号。

长穗偃麦草与普通小麦的杂交后代，有的虽然不能作为品种利用，但具有某些突出特征特性，可在小麦育种中作为亲本材料利用。八倍体小偃麦是利用长穗偃麦草与普通小麦杂交创造的新物种，包含普通小麦全套染色体和一组偃麦草染色体，具有偃麦草的许多优良性状。因此，利用八倍体小偃麦作杂交材料创造小麦新种质、选育小麦新品种，是进行小麦遗传改良的有效途径。王洪刚（1989）等以八倍体小偃麦为中间材料，与普通小麦杂交，选育出了 10 个优良种质系，其中，2 个品系为单体异附加系，1 个品系为双单体异附加系，2 个品系为双体异附加系。这些种质系具有偃麦草的许多优良性状，综合性状较好，具有较好的丰产性能。钟冠昌等（1995）利用八倍体小偃麦与普通小麦杂交，创造了一些异附加系和异代换系，并选育出一个特早熟、矮秆、抗病、高产、优质小麦新品种早优 504。

以普通小麦与长穗偃麦草杂交产生的异附加系（2n=44）小偃 759 为亲本与丰产 1 号杂交，选育出了小偃 4 号等优良品种。国外利用复合杂交将普通小麦 7D 染色体与长穗偃麦草具有 Lr19 基因的染色体代换，以此代换系作母本，成功地选育出了抗锈病新品系。国内外育种工作者经过长期的努力，获得了一批小麦-长穗偃麦草的异附加系、异代换系和易位系（Liu et al.，2002；李振声 等，1985；王洪刚 等，2000；王洪刚 等，2001；张学勇 等，1995；刘爱峰等，2007）。

长穗偃麦草中抗条锈基因 *YrTp1*、*YrTp2* 和 *YrE*（殷学贵，2006）抗叶锈基因 *Lr19*、*Lr24* 和 *Lr29*，抗秆锈基因 *Sr24* 和 *Sr26* 以及一些耐盐基因，已成功地转移到了普通小麦背景中，并在小麦品种的遗传改良中发挥了重要作用。长穗偃麦草是大麦黄矮病毒（BYDV）的重要抗原之一，国内外学者利用其作为抗原，育成了一批抗大麦黄矮病毒的中间材料（李振声 等，1985），一些源于长穗偃麦草的小偃麦作为抗原已广泛应用于小麦的抗病育种（表2-5）。马渐新等（1999）对一套小麦-长穗偃麦草二体代换系条锈病抗性及其遗传、生化特征的研究发现，长穗偃麦草携带有新的抗小麦条锈病基因，位于3E染色体，在小麦背景中呈显性遗传，暂定名为 *YrE*。并将长穗偃麦草编码酯酶-5的结构基因定位于3E染色体，暂命名为 ESt-E5。F_2 群体分析发现 ESt-E5 与抗病基因 *YrE* 呈共分离，表明 ESt-E5 是检测3E染色体及其携带的抗条锈病基因比较理想的生化标记位点。王洪刚 等（2001；2003）利用 RAPD 技术鉴定了从长穗偃麦草与小麦杂交后代中选育的小偃麦易位系和异代换系，筛选出了2个引物 OPE_{13} 和 OPH_{15}，能在种质系中稳定地扩增出长穗偃麦草的特异 DNA 片段。刘树兵 等（1998）利用 RAPD 技术建立了长穗偃麦草1E、3E染色体的特异 RAPD 标记。刘爱峰 等（2007）利用 SSR 技术鉴定小偃麦双体异附加系，获得1个长穗偃麦草的特异分子标记 $BARC165_{268}$，将该特异片段的重复序列回收、克隆，并制备成特异探针进行了基因组原位杂交（GISH）鉴定，可用于跟踪检测小麦背景中十倍体长穗偃麦草遗传物质。

表2-5　源于长穗偃麦草的小偃麦及其后代的抗病性和外源染色体构成

材料	2n	抗病性或靶性状	外源基因组的染色体构成
Arotana	56	大麦黄矮病，小麦条纹花叶病，卷叶螨，秆锈，根腐病，蓝粒	$8J+8J^S$
5441-4-5-5	44	小麦条纹花叶病毒，卷叶螨	$4J^S$
N/5.10.10	44	卷叶螨	$2J^S$
62-30-2228-1	42+2t	卷叶螨	$2J^S$ telo
62-30-2228-1-1	42+1t	卷叶螨	$1J^S$ telo
5440-2-5-11	44	根腐病，蓝粒	$2J-J^S+2J^S-J$
5440-2-5-2-9	44	根腐病，蓝粒	$2J-J^S+2J^S-J$
PWM206	56	小麦条纹花叶病毒	$10J+8J^S$

（续表）

材料	2n	抗病性或靶性状	外源基因组的染色体构成
PWM209	56	小麦条纹花叶病毒	$9J+8J^S+2J-W$
PWMIII	56	小麦条纹花叶病毒	$10J+6J^S$
PWM706	56	小麦条纹花叶病毒	$6-8J+6J^S$
OK7211542	56	大麦黄矮病，小麦条纹花叶病	$8J+8J^S$
ORRPX	56	大麦黄矮病，小麦条纹花叶病	$8J+8J^S$
Ag-wheat hybrid	56	小麦条纹花叶病	$8J+8J^S$
693	56	小麦条纹花叶病，叶锈	$8J+8J^S$
40767-2	49	大麦黄矮病	$8J^S+6J-J^S$
Ji806	42	叶锈	$2J^S$
Ji807	42	叶锈	$2J^S$
Ji859	42	叶锈	$2J^S$
Ji791	42	叶锈	$2J^S$

2.4 本研究的主要目的、意义

针对我国小麦生产上白粉病抗原单一和抗病性状逐渐丧失的现状，培育和推广抗病品种是防治小麦重要病害的主要手段，从小麦近缘植物种属导入新的抗病基因则是实现抗原多样化进而防止或延缓抗性丧失的有效途径。中间偃麦草和十倍体长穗偃麦草蕴藏着许多对小麦遗传改良极其有用的基因资源，是应用于小麦育种最为成功的两个多年生野生近缘植物。为导入其抗病基因，山西省农业科学院作物遗传研究所以感病的高产、优质小麦品种（系）为受体，八倍体小偃麦为供体，采用六·八杂交方式，育成一批丰产性好、品质优良、兼抗白粉病、条锈病等多种病害的小麦新品系，它们是优良的小麦抗病育种亲本材料。

CH5026 是衍生于普通小麦-中间偃麦草（*Th. intermedium*）的八倍体小偃麦 "TAI7045" 的抗病新品系，它兼抗小麦的白粉病和条锈病，其系谱来源为 "76216 穗 96/TAI7045//京 411"。温室抗性评价的结果显示，无论是苗期还是成株期 CH5026 对白粉病菌系 E09 均表现为免疫，且具有与其抗性供体 TAI7045 及 TAI7045 的野生亲本中间偃麦草相似的白粉病抗性，而 CH5026 和 TAI7045 的小麦亲本均为中、高感表明存在于 CH5026 的白粉病抗性来自中间偃麦草。为进一步明确其白粉病抗性的遗传规律，用高感品种（系）晋太

170、CH5065 分别与 CH5026 杂交、回交，将其 F_1、BC_1、F_3 代群体及其双亲分别在太原温室用白粉病 EO9 菌系的 15 号生理小种接种并按单株调查其抗感分离之比。

CH7034 是衍生于普通小麦-长穗偃麦草（*Th. ponticum*）的八倍体小偃麦"小偃 7430"的多抗性新种质材料，兼抗小麦的白粉病和条锈病，通过普通小麦与八倍体小偃麦"小偃 7430"杂交、回交选育而成，系谱来源为"京 411/小偃 7430//中 8601"。为明确其白粉病抗性的遗传机制及抗性基因的染色体位置，用小麦高感品系"SY95-71"与 CH7034 杂交，所获 F_1、F_2 及其双亲在温室用白粉病 E09 菌系的 15 号小种接种，对 CH7034 的白粉病抗性进行鉴定和遗传分析。

因此，本研究采用常规遗传分析方法和分子标记技术，以分别衍生于中间偃麦草和十倍体长穗偃麦草的多抗性新品系 CH5026 和 CH7034 为材料：①进行白粉病抗性鉴定和遗传分析，确定 CH5026 和 CH7034 中白粉病的抗性基因的遗传方式；②以集群分离分析法（BSA）为主要研究手段，对抗病新品系 CH5026 和 CH7034 的抗病基因进行 SSR 标记的筛选，以期寻找与新抗性基因连锁的 SSR 标记，并对抗性基因进行染色体定位；③运用中国春小麦的缺体和双端体进一步验证 SSR 标记的染色体位置；④根据 CH7034 和 CH5026 的系谱和抗性基因染色体定位结果，对其所含白粉病抗性是否为新基因作出初步判断。

为抗病基因在育种中的进一步利用奠定基础，对实现抗病基因的多样化、抗性基因的分子标记辅助选择，以及对小麦白粉病的防治具有重要的现实意义。

3 源于中间偃麦草的小麦新品系 CH5026 白粉病抗性的遗传

小麦白粉病（*Blumeria graminisf. sp. tritici*）是世界各小麦产区的主要病害。自 20 世纪 80 年代后期以来，白粉病的危害在我国日趋严重。1990 年全国冬麦区白粉病的发生面积达 1 133.3 万 hm²，已成为影响小麦丰产的重要因素之一。培育和推广抗病品种是最为经济、安全、有效的防治措施。据报道，我国 20 世纪 80 年代后育成的品种中，约 38% 为 1BL/1RS 衍生系，其抗白粉病基因主要是来自黑麦的 *Pm8*（周阳 等，2008）。由于抗原单一，其抗性随白粉病生理小种毒性的变异而基本丧失。因此，发掘并导入新的抗性基因已迫在眉睫。

中间偃麦草（*Thinopyrum intermedium*，2n＝42）是在小麦遗传改良中利用较为广泛的一种小麦野生近缘植物，不仅拥有丰富的抗病基因，且容易与小麦杂交。人们已将其对小麦锈病、黄矮病和根腐病的抗性基因成功地导入小麦，并育成品种大面积推广（李振声，1995；钟冠昌 等，2003；Fedak et al.，2004）。中间偃麦草对小麦白粉病免疫或高抗（钟冠昌 等，2003；Franke et al.，1992），我国学者刘树兵等（2002）从普通小麦与中间偃麦草杂交的后代中曾获得抗白粉病小偃麦 E-组染色体附加系。最近，马强等（2007）从八倍体小偃麦 TAI7047 与小麦品种川麦 107 杂交后代中选育出对白粉病免疫的小麦育种新材料 YU25，并对其抗性基因进行了染色体定位。

抗原的发掘及利用是选育抗病品种的关键。为拓宽小麦抗病育种的遗传基础，山西省农业科学院畅志坚等（1996）从 1986 年起开展了普通小麦与中间偃麦草的属间远缘杂交及利用八倍体小偃麦向普通小麦导入偃麦草抗病基因的研究，育成八倍体小偃麦新类型 TAI7044、TAI7045、TAI7047（畅志坚 等，1996；畅志坚，1999）和一批来自不同八倍体类型的小麦抗病亲本及新品系（王建荣 等，1999），CH5026 就是采用普通小麦的感病品种（系）与八倍体小偃麦 TAI7045 杂交、回交，在白粉病、条锈病的高发区四川雅安选育而成的抗病品系。2001—2004 年经太原温室接种和四川雅安病圃鉴定，CH5026 免疫白粉病和条锈病，株高约 75 cm，株型紧凑，旗叶上挺，半冬性，无芒，白粒，是抗病育种的优良亲本。因此，研究其白粉病抗性的基因组成及抗性的遗传特点，对于该抗原的快速应用及小麦抗病育种具有重要意义。

3.1 材料和方法

3.1.1 供试材料

用于抗病性鉴定的材料列于表 3-1，包括中间偃麦草、八倍体小偃麦 TAI7045 及其小麦亲本、抗病品系 CH5026 及其小麦亲本。CH5026 是衍生于八倍体小偃麦 TAI7045 的高代品系（BC_1F_5），由山西省农业科学院作物遗传研究所重点试验室选育，其系谱来源为 76216 穗 96/TAI7045 // 京 309。CH5026 的遗传特性已经稳定，它与中国春小麦 F_1 的染色体配对构型为 2n = 42 = 21 Ⅱ CH5026 对小麦白粉病具有良好而稳定的抗性，2003—2004 年在四川雅安病圃和太原温室接种（所用菌系为 E09）条件下表现为（近）免疫。TAI7045 来自中间偃麦草与普通小麦的杂交后代，其系谱为晋春 5 号/中间偃麦草 // 晋 T2250，由山西省农业科学院作物遗传研究所畅志坚研究员选育，TAI704 及其亲本均为该所重点试验室提供。用于抗性遗传分析的材料列于表 3-2，CH5026 为抗病亲本，CH5065、晋太 170 为感病亲本。抗×感的亲本及其 F_1，BC_1，F_2，$F_{2:3}$ 群体材料均由山西省农业科学院作物遗传研究所重点试验室提供。

用于白粉病抗性鉴定及遗传分析的菌系（小种）为 E09，由中国农业科学院植物保护研究所段霞瑜研究员提供。

3.1.2 方法

3.1.2.1 抗病性鉴定

于 2003—2004 年分别在四川农业大学雅安病圃和太原温室对 CH5026 的白粉病抗性进行了鉴定。感病对照为 SY95-71 和京双 16。太原温室所用菌系为 E09 的 15 号生理小种，雅安病圃所用菌种为采集于四川省的优势小种接种。每个材料接种 20~30 株。温室于苗期接种，病圃在拔节后接种，待感病对照充分发病时开始调查抗、感植株，按有无病症分为抗、感，抽穗期和开花期各复查一次。

3.1.2.2 抗性遗传分析

抗病性鉴定及抗性遗传分析在温室进行。于温室配置杂交组合，以

CH7086 为父本或母本分别与感病亲本杂交，将得到的 F_1、BC_1、F_2、F_3 群体材料用于抗性基因的遗传分析。中间偃麦草 9 月下旬育苗，经春化处理后移栽于温室。其他供试材料 11 月上旬播种，行长 12 m，行宽 25 cm。亲本及其 F_1 各种 1 行、每行 20 粒；F_2 种 10 行、共点播 200 粒；F_3 家系，每系点播 1 行、每行 16 粒。每隔 5 行设置 1 行感病对照，每 15 行设置 1 行诱发材料。诱发材料为 SY95-71，感病对照为京双 16。从苗期开始，感病对照和诱发材料接种毒力型为 E09 的 15 号生理小种。当其大量繁殖后采集菌种抖洒在待鉴定材料叶片上，同时借助诱发行进行诱发感染。苗期抗性评价于三叶期进行，其反应型按 0~4 级进行记载。成株抗性评价在抽穗期进行，开花期复查一次，按 0~9 级法观察记载病级，其中 0 级为免疫，1~3 级为抗病型，4 级为中抗，5~6 级为中感，7~8 级为感病，9 级为高感。单株调查抗性反应及杂交后代的抗、感分离比例，再根据 x^2 测验判定其观察值与理论值的符合程度。用卡方（Kai）公式进行适合度测定（0.5 是修正值）。

$$x^2 = \frac{\sum (|\text{实测值}-\text{理论值}|-0.5)^2}{\text{理论值}}$$

3.2 结果与分析

3.2.1 CH5026、八倍体小偃麦 TAI7045 及其亲本的抗白粉性表现

2003—2004 年在四川农业大学雅安病圃田间白粉病菌接种试验表明，CH5026 在幼苗期和成株期对四川省的流行小种的抗性均表现免疫，而对照 SY95-71 全部感病。随后在太原温室用白粉病菌 15 号小种的 E09 菌系接种，CH5026 同样表现免疫。

为进一步明确 CH5026 的抗性来源，2006—2007 年连续 2 年在温室对抗病品系 CH5026、八倍体小偃麦 TAI7045 及其各自的亲本进行了苗期和成株期的接种抗性鉴定，以京双 16 和 SY95-71 为感病对照，所用菌系为 E09。结果表明（表3-1），抗性基因供体——中间偃麦草、八倍体小偃麦 TAI7045 和 CH5026 均表现免疫，其反应型分别为 0、0；+1、0，而 TAI7045 和 CH5026 的小麦亲本均感白粉病，除 76216 穗 96 为中感外，晋春 5 号、晋 T2250、京 309 均为高感，其反应型为 3~4 级。由此可见，衍生于八倍体小偃麦 TAI7045 的抗病品系 CH5026 对白粉病的抗性来自中间偃麦草。

表 3-1　抗病品系 CH5026、八倍体小偃麦 TAI7045 及其亲本的抗性鉴定

测试材料	2n =	基因组	反应型		来源
			苗期	成株	
中间偃麦草	42	StJJ^S	0	I	苏联
TAI7045	56	ABDSt/J^S	0；1	HR	山西省农业科学院作物遗传所
晋春 5 号^a	42	ABD	3	HS	山西省农业科学院高寒作物所
晋 T2250^a	42	ABD	4	HS	山西省农业科学院作物遗传所
CH5026	42	ABD	0；	I	本研究
76216 穗 96^b	42	ABD	3	MS	中国科学院原西北植物研究所
京 309^b	42	ABD	4	HS	北京市农林科学院作物研究所

注：a，八倍体小偃麦 TAI7045 的小麦亲本；b，CH5026 的小麦亲本。

3.2.2　抗性基因的遗传分析

2006—2007 年在太原温室对 CH5026 分别与 CH5065、晋太 170 的杂交后代群体用白粉病菌 15 号小种进行了接种鉴定。结果显示，所有杂交组合的 F_1 植株均抗病，其反应型为 0；级。来自杂交组合（CH5026/CH5065）F_2 的 161 个单株中，124 株抗病、37 株感病，其 $x^2 = 0.250\ 5$，表明抗感比例为 3：1（表 3-2）。F_3 的 127 个株系中，全抗（RR）的 36 个、抗感分离（Rr）的 65 个、全感（rr）的 26 个，其 RR：Rr：rr=1：2：1（$x^2 = 1.326\ 7$）。而且，在抗感分离的 841 个单株中，抗病的 625 株、感病的 216 株，其 $x^2 = 0.174\ 8$，抗感分离亦符合 3：1（表 3-3）；来自 BC_1（CH5026/晋太 170//晋太 170）的 161 个单株中，抗病的 88 株、感病的 73 株，其 $x^2 = 1.217\ 4$，抗感分离符合 1：1（表 3-2）。而来自反交组合（晋太 170/CH5026）的 151 个 F_2 单株中，抗病的 117 株、感病的 34 株，其 $x^2 = 0.373$，抗感分离符合 3：1（表 3-2）。因此，从上述结果（表 3-2，表 3-3）可以看出，衍生于八倍体小偃麦 TAI7045 的抗病品系 CH5026 对小麦白粉病的抗性是由 1 对显性核基因所控制，且抗性遗传不受父母本细胞质的影响。

表 3-2　抗×感杂交组合各世代对白粉病的抗性表现、分离比例及卡方测验

| 亲本及组合 | 观察值 | | | 理论比例 | χ^2值 | P值 |
	抗病株	感病株	总株数			
CH5026 P_1	16	0	16	1R : 0S	—	—
CH5065 P_2	0	15	15	0R : 1S	—	—
CH5026×CH5065 F_1	19	0	19	1R : 0S	—	—
CH5026×CH5065 F_2	124	37	161	3R : 1S	0.250 5	0.50~0.75
CH5026 P_1	16	0	16	1R : 0S	—	—
JT170　P_2	0	18	18	0R : 1S	—	—
CH5026×JT170 F_1	14	0	14	1R : 0S	—	—
JT170×（CH5026×JT170）BC_1	88	73	161	1R : 1S	1.217 4	0.25~0.50
JT170×CH5026 F_1	17	0	17	1R : 0S	—	—
JT170×CH5026 F_2	117	34	151	3R : 1S	0.373	0.50~0.75

$\chi^2_{0.05:1} = 3.840\,0$

注：JT170 指晋太 170。

表 3-3　来自 CH5026（R）/CH5065（S）组合的 F_3 株系对白粉病的
抗性表现、分离比例及卡方测验

| 抗性表现 | F_3株系 | | F_3植株 | | χ^2 (3:1) | P值 |
	观察值	理论值	R	S		
All R	36	31.75	519	0	—	—
抗性分离	65	63.5	625	216	0.174 8	
All S	26	31.75	0	321	—	—
合计	127	127				
χ^2 (1:2:1)	1.326 7					
P						
CH5026			16	0		
CH5065			0	15		

注：R 为抗病；S 为感病；All R 指纯合抗病；All S 指纯合感病。

3.3　讨论与结论

抗原多样化是抗病育种的基础。已有的研究表明，小麦白粉病的抗性主要由寡基因控制。迄今为止，国内外已在小麦基因组的 35 个位点鉴定出 53 个抗白粉病主效基因（McIntosh et al., 2006）。在已定名的抗性基因中，除来自普通小麦的以外，许多重要的抗白粉病基因（*Pm*）均来自近缘种属，如 *Pm2*、*Pm12*、*Pm13*、*Pm19*、*Pm29*、*Pm33*、*Pm34*、*Pm35* 源于山羊草，*Pm7*、*Pm8*、*Pm17*、*Pm20* 源于黑麦，*Pm21* 源于簇毛麦等。基于中间偃麦草对小麦白粉病表现为免疫（周阳 等，1995；Fedak et al., 2005），本研究通过普通小麦与八倍体小偃麦杂交育成了免疫白粉病的小偃麦衍生品系 CH5026。抗性遗传分析的结果表明其抗性受 1 对显性基因控制（表 3-2，表 3-3）。而且，根据抗病性鉴定和系谱分析（表 3-1），证明其抗性基因来自中间偃麦草，并未包括在上述 35 个抗性基因的位点中。故而认为，CH5026 所含的抗白粉病基因可能是新的抗性基因，但该基因在小麦染色体上的确切位置及其定名有待进一步研究。

中间偃麦草是一个异源六倍体，其基因组的染色体构成为 StStESESEE（Chen 等，1998）。来自中间偃麦草的八倍体小偃麦中，小偃 78829 是目前唯一的含中间偃麦草完整的 St 组染色体的八倍体类型（Zhang 等，1996），但它对小麦白粉病高度感染，这说明中间偃麦草的 St 组染色体上不可能载有抗白粉病基因。刘树兵等（2002）从普通小麦与中间偃麦草杂交后代中获得了对小麦白粉病免疫的异附加系，并结合 GISH 分析发现中间偃麦草的 1 对 E-组染色体携有一个新的抗白粉病基因。最近，马强等（2007）利用畅志坚选育的八倍体新类型 TAI7047 育成一个对白粉病免疫的新材料 YU25，并通过分子标记将其来自中间偃麦草的抗性基因 *PmE*（免疫）和 *PmYU25*（高抗）分别定位在小麦的 7BS 和 2DL 上。据畅志坚对 TAI7047 基因组的 GISH 分析，所含的 8 对中间偃麦草染色体中，包括 1 对 St 组染色体、1 对为 St 组与 E 组的中间易位染色体（intercalary translocation）和 6 对 E 组染色体，其中未发现有 ES 组染色体存在（畅志坚 等，1992）。由此看出，YU25 所含的抗白粉病基因 *PmE*、*PmYU25* 可能来自中间偃麦草的 E 组染色体。而本研究采用"六·八"杂交向普通小麦转移中间偃麦草抗白粉病基因的过程中，所用的抗病亲本 TAI7045 是畅志坚选育的另一个八倍体新类型，其外源基因组的染色体构成包括 4 对 St 组染色体、2 对 ES 染色体和 1 对 St/ES 中间易位染色体，并不含有中间偃麦草的 E 组染色体（畅志坚 等，1992）。据此推断，本研究的小偃麦衍生品系 CH5026 中所含的抗白粉病基因可能来自中间偃麦草的 ES 组染色体，其来源不同于刘树兵等（2002）发现的位于中间偃麦草 E 组染色体上的抗性基因和马强等（2007）所定位的抗性基因。因此，无论从杂交系谱还是八倍体中外源染色体的构成，均可认为该抗性基因可能是一个新的抗白粉病基因。

目前，已发现的 50 多个小麦抗白粉基因中，虽然不乏抗性优异的基因，但能够广泛用于生产的并不多见。究其原因，一是随流行菌种的变化而成为低效或无效抗病基因；二是对我国病菌小种不具备抗性；三是抗性基因的载体品种其农艺性差而不宜直接作为育种亲本；四是白粉病菌对它的毒性呈较快的上升趋势，其抗性正在逐步丧失；五是半成品，如抗病异附加系和代换系，需改造后才能用于育种。多年研究实践表明，偃麦草不仅是小麦远缘杂交育种的优良亲本，而且与其他近缘属的物种相比，更容易与小麦进行基因交流。这一优势使得人们采用传统的杂交方法即可对小麦进行遗传改良，以小偃 6 号、高优503 为代表的许多优良品种就是明证（钟冠昌 等，2003）。本研究通过小麦与八倍体小偃麦杂交、回交育成的小偃麦抗病衍生系 CH5026 既无明显的不良性状，且兼抗条锈病，还具有半矮秆、分蘖力强、后期熟相好等优良性状。同时，遗传分析的结果表明对白粉病的抗性是由一对显性基因控制的。因此，该品系不仅是小麦育种的理想抗原，而且为寻找抗白粉病的分子标记及其抗性基因的分子作图提供了难得的试验材料。

4 小麦中源于中间偃麦草抗白粉病 基因 *PmCH5026* 的 SSR 定位

小麦白粉病是世界各小麦产区的主要病害之一，随着小麦品种的矮化、种植密度加大和生产条件的改善，白粉病危害日趋严重，培育和推广抗病品种是最为经济环保和安全有效的防治措施。迄今为止，国内外已在小麦基因组的 36 个位点（*Pm1~Pm39*）鉴定出 52 个抗白粉病基因，包括 3 个隐性基因（*Pm5*、*Pm9*、*Pm26*）（McIntosh et al., 2007；Perugini et al., 2008；Spielmeyer et al., 2008；Lillemo et al., 2008）。这些基因除 25 个来源于普通小麦外，其余均来源于小麦的野生近缘种属。由于寄主和病原菌的共进化以及生产上小麦品种抗原的单一化，导致新的白粉菌生理小种出现并成为流行优势小种，使原有抗病品种 "丧失" 抗性成为感病品种（杨作明，1994），因此，进一步寻找、挖掘和利用新的抗白粉病资源，对实现抗原轮换、抗原合理布局、抗原多样化和抗原积累，延缓品种抗性 "丧失" 具有重要意义。

中间偃麦草（*Thinopyrum intermedium*，2n = 42，$E_1E_1E_2E_2StSt$ 或 JJJ^sJ^sSS）是小麦遗传改良中利用较为广泛的野生近缘属植物，拥有丰富的抗病基因，且易与小麦杂交。人们已将其对小麦锈病、黄矮病和根腐病的抗性基因成功导入小麦，并育成品种大面积推广（李振声，1985；Franke et al., 1992；Fedak et al., 2005；Chen et al., 2005）。中间偃麦草对小麦白粉病免疫或高抗，从普通小麦与中间偃麦草的杂交后代中已获得抗白粉病的小偃麦异附加系、异代换系、易位系（刘树兵 等，2002；林小虎 等，2005；Liu et al., 2005）。马强等（2007）从八倍体小偃麦 TAI7047 与小麦品种川麦 107 杂交后代中选育出对白粉病免疫的育种新材料 YU25，将其抗性基因定位在染色体 2D 和 7B 上。

抗原的发掘及利用是选育抗病品种的关键。为拓宽小麦抗病育种的遗传基础，山西省农业科学院畅志坚等（1996、1999）从 1986 年开始对普通小麦与中间偃麦草的属间远缘杂交及利用八倍体小偃麦向普通小麦导入抗病基因的研究，育成八倍体小偃麦 TAI7044、TAI7045、TAI7047 和一批来自不同八倍体的

小麦抗病新品系，CH5026 就是采用感病普通小麦品种（系）与八倍体小偃麦
TAI7045 杂交、回交，在白粉病、条锈病高发地区四川雅安选育而成的抗病品
系。2001—2004 年经太原温室和四川雅安病圃鉴定，CH5026 对白粉病免疫，
株高约 75 cm、株型紧凑，旗叶上挺，半冬性、无芒、白粒，是抗病育种的优
良亲本，因此，研究其白粉病抗性的遗传特点并进行分子标记定位，对于该抗
原的快速应用及小麦抗病育种具有重要意义。

4.1　材料和方法

4.1.1　材料

供试材料：抗病性鉴定材料包括中间偃麦草、八倍体小偃麦 TAI7045 及其
小麦亲本、CH5026 及其小麦亲本（表 4-1）。CH5026 是衍生于八倍体小偃麦
TAI7045 的高代品系（BC_2F_4），对小麦白粉病具有良好而稳定的抗性，系谱为
"76216 穗 96/TAI7045//京 4112"。CH5026 的遗传特性已经稳定，与中国春小
麦 F_1 的染色体配对构型为 $2n = 42 = 21 \, \mathrm{II}$。TAI7045 是中间偃麦草与小麦的杂交
后代，系谱为"太原 768/中间偃麦草//晋春 5 号"。以 CH5026 为抗病亲本，
CH5065、晋太 170 为感病亲本配置杂交组合用于抗性遗传分析。各亲本、F_1、
BC_1、F_2、$F_{2,3}$ 群体由本试验室繁育或保存。用于分子标记染色体定位的中国
春小麦及缺四体、双端体材料由美国堪萨斯州立大学小麦遗传资源中心提供
（Wheat Genetics Resource Centre，Kansas State University，USA）。

供试菌种：抗性鉴定及遗传分析所用白粉菌系 E09、E20、E21、E26 由中
国农业科学院植物保护研究所段霞瑜研究员提供。

4.1.2　抗性遗传分析

2008 年利用北京地区流行白粉菌小种 E09 对亲本、F_2 群体、F_3 家系、
BC_1F_2 群体于温室进行成株期抗性鉴定，E09 对 CH5065 和晋太 170 有毒力，
对 CH5026 无毒。供试材料 11 月上旬播种，行长 1.2 m，行宽 25 cm。亲本及
其 F_2、BC_1F_2、F_3 单粒播种，每隔 10 行设置 1 行感病对照京双 16，每隔 15 行
设置 1 行诱发材料 SY95-71。从拔节期开始，在感病对照和诱发材料上接种
E09，当其大量繁殖后采集菌种抖洒在待鉴定材料叶片上，同时借助诱发行进
行诱发感染。苗期抗性评价于三叶期进行，其反应型按 0~4 级进行记载（盛
宝钦，1988）。成株抗性评价在抽穗期进行，开花期复查一次，按 0~9 级法观
察记载病级（盛宝钦 等，1991），其中 0 级为免疫（I），1~3 级为高抗

（HR），4 级为中抗（MR），5～6 级为中感（MS），7～8 级感病，9 级高感（HS）。单株调查抗性反应，分析杂交后代的抗、感分离比例，用 χ^2 测验进行适合度测定。

4.1.3　白粉病菌多小种鉴定

将中间偃麦草、CH5026 和 TAI7045 及各小麦亲本播种于纸杯内，放置于长宽高分别为 70 cm、50 cm 及 20 cm 的塑料盒内，套上铁丝架撑开的透明塑料袋隔离以防污染，室内自然光照，温度 15～22 ℃，待第一片叶完全展开后，用扫拂法充分接种白粉菌分生孢子，1 个菌株接 1 个塑料方盒。7～10 d 后当感病对照京双 16 和 SY95-71 充分发病时进行抗病性鉴定，采用 0～4 级标准调查第一片叶的反应型（IT）（盛宝钦，1988）。0 级无可见病斑；0；级有过敏性坏死斑；1 级、2 级、3 级和 4 级分别代表高抗、抗、感和高感 4 种类型。

4.1.4　抗病池和感病池的建立

选取杂交组合 CH5026/CH5065 F_2 分离群体用于 SSR 分析和抗病基因定位，按 SDS 法（Sharp et al.，1988）提取亲本和单株叶片总 DNA，根据 Michelmore 等（1991）分离群体分组分析法（bulked segregation analysis，BSA），随机选取 10 株抗病植株和 10 株感病植株，分别将其 DNA 等量混合建立 F_2 群体的抗病池和感病池。

4.1.5　SSR 标记分析

按照 Röder 等（1998）和 GrainGenes database 公布的序列（http：//www. wheat. pw. usda. gov）合成 SSR 引物。PCR 反应体系为 20 μL，含有 10 mmol/L Tris-HCl（pH 8.3）、50 mmol/L KCl、2.0 mmol/L $MgCl_2$、200 μmol/L dNTPS、50 ng 引物、50～100 ng 基因组 DNA、1 UTaq 酶。反应程序为 94 ℃变性 5 min；94 ℃变性 45 s，50 ℃、55 ℃或 60 ℃（因引物不同而异）复性 45 s，72 ℃延伸 60 s，35 个循环；72 ℃延伸 10 min，4 ℃保存备用。PCR 反应在 PTC-200 型热循环仪（MJ RESEARCH，USA）上进行。每个扩增产物加 6 μL loading buffer（98%甲酰胺；10 mmol/L EDTA，pH 8.0；0.25%溴酚蓝和 0.25%二甲苯青）混匀后 95 ℃变性 5 min，迅速放到冰水混合液中冷却，每个样品取 4～6 μL 在 6%聚丙烯酰胺变性胶中恒定功率 50 W 下电泳 1.5 h 左右，银染显影。

4.1.6 连锁分析

SSR 扩增带型数据用 Mapmaker3.0 软件分析标记位点与抗病基因的连锁关系（Lincoln et al.，1993），用 Kosambi mapping 将重组率转换为遗传距离（cM）（Kosambi et al.，1994），用 Mapdraw2.1 绘制连锁图。

4.1.7 分子标记的染色体定位

根据已发表的分子标记连锁图谱（Röder et al.，1998；Somers et al.，2004；Xue et al.，2008）和所选连锁分子标记在中国春缺体-四体、双端体 DNA 上的 PCR 扩增带型，将抗白粉病基因及其连锁的分子标记定位于相应的染色体臂上。

4.2 结果与分析

4.2.1 CH5026 白粉病抗性的分小种鉴定

用 4 个小麦白粉菌小种对中间偃麦草、CH5026 和 TAI7045 及其各自的亲本分别进行抗性鉴定，结果表明：中间偃麦草、八倍体小偃麦 TAI7045 对 4 个小种均表现免疫或近免疫（IT = 0，0;），CH5026 对 E20 感病（IT = 3），对 E09、E21、E26 表现为免疫（IT = 0），而 TAI7045 和 CH5026 的小麦亲本除 76216 穗 96 中感（IT = 3）外，晋春 5 号、太原 768、京 411 及对照京双 16 和 SY95-71 均为高感（IT = 4）（表 4-1）。由此可见 CH5026 对白粉病的抗性来源于供体小偃麦 TAI7045 及野生供体中间偃麦草。

表 4-1 供试材料对 4 个小麦白粉菌小种的抗性反应

供试材料	白粉菌小种			
	E09	E20	E21	E26
中间偃麦草	R	R	R	R
TAI7045	R	R	R	R
晋春 5[a]	S	S	S	S
太原 768[a]	S	S	S	S
CH5026	R	S	R	R
76216 穗 96[b]	S	S	S	S
京 411[b]	S	S	S	S

（续表）

供试材料	白粉菌小种			
	E09	E20	E21	E26
CH5065	S	S	S	S
晋太 170	S	S	S	S
京双 16	S	S	S	S
SY95-71	S	S	S	S

注：a：TAI7045 的小麦亲本；b：CH5026 的小麦亲本；R：抗病；S：感病。

4.2.2　CH5026 的抗性遗传分析

用小麦白粉菌 E09 小种成株期接种 CH5026、CH5065、晋太 170 及 CH5026/CH5065 F_2 群体、F_3 代家系，CH5026/晋太 170 分别与双亲回交的 F_2 代群体，结果表明 CH5026 无病斑表现为免疫，而 CH5065、晋太 170 表现高度感病。组合 CH5026/CH5065 F_2 群体中 124 株抗病、37 株感病，抗感比例符合 3∶1（$\chi^2 = 0.25$），由此 F_2 群体衍生的 F_3 代 141 个家系中，纯合抗病（RR）的 42 个、杂合抗病（Rr）的 69 个、纯合感病（rr）的 30 个，其 RR∶Rr∶rr 符合 1∶2∶1 的分离模式（$\chi^2 = 2.11$）。CH5026/晋太 170 与晋太 170 回交的 F_2 代群体中，杂合抗病（Rr）的 77 个、纯合感病（rr）的 63 个，CH5026/晋太 170 与 CH5026 回交的 F_2 代群体中，纯合抗病的 59 个，杂合抗病（Rr）的 65 个，分离比均符合 1∶1（表 4-2）。表明 CH5026 的成株期抗白粉病基因为显性单基因，暂命名为 *PmCH5026*。

表 4-2　CH5026 和感病品种杂交组合 F_3 家系和回交 F_2
群体对小麦白粉菌 E09 小种的反应

组合	世代	纯合抗病家系	杂合抗病家系	纯合感病家系	比例	χ^2	P
CH5026/CH5065	F_3	42	69	30	1∶2∶1	2.11	0.349
CH5026/JT170//JT170	BC_1F_2		77	63	1∶1	1.40	0.237
CH5026/JT170//CH5026	BC_1F_2	59	65		1∶1	0.29	0.590

注：JT170：晋太 170，$\chi^2_{0.05,1} = 3.84$，$\chi^2_{0.05,2} = 5.99$。

4.2.3　抗性基因的 SSR 分析定位

选取杂交组合 CH5026/CH5065 F_2 群体的 161 个单株，用 378 对小麦 SSR

引物进行多态性检测，其中 137 对引物（占 36.2%）的扩增片段在亲本 CH5026 和 CH5065 上存在多态性，但只有引物 *Xcfd233*、*Xbarc11* 和 *Xgwm539* 在抗感亲本及抗感池间存在多态性，经分离群体验证，*Xcfd233*、*Xbarc11* 和 *Xgwm539* 与抗病基因连锁（图 4-1）。利用 Mapmaker/exp3.0 进行分析，结果表明 3 个 SSR 标记与 *PmCH5026* 处于同一个连锁群中，位置顺序为：*Xcfd233*-*PmCH5026*-*Xbarc11*-*Xgwm539*，遗传距离分别为 7.2 cM、4.9 cM 和 5.5 cM （图 4-2）。标记 *Xcfd233*、*Xbarc11* 和 *Xgwm539* 呈共显性遗传，带型分离比例符合 1：2：1 的比率。

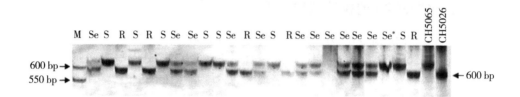

图 4-1 SSR 引物 *Xcfd233* 在 CH5026/CH5065 F$_2$ 作图群体部分单株的扩增结果

注：R：纯合抗病株；Se：分离株；S：纯合感病株；Se*：交换株；M：50 bp DNA ladder；右边箭头示抗病标记带。

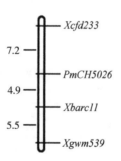

图 4-2 *PmCH5026* 的遗传连锁图 （2DL）

在 Somers 等（2004）和 Xue 等（2008）发表的小麦微卫星图谱上，*Xcfd233*、*Xbarc11* 和 *Xgwm539* 被定位在 2D 染色体长臂中部，虽然 *Xbarc11* 同时位于染色体 2DL 和 5BL 上 （http：//wheat. pw. usda. gov/cgi - bin/graingenes），根据 Mapmaker/exp3.0 分析结果推断 CH5026 的抗病基因位于 2DL 上。为了进一步准确定位，用 *Xcfd233*、*Xbarc11*、*Xgwm539* 在中国春、中国春缺四体 N2DT2A、N2AT2D、N2BT2A 和双端体材料 Dt2DL 进行扩增，结

果表明在中国春和缺四体 N2AT2D、N2BT2A 及双端体材料 Dt2DL 扩增出与抗病基因相关的带，而中国春缺四体 N2DT2A 上缺失此带，表明 *Xcfd233*、*Xbarc11*、*Xgwm539* 确实位于小麦染色体 2DL 上（图 4-3），因此推断 *PmCH5026* 也位于染色体 2DL 上。

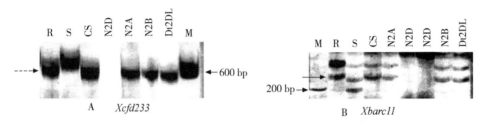

图 4-3　SSR 引物 *Xcfd233*（A）和 *Xbarc11*（B）的染色体定位

注：R：CH5026；S：CH5065；CS：中国春；N2D：中国春缺四体 N2DT2A；N2A：中国春缺四体 N2AT2D；N2B：中国春缺四体 N2BT2A；Dt2DL：中国春双端体 Dt2DL；M：DNA markers；虚线箭头示抗病特异带。

4.3　讨论与结论

采用"六·八"杂交方式向普通小麦转移中间偃麦草抗白粉病基因，育成小偃麦抗病衍生系 CH5026，经 4 个白粉菌小种接种鉴定，CH5026 除感 E20 外，对 E09、E21、E26 3 个小种表现出完全免疫的抗性。其中 E09 是北京地区当前流行小种，对抗病基因 *Pm1*、*Pm3a*、*Pm3c*、*Pm5*、*Pm7*、*Pm8*、*Pm17*、*Pm19* 有毒力；E20、E21 是我国目前毒性较强的小种，对大多数抗病基因包括 *Pm4a*、*Pm4b*、*Pm1*、*PmPS5A* 有毒力；E26 对 *Pm4b*、*Pm4a*、*PmPS5A* 有毒力，对 *Pm33* 无毒力（Wang et al.，2005）。小麦许多重要的抗白粉病基因来源于近缘属植物，并在生产上发挥了巨大的作用，如我国 20 世纪 80 年代后育成的品种中约 38% 为 T1BL·1RS 衍生系，抗白粉病基因主要是来自黑麦的 *Pm8*，但随着白粉病生理小种毒性的变异其抗性基本丧失（杨作民 等，1994）。来源于簇毛麦的 *Pm21* 不仅抗中国目前报道的所有白粉菌毒力型及被检测的 120 个欧洲小种，且在不同小麦遗传背景下抗病性均表现稳定，*Pm21* 已经被转育到栽培品种中（Huang et al.，1997；刘大钧 等，1996）。CH5026 的抗白粉病基因来源于小麦野生近缘植物中间偃麦草，由一对显性基因控制，可以作为优良外源抗病基因应用于抗病育种及生产实践。

中间偃麦草是一个异源六倍体，其染色体组型为 JJJˢJˢSS（Cheng，2005）。在源于中间偃麦草的八倍体小偃麦中，小偃 78829 是目前唯一的含中间偃麦草完整的 S 组染色体的八倍体类型（Zhang et al., 1996），但它对小麦白粉病高度感染，这说明中间偃麦草的 S 组染色体上可能不含抗白粉病基因。Liu 等（2005）从普通小麦与中间偃麦草杂交后代中获得了对小麦白粉病免疫的异代换系，并结合 GISH 分析发现中间偃麦草的一对 J 组染色体携有一个新的抗白粉病基因。最近，马强等（2007）利用畅志坚选育的八倍体新类型 TAI7047 育成一个对白粉病免疫的新材料 YU25，并通过分子标记将其来自中间偃麦草的抗性基因 *PmE*（免疫）和 *PmYU25*（高抗）分别定位于小麦的 7B 和 2D 上。据畅志坚（1999）对 TAI7047 的 GISH 分析，其外源基因组由 1 对 S 组染色体、1 对为 S 组与 J 组的中间易位染色体和 6 对 J 组染色体组成，并未发现有 J^s 组染色体存在由此看出，YU25 所含的抗白粉病基因 *PmE* 和 *PmYU25* 可能来自中间偃麦草的 J 组染色体。而本研究所用的抗病亲本 TAI7045 是畅志坚选育的另一个八倍体新类型，其外源基因组的染色体构成包括 4 对 S 组染色体、2 对 J^s 染色体和 1 对 S-J^s 中间易位染色体，并不含有 J 组染色体（畅志坚，1999；Chang et al., 2003）据此推断，本研究所鉴定的抗白粉病基因可能来自中间偃麦草的 J^s 组染色体，其来源不同于来自中间偃麦草的抗白粉病基因（Liu et al., 2005；马强 等，2007）

本研究在 CH5025 中利用 SSR 标记定位了一个新的抗白粉病基因 *Pm43*（He et al., 2009）。CH5025 和 CH5026 是来源于同一个系谱的两个抗病衍生系，用 CH5025 和 CH5026 分别与 CH5065、晋太 170 配置杂交、回交组合，遗传分析及分子标记定位表明两抗性基因即 *Pm43* 和 *PmCH5026* 都是位于染色体 2DL 上的显性单基因。4 个白粉菌小种鉴定结果显示：两个基因均抗 E09、E21、E26，但 *PmCH5026* 感 E20，*Pm43* 抗 E20。与 *Pm43* 连锁的分子标记有 5 个，标记与基因间的位置顺序为 *Xcfd233*、*Xwmc41*、*Pm43*、*Xbarc11*、*Xgwm539* 和 *Xwmc175*，遗传距离分别是 2.6 cM、2.3 cM、4.2 cM、3.5 cM 和 7.0 cM；与 *PmCH5026* 连锁的分子标记只有 *Xcfd233*、*Xbarc11* 和 *Xgwm539*（图 4-4b）。*Xwmc41* 和 *Xwmc175* 在 *CH5026* 的作图亲本间没有检测到多态性，*Xbarc11* 在 *CH5026* 和 *CH5025* 扩增的标记带片段大小不同，*Xbarc11* 在 *CH5026* 扩增出约 220 bp 的片段，在 *CH5025* 扩增出约 650 bp 的片段，这可能是由于 *CH5026* 与 *CH5025* 在 2DL 的基因组组成存在一定的差异。*PmCH5026* 与标记间的遗传距离较远可能是由于作图群体较小，但与两基因连锁的共同标记的位置顺序一致，表明两基因很可能相互等位或是同一个基因，需要进一步进行等位性测验。

此外，根据马强等（2007）的研究结果，小麦新材料 YU25 中，定位在小麦 2D 染色体上的抗白粉病基因 *PmYU25* 与位于 2D 染色体短臂（2DS）上的

SSR 标记 *Xgwm210* 连锁，二者相距 16.6 cM。根据 Röder 等（1998）的 SSR 图谱和 Somers 等（2004）整合的 SSR 图谱，*PmYU25* 与 *PmCH5026* 二者的距离大约为 44~70 cM，且位于不同的染色体臂（图 4-4a，图 4-4b）。在四川雅安病圃经当地流行的白粉病优势菌种接种鉴定，*PmCH5026* 表现为免疫或近免疫，而 *PmYU25* 表现为高抗，所以推断二者不可能是相同的基因。张海泉等（2006）将抗病粗山羊草材料 Y219 与感病粗山羊草材料 Y169 杂交，用 SSR 标记将抗小麦白粉病基因 *PmAeY1* 定位在 2DL 上，与 *Xgwm515* 和 *Xgwm157* 的遗传距离分别是 6.1 cM 和 5.5 cM，根据 Somers 等（2004）的 SSR 图谱推断 *PmAeY1* 与 *PmCH5026* 相距大约 18.7 cM（图 4-4b，图 4-4c）。虽然 *PmAeY1* 来源于粗山羊草，*PmCH5026* 来源于中间偃麦草，但二者是否为等位基因，还需要进一步验证。

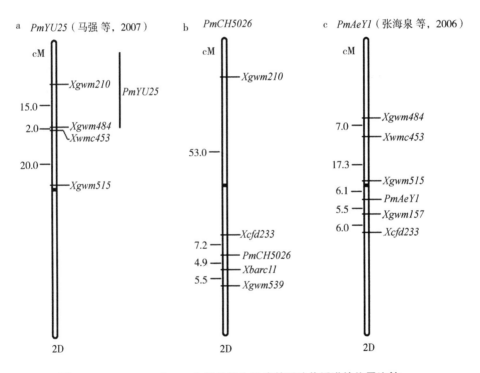

图 4-4　*PmCH5026* 与 2D 上其他抗白粉病基因遗传图谱的位置比较

注：a：*PmYU25* 的位置（马强 等，2007）；b：*PmCH5026* 的位置；c：*PmAeY1* 的位置（张海泉 等，2006）；黑色部分示染色体着丝点。

在小麦的遗传改良中，将其近缘野生物种中携带优良基因的染色体片段转移到小麦染色体上育成异源易位系，是拓宽小麦遗传基础，创造新种质或培育新品种的重要途径。在向普通小麦转移的过程中往往伴随较大外源片段的渗入，大片段外源易位成分不但影响小麦的综合农艺性状，更重要的是不稳定（刘金元 等，2000）。本研究所用的小偃麦抗病衍生系 CH5026 性状稳定，各遗传群体的抗病基因均能按照孟德尔遗传定律正常分离。细胞学研究表明 CH5026 与中国春小麦杂种 F_1 的同源染色体能正常配对（2n = 42 = 21 II）。并且，用中间偃麦草基因组作探针也未检测到原位杂交信号，说明 CH5026 不含有较大的外源染色体片段。大田连续种植多年，CH5026 无明显的不良性状，又兼抗条锈病，是小麦育种的理想抗原。

多年研究实践表明，偃麦草不仅是小麦远缘杂交育种的优良亲本，而且与其他近缘属的物种相比，更容易与小麦进行基因交流（Chen et al.，2005）。这一优势使得人们采用传统的杂交方法即可对小麦进行遗传改良，以小偃6号、高优 503 为代表的许多优良品种就是明证（钟冠昌 等，2003）。本研究采用"六·八"杂交方式向普通小麦转移中间偃麦草抗白粉病基因，育成小偃麦抗病衍生系 CH5026，既无明显的不良性状，又兼抗条锈病，还具有半矮秆、分蘖力强、后期熟相好等优良性状，因此该品系是小麦育种的理想抗原。遗传分析表明 CH5026 对白粉菌系 E09 的抗性由一对显性基因控制，用 SSR 分子标记将该基因定位于 2DL 上，CH5026 中的抗白粉病基因 *PmCH5026* 作为白粉病优良主效抗病基因，为小麦抗白粉病基因分子标记辅助选择和抗病育种奠定了基础。

5 源于长穗偃麦草的小麦新品系 CH7034 抗白粉病基因的染色体定位

由小麦白粉病菌（*Blumeria graminis f.* sp. *Tritici*）引起的小麦白粉病在近二三十年来随着矮秆、半矮秆小麦品种的选育推广逐渐加重，成为我国小麦主产区的一大主要病害。培育抗病品种是控制病害最经济有效而又安全的手段（杨作民 等，1994）。迄今，已在普通小麦基因组的 35 个位点鉴定并正式命名了 52 个抗白粉主效基因，其中除 26 个来自普通小麦外（*Triticum aestivum*），其余来自小麦的野生近缘种属，1 个来自栽培一粒小麦（*T. monococcum*），2 个来自栽培二粒小麦（*T. dicoccum*），2 个来自野生一粒小麦（*T. boeoticum*），4 个来自野生二粒小麦（*T. dicoccoides*），1 个来自斯卑尔脱小麦（*T. spelta*），2 个来自拟斯卑尔脱山羊草（*Ae. speltoides*），3 个来自粗山羊草（*Ae. boeoticum*），1 个来自高大山羊草（*Ae. longissina*），1 个来自卵穗山羊草（*Ae. ovata*），2 个来自提莫菲维小麦（*T. timopheevi*），2 个来自波斯小麦（*T. carthlicum*），4 个来自黑麦属（*Secale*），1 个来自簇毛麦属（*Haynaldia villosa*）（Huang and Reader，2004；Hsam et al.，2003；Zhu et al.，2004；Miranda et al.，2006）。但是由于小麦白粉病菌生理小种较多，毒力变异快，大部分小麦抗白粉病基因已失去抗性或正在逐步丧失抗性，因此挖掘利用小麦野生近缘物种中新的抗病基因是小麦抗病育种的基础工作，是解决抗原单一化问题的有效途径。小麦的近缘种属中蕴藏着许多栽培小麦不具备的优异基因。长穗偃麦草（*Thinopyrum ponticum*，2n＝70）是小麦的近缘属植物，易与小麦杂交，抗旱性强，对小麦叶锈、秆锈、白粉病、腥黑穗病、条纹花叶病免疫，对条锈、黄矮病免疫到高抗，是小麦抗病育种的重要基因资源。为拓宽小麦抗病育种的遗传基础，山西省农业科学院畅志坚等从 1986 年起开展了普通小麦与长穗偃麦草、中间偃麦草的属间远缘杂交及利用八倍体小偃麦向普通小麦导入偃麦草抗病基因的研究。育成八倍体小偃麦新类型 TAI7430、TAI7044、TAI7045、TAI7047 和一批来自不同八倍体类型的小麦抗病亲本及新品系（畅

志坚 等，1996；畅志坚，1999），CH7034 就是采用普通小麦的感病品种（系）与八倍体小偃麦小偃 7430 杂交、回交，在白粉病、条锈病的高发区四川雅安选育而成的抗病品系。2001—2004 年经太原温室接种和四川雅安病圃鉴定，该材料对白粉病和条锈病免疫，是抗病育种的优良亲本。因此，研究其白粉病抗性的基因组成、抗性遗传特点并进行染色体定位，对于该抗原的快速应用及小麦抗病育种具有重要意义。

5.1 材料与方法

5.1.1 材料

抗病品系 CH7034，遗传特性已经稳定（2n=42，21Ⅱ），对白粉病表现免疫，系谱为京 411/ 小偃 7430//中 8601，其中小偃 7430 是源于十倍体长穗偃麦草（*Thinopyrum ponticum*，2n=70）的八倍体小偃麦，对白粉病表现免疫，由李振声院士育成，中国科学院原西北植物研究所钟冠昌先生提供，小麦亲本京 411 和中 8601 高感白粉病。用于遗传分析的 CH7034 和 SY95-71 杂交 F_1、F_2 代群体，感病诱发材料京双 16、SY95-71，中国春及中国春缺体-四体、双端体材料由本试验室繁育或收集保存。

5.1.2 抗病性鉴定

2005—2007 年连续 2 年在山西省农业科学院温室（太原）对供试材料进行苗期和成株期抗性鉴定。苗期将亲本和 F_1、F_2 代材料室内培养箱培养，待第一片叶完全展开后，移栽于直径为 10 cm 的纸杯中，并放置于 36 cm×25 cm×10 cm 的塑料方盒内，套上用铁丝架撑开的透明塑料布以防污染，然后放在 20 ℃左右的温室中，同时用拂扫法充分接种白粉病菌的分生孢子，7～10 d 待感病对照充分发病后记载反应型，其中 0 型、0′型、1 型和 2 型为抗病反应型，3 型和 4 型为感病反应型（盛宝钦，1988）。

成株期白粉病抗病性鉴定：将供试亲本、F_1 和 F_2 代材料种植于温室，每个亲本材料各种一行，每行 40～60 粒，F_1 和 F_2 单粒播种，每行 20 粒，行长 1 m，行距 0.25 m。同时播种诱发材料 SY95-71、京双 16，待感病对照充分发病后调查记载，成株抗性评价在抽穗期进行，开花期复查一次，按 0～9 级法观察记载病级，其中 0 级为免疫，1～3 级为抗病型，4 级为中抗，5～6 级为中感，7～8 级感病，9 级高感（盛宝钦和段霞瑜，1991）。单株调查抗性反应及杂交后代的抗、感分离比例，用卡方（Kai）公式进行适合度测定。苗期和成株期所用白粉病菌均为 E09 的 15 号小种，由中国农业科学院植物保护研究所段霞瑜研究员提供。

5.1.3　抗病池和感病池的建立

按 SDS 法（Sharp et al., 1988）提取亲本和 F_2 代分离群体单株叶片总 DNA，根据 Michelmore 等（1991）介绍的集群分离分析法（bulked segregation analysis，BSA），在 F_2 群体中随机选取 10 株抗病株和 10 株感病株，将其 DNA 分别等量混合建立 F_2 群体的抗病池、感病池。

5.1.4　PCR 扩增和 SSR 分析

SSR 引物按照 Röder 等（1998）和 GrainGenes database 公布的序列（http://www.wheat.pw.usda.gov）由上海英骏公司合成。PCR 反应体系为 20 μL，含有 10 mmol/L Tris – HCl（pH8.3）、50 mmol/L KCl、2.0 mmol/L $MgCl_2$、200 μmol/L dNTPs、50 ng 引物、50～100 ng 模板 DNA、1 U Taq 酶。反应扩增程序为 94 ℃变性 4 min，接着 94 ℃变性 1 min，50 ℃、55 ℃或 60 ℃（因引物不同而异）复性 1 min，72 ℃延伸 1 min，共 35 个循环，最后 72 ℃延伸 10 min，4 ℃保存备用。PCR 反应在 PTC – 200 型热循环仪上进行。每个扩增产物加 6 μL Loading Buffer（98% 甲酰胺；10 mmol/L EDTA；pH 8.0；0.25% 溴酚蓝和 0.25% 二甲苯青）后 95 ℃变性 5 min，迅速放到冰水中冷却，每个样品取 4～6 μL 在 6% 聚丙烯酰胺凝胶中恒定功率 50 W 下电泳 1 h 左右，硝酸银染色显影。

5.1.5　数据分析

SSR 扩增带型数据用 Mapmaker 3.0 软件分析标记与抗病基因的连锁关系，用 Kosambi mapping 功能将重组值转换为遗传距离（Kosambi，1944）。

5.2　结果与分析

5.2.1　白粉病抗性鉴定与遗传分析

连续两年用白粉病菌 E09 的 15 号小种对 CH7034、京 411、中 8601、小偃 7430、SY95–71 及 CH7034×SY95–71 的 F_1、F_2 代进行苗期和成株期抗性鉴定（表 5–1），结果表明抗病材料 CH7034 对小麦白粉病抗性稳定，表现为完全免疫，CH7034×SY95–71 F_1 单株的白粉病抗性也表现为完全免疫或近免疫，反应型（IT）为 0 级、0′级，而 SY95–71 表现为高度感病，反应型（IT）为 4

级，说明 CH7034 含有对 15 号小种免疫的显性抗病基因。CH7034×SY95-71 的 F_2 分离世代无论苗期还是成株期都表现出清晰的抗感分离现象，抗感分离比均符合 R∶S=3∶1 的 1 对显性抗性基因的遗传模式（x^2<3.84）。从抗性表现看成株期抗性好于苗期抗性。

CH7034 是京 411、中 8601 和小偃 7430 的杂交后代，而京 411、中 8601 高感白粉病，所以 CH7034 的抗白粉病基因只能来源于小偃 7430，而小偃 7430 的抗白粉病基因来源于长穗偃麦草，所以 CH7034 所含抗白粉病基因应该来源于长穗偃麦草。

表 5-1　不同亲本及世代对白粉病抗性的鉴定

时期	亲本及组合	年份	抗性鉴定			x^2 (3∶1)	P 值
			抗病株数	感病株数	总株数		
苗期	CH7034		20		20		
	SY95-71			20	20		
	京 411			20	20		
	中 8601			20	20		
	小偃 7430		20		20		
	CH7034/SY95-71 F_1		20		66	0.323	0.5~0.75
	CH7034/SY95-71 F_2	2005	47	19			
	CH7034/SY95-71 F_2	2006	84	38	122	2.142	0.10~0.25
成株期	CH7034						
	SY95-71				60		
	京 411				20		
	中 8601				20		
	小偃 7430		20				
	CH7034/SY95-71 F_1		12		27	0.163	0.5~0.75
	CH7034/SY95-71 F_2	2005	73				
	CH7034/SY95-71 F_2	2006	115		33	0.441	0.5~0.75

注：$x^2_{0.05}$=3.84。

5.2.2　抗病基因标记与定位

选择一个 148 株的 F_2 成株群体进行 SSR 分析。选取平均分布于小麦 21 条染色体上的 307 对微卫星引物对抗、感亲本进行多态性筛选，其中有 106 对引物在抗感亲本间扩增出多态性片段，占 34.5%。将有多态性的引物进一步在抗病池和感病池进行分析，只有一对引物 Xgwm311 在抗感池之间存在多态性。Xgwm311 在 CH7034 和抗病池均能扩增出约 200 bp、150 bp、110 bp 的 3 条片段，而在 SY95-71 和感病池能扩增出 200 bp、110 bp 两条片段，缺失 150 bp 片段，150 bp 的片段为抗病显性标记带。经分离群体验证，结果表明大部分抗病单株能扩增出与抗病亲本 CH7034 相同的带型，而大部分感病单株缺失此带（图 5-1），由此推测这个位点与抗病基因连锁。带型统计（表 5-2）可以看出，SSR 引物 Xgwm311 扩增位点与 CH7034 中的抗白粉病基因有明显的连锁倾向。应用遗传作图软件 Mapmaker 3.0 对标记和目的基因进行连锁分析。

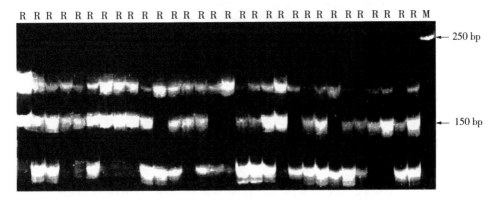

图 5-1 SSR 引物 Xgwm311 对 F$_2$ 群体部分单株扩增结果

注：R：抗病单株；S：感病单株；M：Marker（250 bp）；150 bp：表示抗病标记带。

表 5-2 CH7034 抗白粉病基因与 Xgwm311 位点的连锁分析

SSR 标记	抗病株数		感病株数		总株数	χ²
	D	B	D	B		(3∶1)
Xgwm311	105	9	6	27	148	0.01

注：χ²$_{0.05}$=3.84；D：抗病标记带；B：感病标记带即无带。

计算出 Xgwm311 与抗病基因的遗传距离为 12.4 cM。在 Somers 等（2004）发表的小麦微卫星图谱上，Xgwm311 被定位在小麦染色体 2A 长臂的端部附近，在 Reader（1998）发表的小麦微卫星图谱上，Xgwm311 被定位在小麦染色体 2A 和 2D 长臂的端部附近，将 Xgwm311 在中国春及中国春 2A、2B、2D 缺四体材料上扩增，与抗病基因连锁的带在 N2AT2B 缺失，在 N2DT2B、N2BT2A 存在，表明抗病特异带位于 2A 染色体上。对于双端体材料

Dt2Dl、Dt2Al、Dt2As，特异带在 Dt2As 上缺失，Dt2Dl、Dt2Al 存在，表明抗病标记带位于 2A 染色体长臂上（图 5-2），推断 CH7034 的抗白粉病基因也位于 2A 染色体长臂端部。

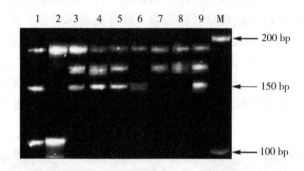

图 5-2　SSR 引物 Xgwm311 在亲本及中国春、中国春缺体-四体及双端体材料的扩增结果

注：1：CH7034；2：SY95-71；3：中国春；4：N2BT2A；5：Dt2Dl；
6：N2DT2B；7：N2AT2D；8：Dt2As；9：Dt2Dl；M：Marker。

5.3　讨论与结论

本研究用 SSR 技术和 BSA 法相结合筛选到一个与 CH7034 抗白粉病基因连锁的分子标记 Xg-wm311，并将该抗病基因定位在 2A 染色体长臂端部附近。在正式命名的 52 个抗白粉病基因中，等位基因 *Pm4a*、*Pm4b* 位于小麦 2A 染色体长臂，*Pm4a* 来源于二粒小麦，*Pm4b* 来源于四倍体波斯小麦，Ma 等（2004）用近等基因系鉴定了 *Pm4a* 的 RFLP 标记，其中 Xbcd1231 的一个位点和 Xbcd678 与 *Pm4a* 共分离，后又将 RFLP 标记 Xbcd1231 转化为 STS 标记，同时通过连锁分析，认为抗病基因与 SSR 标记 *Xg-wm356* 相距 4.8 cM。陈松柏等（2002）将与 *Pm4a* 共分离的 RFLP 标记 Xbcd1231 转换成 STS 标记，获得了一个与 *Pm4b* 遗传距离为 3.0 的标记 STS410，Zhu 等（2004）在波斯小麦 PS5 和粗三羊草 Ae39 合成的双二倍体 Am4 中鉴定出抗白粉病基因 *PmPS5A*，与 *Xgwm356* 相距 10.2 cM，推断 *PmPS5A* 可能与 *Pm4b* 是同一个基因，也可能是与 *Pm4b* 紧密连锁的新基因。*Pm4a*、*Pm4b*、*PmPS5A* 都来自四倍体小麦（2n=AABB），三者可能是等位基因，但 CH7034 的抗性基因来源于十倍体长穗偃麦草，可能与 *Pm4* 或其等位基因不同。根据 Sourdille 等（2004）等建立的小麦 SSR 物理图谱，Xgwm356 位于 2AL1-0.85 区段，Xgwm311 位于 2AL1-0.85-1 区段，二者不在同一个区段，中间有一个易断裂热点区，所以从基因来源和染色体位置推断 CH7034 的抗白粉病基因可能是一个新基因（图 5-3）。长穗偃麦草作为小麦育种的重要资源库，在小麦抗病育种工作中有非常大的应用潜力。据报道长穗偃麦草对小麦多种病害免疫或高抗，我们选育的 CH7034 经多年在山西太原和四川雅安进行抗病鉴定，对白粉病和条锈病均免疫。殷学贵（2006）将 A-3 中来源于长穗偃麦草的抗条锈病基因 *YrTp1* 和 *YrTp2* 分别定位在 2BS 和 7BS 染色体上，可以推测在长穗偃麦草资源中还应有更多的抗病基因有待发现和利用。因此，需要加强对长穗偃麦草抗病性的鉴定工作，并加快向小麦中转移，从而进一步丰富小麦的抗病基因，实现抗原多样化。

微卫星标记是以 PCR 为基础的分子标记，覆盖整个小麦基因组的微卫星遗传图谱和物理图谱已经建立，根据微卫星位点在图谱中的位置，可以很方便地把与该位点连锁的基因定位。微卫星标记多态性高，能够揭示等位点的遗传差异，我们共选用 307 对微卫星小麦引物，其中 106 对能在双亲间检测到多态性，可见微卫星标记揭示小麦等位位点的多态性频率较高（图 5-3）。本研究与抗病基因连锁的微卫星标记 Xg-wm311 属于显性标记，可以作为 CH7034 的抗病标记，但 Xgwm311 与抗病基因之间的遗传距离超过 10 cM，需要继续寻找连锁更紧密的分子标记，以便应用于分子标记辅助育种和克隆抗病基因。

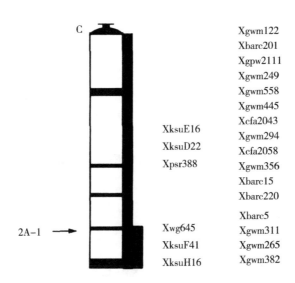

图 5-3　2AL 染色体的 SSR 标记物理图谱

资料来源：Sourdille 等，2004。

6 抗白粉病小偃麦衍生系的遗传学研究

中间偃麦草携带有许多对小麦遗传改良有益的基因，八倍体小偃麦是由偃麦草与普通小麦杂交选育的新物种，带有许多中间偃麦草的优良性状，是向普通小麦转移外源遗传物质的重要桥梁材料（王建荣 等，2004；刘建霞等，2011）。XM-5312 和 XM-6281 是八倍体小偃麦与普通小麦杂交得到的抗小麦白粉病衍生系，为了解其抗白粉病基因的组成及遗传特点，本试验对其进行了抗性鉴定和遗传学分析。

6.1 试验材料与方法

6.1.1 试验材料

小偃麦衍生系 XM-5312、XM-6281 是由源于中间偃麦草的八倍体小偃麦与普通小麦杂交、回交经过多代定向选择得到的高代材料。抗性基因的供体材料为源于中间偃麦草的抗小麦白粉病的八倍体小偃麦新类型 XIN818，受体亲本为感病材料忻麦 6160。中间偃麦草为抗原材料；中国春用于与小偃麦衍生系 XM-5312、XM-6281 选配杂交组合及白粉病鉴定的诱发材料；高感品种晋麦 55 作为白粉病鉴定的诱发材料。

6.1.2 试验方法

6.1.2.1 抗病性鉴定

将供试材料小偃麦衍生系 XM-5312、XM-6281 及其双亲按顺序种植，每个材料种植 6 行，每行约 20 粒。行长 2.0 m，行距 0.3 m，小区之间留有宽窄走道，宽走道 1 m，用于管理和调查记载；窄走道 0.5 m，用于播种诱发品种。每隔 5 行种植 1 行病害诱发品种（晋麦 55、中国春）。给供试材料和诱发品种接流行菌中 E-15 小种在内的混合菌用于供试材料和诱发品种的接种鉴定。接种后，当诱发品种严重感染时，于苗期和成株期进行白粉病抗病性记载。苗期抗性反应标准采用下面5级分类标准0（免疫，无病斑）；1（高抗，病斑小于1 mm，菌丝层稀薄，透过菌丝层现绿色叶片，产孢量极少）；2（中抗，叶片病斑直径小于1 mm，但菌丝层较厚，不透绿，能产生一定量的孢子）；3（中感，叶片病斑多，直径大于1 mm，菌丝层厚，产孢量大但病斑不连片）；4（高感，叶片病斑直径大于1 mm，菌丝层厚，产孢量大，病斑连片）。成株期抗性反应型的标准采用下面5级分类标准0（免疫，无侵染症状）；1（高抗，倒四叶菌丝细而少）；2（中抗，倒三叶倒四叶感病下部叶片菌丝薄而少）；3（中感，旗叶感病下部叶片菌丝大而厚）；4（高感，穗部感病）。

6.1.2.2 抗性遗传分析

将高抗白粉病的小偃麦衍生系 XM-5312、XM-6281 与高感品种中国春选配 4 个杂交组合，分别为"XM-5312×中国春""中国春×XM-5312""XM-6281×中国春""中国春×XM-6281"，按上述方法分别研究其 F_1、F_2 的抗病情况从而搞清楚小偃麦衍生系 XM-5312、XM-6281 抗白粉病性状的遗传规律。

6.2 结果与分析

6.2.1 小麦白粉病抗性鉴定

为了确定小偃麦衍生系 XM-5312、XM-6281 中抗白粉病基因的来源，将抗白粉病的小偃麦衍生系 XM-5312、XM-6281 及其亲本八倍体小偃麦新类型 XIN818、忻麦 6160，还有抗原材料中间偃麦草进行了抗白粉病鉴定。结果表明（表6-1）：在苗期和成株期当诱发材料晋麦55、中国春充分发病时，衍生系 XM-5312、XM-6281 及其抗病亲本 XIN818、抗原材料中间偃麦草对包括白粉菌15号生理小种在内的混合菌种表现免疫，而亲本忻麦 6160 表现高度感病，说明小偃麦衍生系 XM-5312、XM-6281 对白粉病的抗性均来源于其亲本 XIN818 即来源于中间偃麦草。但是，是否来源于中间偃麦草的同一个基因或染色体片段还有待于进一步研究。

6.2.2 抗性基因遗传规律研究

将高抗白粉病的小偃麦衍生系 XM-5312、XM-6281 与高感品种中国春进行正反交，无论正交还是反交，F_1 对包括 E15 在内的混合菌种均表现免疫（表6-2），说明两个衍生系 XM-5312、XM-6281 所携带的抗白粉病基因均表现为显性且由核基因控制。而对 XM-6281 与高感品种中国春进行正反交的 F_2

代的抗病株和感病株数经 χ^2 测验符合 3：1 分离比例（表 6-3）。以上结果说明：①衍生系 XM-5312 中的抗白粉病基因是由显性核基因抗制表达不受遗传背景的影响；②衍生系 XM-6281 中的抗白粉病基因是由单个显性核基因抗制表达不受遗传背景的影响。

表 6-1　不同材料苗期、成株期白粉病抗性调查结果

材料	苗期调查结果				成株期调查结果			
	调查株数	感病株数	感病率	反应型	调查株数	感病株数	感病率	反应型
中间偃麦草	10	0	0	0	10	0	0	0
XIN818	20	0	0	0	20	0	0	0
忻麦 6160	30	30	100%	4	20	20	100%	4
晋麦 55	20	20	100%	4	20	20	100%	4
中国春	20	20	100%	4	20	20	100%	4
XM-5312	40	0	0	0	35	0	0	0
XM-6281	35	0	0	0	35	0	0	0

注：0 级即抗病，4 级即感病。

表 6-2　XM-5312、XM-6281 与中国春杂种 F_1 抗白粉病调查结果

杂交组合	成株期调查结果			
	调查株数	感病株数	感病率	反应型
XM-5312×中国春 F_1	35	0	0	0
中国春×XM-5312 F_1	35	0	0	0
XM-6281×中国春 F_1	35	0	0	0
中国春×XM-6281 F_1	35	0	0	0

注：0 级即抗病。

表 6-3　XM-6281 的抗白粉病基因在不同遗传背景下的表达与分离

杂交组合	F_2 抗病单株	F_2 感病单株	理论比例	χ^2 (3：1)
XM-6281×中国春	208	74	3：1	0.170
中国春×XM-6281	195	58	3：1	0.476

6.3　讨论与结论

白粉病抗性调查及抗性遗传分析表明，衍生系 XM-5312、XM-6281 和亲本八倍体小偃麦 XIN818 均表现免疫白粉病，而亲本忻麦 6160 对白粉病表现高感，说明小偃麦衍生系 XM-5312、XM-6281 中抗白粉病基因均来源于其亲本八倍体小偃麦 XIN818，即来源于中间偃麦草。抗白粉病衍生系 XM-5312、XM-6281 分别与高感品种中国春正反交，杂种 F_1 全部高抗白粉病，衍生系 XM-6281 与中国春杂交得到的 F_1 自交得到的 F_2 抗感分离比例符合 3∶1，以上结果说明衍生系 XM-5312 对小麦白粉病的抗性由显性核基因控制，而衍生系 XM-6281 对小麦白粉病的抗性是由一对显性核基因控制，且不受遗传背景的影响。

中间偃麦草本身具有的改良小麦的诸多经济性状，加上与小麦的高度可杂交性及在小麦背景中易于表达等优点，成为小麦改良育种中重要的基因源，所以中间偃麦草中有益基因向小麦的导入倍受重视（陈漱阳 等，1993；孙善澄 等，1980）。本试验所用材料：小偃麦衍生系 XM-5312、XM-6281 经接种鉴定免疫小麦白粉病，而它们的小麦亲本忻麦 6160 对白粉病敏感。推测抗白粉病基因来源于中间偃麦草上；XM-5312 和 XM-6281 高抗白粉病，说明 XM-5312 和 XM-6281 是两个对抗白粉病育种很有应用价值的新种质材料。

7 抗白粉病小偃麦衍生系的
细胞遗传学研究

中间偃麦草是小麦的三级基因源，具有很多对小麦改良十分重要的基因，把中间偃麦草的优良性状基因导入普通小麦，对丰富小麦的种质资源及改良其遗传基础均具有重要意义（王建荣 等，2004）。自 20 世纪 30 年代以来，国内外许多科学家广泛开展了小麦与中间偃麦草的远缘杂交研究，创制出许多小麦-偃麦草双二倍体、异附加系、异代换系和易位系，培育出一批优良小麦品种在生产上推广应用（刘建霞 等，2010）。忻麦 818 和忻麦 6160 是八倍体小偃麦与普通小麦杂交得到的抗小麦白粉病衍生系，为了解其抗白粉病基因的组成及遗传特点，本试验对其进行细胞遗传学分析。

7.1 材料与方法

7.1.1 材料

小偃麦衍生系忻麦 818、忻麦 6160 是由源于中间偃麦草的八倍体小偃麦与普通小麦杂交、回交，经过多代定向选择得到的高代材料。抗性基因供体材料为山西省农业科学院玉米研究所小麦室培育，源于中间偃麦草的抗小麦白粉病八倍体小偃麦新类型 XIN1367，受体亲本为感病材料晋麦 33，中间偃麦草为抗原材料。

7.1.2 方法

7.1.2.1 体细胞染色体计数

种子放在用湿滤纸包裹的发芽板上，24 ℃ 恒温箱中培养至露白，4 ℃ 冰箱中培养 24 h，再转移到 24 ℃ 恒温箱中培养至根长 1~2 cm，剪取生长健壮的根尖置于贴有标签、盛有蒸馏水的指管内，0~4 ℃ 预处理 24 h，卡诺氏液 I（3 份乙醇：1 份冰乙酸）固定，4 ℃ 冰箱保存。根尖用盐酸 60 ℃ 解离

10 min，Feulgen 染色，1% 醋酸洋红压片，观察 30 个分裂相，统计体细胞染色体数目。

7.1.2.2　花粉母细胞减数分裂观察

小麦孕穗时在每个株行中选取不同单株的幼穗固定进行花粉母细胞的减数分裂观察。固定液为卡诺氏液Ⅱ（酒精：氯仿：冰醋酸＝6：3：1），幼穗固定 24 h 转入 70% 酒精中，4 ℃ 冰箱保存备用。压片时染液用 1% 的醋酸洋红。每个单株选取 30 个减数分裂中期的细胞进行统计。

7.2　结果与分析

7.2.1　核型根尖细胞有丝分裂染色体观察记数

图 7-1、图 7-2 表明：忻麦 818，2n＝42；忻麦 6160，2n＝42；都含 2 对随体。

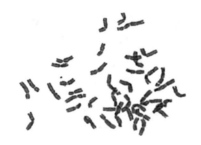

图 7-1　忻麦 818 的根尖细胞染色体（2n＝42）

图 7-2　忻麦 6160 根尖细胞染色体（2n＝42）

7.2.2 花粉母细胞减数分裂观察

对忻麦818、忻麦6160的花粉母细胞减数分裂中期Ⅰ染色体构型进行观察和分析，结果表明：忻麦818染色体配对正常，花粉母细胞减数分裂中期Ⅰ染色体构成均为二价体，其构型为2n＝21Ⅱ，见图7-3，说明它是一个染色体稳定的衍生系。为了研究忻麦818中是否含有中间偃麦草的染色体，我们用忻麦818和中国春进行了杂交，对其杂种F_1花粉母细胞减数分裂中期Ⅰ进行观察鉴定，结果表明在减数分裂中期Ⅰ中几乎所有的细胞都可看到2个单价体和20个二价体，其构型为2n＝1.98Ⅰ+20.01Ⅱ（图7-4）。由此可以初步判断忻麦818为带有一对中间偃麦草染色体的双体异代换系。此外忻麦6160染色体配对也正常，花粉母细胞减数分裂中期Ⅰ染色体均为二价体，无单价体和多价体存在，其构型为2n＝21Ⅱ（图7-5），表明它具有细胞学稳定性。值得说明的是，在忻麦6160和中国春的杂交组合中对其得到的F_1代花粉母细胞减数分

图7-3 忻麦818的染色体构型 PMC MI（2n＝21Ⅱ）

图7-4 忻麦818×中国春的染色体构型 PMC MI（2n＝20.01Ⅱ+1.98Ⅰ）

裂中期 I 进行鉴定，发现主要以二价体为主，但是在每个细胞中均有一个倒"八"字环四价体出现 2n＝19 II +1 IV（图 7-6）。同时由于杂种 F_1 及忻麦 6160 对白粉病免疫，而中国春高感，说明忻麦 6160 可能是一个小麦中间偃麦草的易位系，有待于借助其他方法对其进行鉴定分析。

图 7-5　忻麦 6160 的染色体构型 PMC MI（2n＝21 II）

图 7-6　忻麦 6160×中国春的染色体构型 PMC MI（2n＝20.01 II +1.98 I）

7.3　讨论与结论

细胞遗传学分析表明，忻麦 818、忻麦 6160 根尖细胞染色体数目均为 2n＝42，花粉母细胞减数分裂中期 I 染色体构型为 2n＝21 II，二者都有很强的细胞学稳定性。忻麦 818 与中国春杂种 F_1 PMC MI 染色体构型为 2n＝20.01 II +1.98 I，然而忻麦 6160 与中国春杂种 F_1 PMC MI 染色体构型为 2n＝19 II +1 IV，在每个细胞中均有四价体出现，忻麦 6160 带型可见仅有两条染色体各自的一条臂出现了强端带，而在该臂的其他部位并未发现带型。与小麦的标准带型图中表现强端带类型的染色体比较发现，在带型的多态型上与标准带型表现不同，说明忻麦 6160 是一个小麦中间偃麦草易位系。

参考文献

畅志坚，胡河生，王志国，1996. 矮化型八倍体小偃麦的选育 [J]. 中国生态农业学报 [J]. 4（2）：75-79.

畅志坚，赵怀生，李生海，1992. 小麦与天蓝偃麦草远缘杂交中结实性的研究 [J]. 山西农业科学，2：7-10.

畅志坚，1999. 几个小麦-偃麦草新种质的创制分子细胞遗传学分析 [D]. 成都：四川农业大学.

陈漱阳，钟冠昌，1993. 小麦属远缘杂交育种研究的新进展 [M] //刘后利，作物育种研究与进展. 北京：中国农业出版社.

陈松柏，蔡一林，周荣华，等，2002. 小麦抗白粉病基因 *Pm4* 的 STS 标记. 西南农业大学学报，24：231-234.

丁斌，王洪刚，孙海艳，等，2003. 小麦-中间偃麦草双体异附加系的鉴定 [J]. 西北植物学报，23（11）：1910-1915.

韩方普，李集临，1995. 小偃麦细胞遗传学 [M]. 北京. 中国农业科技出版社.

金善宝，1996. 中国小麦学 [M]. 北京：中国农业出版社.

李振歧，1997. 麦类病害 [M]. 北京：中国农业出版社.

李振声，容珊，陈漱阳，等，1985. 小麦远缘杂交 [M]. 科学出版社.

林小虎，王黎明，李兴锋，等，2005a. 抗白粉病小麦-中间偃麦草双体异附加系的鉴定 [J]. 植物病理学报，35（11）：60-65.

林小虎，王黎明，李兴锋，等，2005b. 抗白粉病八倍体小偃麦和双体异附加系的鉴定 [J]. 作物学报，31（8）：1035-1040.

刘建霞，贺润丽，畅志坚，等，2008. 源于中间偃麦草的小麦新品系 CH5026 白粉病抗性的遗传 [J]. 华北农学报（1）：194-198.

刘建霞，温日宇，王润梅，等，2010. 抗白粉病小偃麦衍生系的细胞遗传学研究 [J]. 山西大同大学学报（自然科学版），26（6）：68-70.

刘建霞，温日宇，周凤，等，2011. 抗白粉病小偃麦衍生系的遗传学研究

［J］. 广东农业科学, 38 (2)：21-22.

刘爱峰, 王洪刚, 郝元峰, 等, 2007. 抗条锈病小偃麦双体异附加系山农 87074-519 的鉴定 ［J］. 分子细胞生物学报, 40 (3)：227-233.

刘树兵, 贾继增, 等, 1998. 长穗偃麦草与普通小麦间的多态性及 E 组染色体的特异 RAPD 标记 ［J］. 作物学报, 24 (6)：687-690.

刘树兵, 王洪刚, 2002. 抗白粉病小麦-中间偃麦草异附加系的选育及分子细胞遗传鉴定 ［J］. 科学通报, 47 (19)：1500-1504.

刘万才, 邵振润, 姜瑞中, 2000. 小麦白粉病测报与防治技术研究 ［M］. 北京：中国农业出版社.

刘万才, 1998. 农作物预测预报的发展探讨 ［J］. 植保技术与推广, 18 (5)：39-40.

马贵龙, 2003. 小麦白粉病抗性基因分析定位及分子标记 ［D］. 沈阳：沈阳农业大学.

马渐新, 周荣华, 董玉琛, 等, 1999. 来自长穗偃麦草的抗小麦条锈病基因的定位 ［J］. 科学通报, 44 (1)：65-69.

马强, 罗培高, 任正隆, 等, 2007. 两个抗小麦白粉病新基因的遗传分析与染色体定位 ［J］. 作物学报, 33 (1)：1-8.

祁适雨, 肖志敏, 辛文利, 等, 2000. "远中"号小偃麦在小麦育种中的应用 ［J］. 麦类作物学报, 20 (1)：10-15.

钱拴, 霍治国, 叶彩玲, 2005. 我国小麦白粉病发生流行的长期气象预测研究 ［J］. 自然灾害学报, 14 (4)：56-63.

邱永春, 张书绅, 2004. 小麦抗白粉病基因及其分子标记研究进展 ［J］. 麦类作物学报 (2)：127-132.

盛宝钦, 段霞谕, 1991. 用反应型记载小麦白粉病 "0~9 级法" 的改进 ［J］. 农业新技术, 9 (1)：8-39.

盛宝钦, 1988. 用反应型记载小麦白粉病 ［J］. 植物保护, 14 (1)：49.

施爱农, 陈孝, 肖世和, 等, 1998. 抗白粉病小麦新品系的选育及其抗性基因分析 ［J］. 植物病理学报, 28 (3)：209-214.

司权民, 张新心, 段霞瑜, 等, 1992. 小麦抗白粉病品种的基因分析与归类研究 ［J］. 植物病理学报, 22 (4)：349-355.

孙善澄, 1981. 小偃麦新品种与中间类型的选育途径、程序和方法 ［J］. 作物学报, 7 (1)：52-58, 173.

陶家凤, 沈言章, 秦家忠, 等, 1982. 小麦的种和品种对白粉病抗性的初步研究 ［J］. 植物病理学报, 12 (2)：7-14.

王洪刚，李丹丹，高居荣，等，2003. 抗白粉病小偃麦异代换系的细胞学和 RAPD 鉴定 [J]. 西北植物学报，23（2）：280-284.

王洪刚，张建民，刘树兵，2000. 抗白粉病小麦-中间偃麦草异附加系的细胞学和 RAPD 鉴定 [J]. 西北植物学报，20（1）：64-67.

王洪刚，赵吉平，等，1989. 人工合成的十个优良小麦种质系的细胞学和性状特点的研究 [J]. 山东农业大学学报（2）：1-7.

王洪刚，朱军，刘树兵，2001. 利用细胞学和 RAPD 技术鉴定抗病小偃麦易位系 [J]. 作物学报，27（6）：886-890.

王建荣，畅志坚，郭秀荣，等，2004. 在小麦育种中利用偃麦草抗病特性的研究 [J]. 山西农业科学，32（3）：3-7.

解超杰，杨作民，孙其信，2003. 小麦抗白粉病基因 [J]. 西北植物学报（5）：822-829.

夏光敏，王槐，陈惠民，1996. 小麦与新麦草及高冰草的不对称体细胞杂交再生植株明 [J]. 科学通报，41（15）：1423-1426.

夏光敏，向凤宁，周爱芬，等，1999. 小麦与高冰草的不对称体细胞杂交获可育杂种植株 [J]. 植物学报，40（4）：349-352.

杨作民，唐伯让，沈克全，1994. 小麦育种的战略问题——锈病和白粉病第二线抗原的建立和利用 [J]. 作物学报，20：385-394.

殷学贵，尚勋武，庞斌双，等，2006. A-3 中抗条锈病新基因 $YrTp1$ 和 $YrTp2$ 的分子标记定位分析 [J]. 中国农业科学，39（1）：10-17.

张海泉，贾继增，张宝石，等，2006. 染色体定位粗山羊草抗小麦白粉病基因 $PmAeY1$ [J]. 中国农业科技导报（4）：19-22.

张荣琦，陈春环，赵晓农，等，2004. 八倍体小偃麦与普通小麦杂交选育优质小麦新品种的研究 [J]. 西北农林科技大学学报（自然科学版），32（3）：25-32.

张学勇，董玉琛，杨欣明，1995. 小麦与长穗偃麦草、中间偃麦草杂种及其衍生后代的细胞遗传学研究 [J]. 遗传学报，22（3）：217-222.

张增艳，陈孝，张超，等，2002. 分子标记选择小麦抗白粉病基因 $Pm4b$，$Pm13$ 和 $Pm21$ 聚合体 [J]. 中国农业科学，35（7）：789-793.

赵逢涛，王黎明，李文才，等，2005. 小麦-中间偃麦草双体异附加系的选育和鉴定 [J]. 实验生物学，38（2）：867-872.

钟冠昌，穆素梅，张荣琦，等，1995. 八倍体小偃麦与普通小麦杂交育种的研究 [J]. 西北植物学报，15（1）：6-9.

周阳，何中虎，张改生，等，2004. 1BL/IRS 易位系在我国小麦育种中的

应用 [J]. 作物学报, 30 (6)：531-535.

朱建祥, 1992. 我国小麦白粉病逐年加重的原因分析及对策 [J]. 安徽农业科学, 20 (2)：174-180.

庄巧生, 2004. 《中国小麦品种改良及系谱分析》专著出版 [J]. 中国农业科学 (2)：279.

Bennet F G A, 1984. Resistance to powdery mildew in wheat：a review of its use in agriculture and breeding programme [J]. Plant Pathology, 33：279-300.

Blanco, 2008. Molecular mapping of the novel powdery mildew resistance gene *Pm36* introgressed from *Triticum turgidum* var. dicoccoides in durum wheat [J]. Theoretical and Applied Genetics, 122：36-76.

Bowen K L, Events K L, Leath S, 1991. Reduction in yield of winter wheat in North Carolina due to powdery mildew and leaf rust [J]. Phyopathology, 81：503-511.

Cenci A, D'Ovidio R, Tanzarella O A, et al., 1999. Porceddu identification of molecular markers linked to *Pm13*, an aegilops longissimagene conferring resistance to powdery mildew in wheat [J]. Theoretical and Applied Genetics, 98：448-454.

Chang Z J, Ren Z L, Zhang H Y, et al., 2003. Production of a new partial wheat-Thinopyrum intermedium amphiploid and its genome analysis using genomic in situ hybridization [C] //Proceedings of 10th International Wheat Genetics Symposium Italy：557-561.

Chantret N, Sourdillc M, Röder M, et al., 2000. Location and mapping of the powdery mildew resistance gene M1RE and detection of a resistance QTL by bulked segregant analysis (BSA) with microsatellites in wheat [J]. Theoretical and Applied Genetics, 100：1217-1224.

Chen Q, Conner R L, Laroche A, et al., 1998. Genome analysis of Thinopyrum intermedium and Th. ponticum using genomic in situ hybridization [J]. Genome, 41：580-586.

Eser V, 1998. Characterization of powdery mildew resistant lines derived from crosses between *Triticum aestivum* and *Aegilops speltoides* and *Ae. mutica* [J]. Euphytica, 100：269-272.

Evens K L, Leath S, 1992. Effect ofearly season powdery mildew on development, survival, and field contribution of tillers of winter wheat [J]. Phyto-

作物种质资源与遗传育种研究

pathology, 82: 1273-1278.

Fedak G, Han F, 2005. Characterization of derivatives from wheat-Thinopyrum wide crossest [J]. Cytogenetic and Genome Research, 109: 360-367.

Friebe B, Heun M, Tuleen N, et al., 1994. Cytogenetically monitored transfer of powdery mildew resistance from rye into wheat [J]. Crop Science, 34: 621-625.

Grechter-Amitai Z K, Silfhout Van C H, 1984. Resistance to powdery mildew in wild emmer (*Triticum dicoccoides* Korn.) [J]. Euphytica, 33: 273-280.

Hartl L, Mohler F J, Zeller F J, et al., 1999. Identification of AFLP markers closely linked to the powdery mildew resistance genes *Pmlc* and *Pm4a* in common wheat (*Triticumaestivum* L.) [J]. Genome, 42: 322-329.

Hartl L, Weiss H, Stephan U, et al., 1995. Molecular identification of powdery mildew resistance genes in common wheat (*Triticumaestivum* L.) [J]. Theoretical and Applied Genetics, 90: 601-606.

Heun M, Friebe B, and Bushuk W, 1990. Chromosomal location of the powdery mildew resistance gene of amigo wheat [J]. Phytopathology, 80: 1129-1133.

Hsam S L K, Lapochkina I F, Zeller F J, 2003. Chromosomal location of genes for resistance to powdery mildew in common wheat (*Triticum aestivum* L. em. Thell.) gene *Pm32* in a wheat-*Aegilops speltoides* translocation line [J]. Euphytica, 133 (3): 367-370.

Hsam S L K, Mohler V, Hartl L, et al., 2000. Mapping of powdery mildew and leaf rust resistance genes on the wheat-rye translocated chromosome T1BL. 1RS using molecular and biochemical markers [J]. Plant Breeding, 119: 87-89.

Hu X Y, Ohm H W, Dweikat I, 1997. Identification of RAPD markers linked to the gene PM1 for resistance to powdery mildew in wheat [J]. Theoretical and Applied Genetics, 94: 832-840.

Huang X Q, Hsam S L K, Zeller F J, et al., 2000a. Molecular mapping of the wheat powdery mildew resistance gene *Pm24* and marker validation for molecular breeding [J]. Theoretical and Applied Genetics, 101: 407-414.

Huang X Q, RÖder M S, 2004. Molecular mapping of powdery mildew resist-

— 84 —

ance genes in wheat: a review [J]. Euphytica, 137: 203-223.

Jarve K, Peusha J HO, Tsymbalova S, et al., 2000. Chromosomal location of a Triticum timopheevii-derived powdery mildew resistance gene transferred to common wheat [J]. Genome, 43: 377-381.

Jia J, Devos K M, Chao S, et al., 1996. RFLP-based maps of group-6 chromosomes of wheat and their application in the tagging of *Pm12*, a powdery mildew resistance gene transfened from *Aegilops speltoides* to wheat [J]. Theoretical and Applied Genetics, 92: 559-565.

Jiang J, Friebe B, Gill B S, 1994. Recent advances in alien gene transfer in wheat [J]. Euphytica, 73: 199-212.

Kosambi D D, 1944. The estimation of map distances from recombination values [J]. Annals of Eugenics, 12: 172-175.

Liu J, Tao W, Li W, et al., 2000. Molecular marker-fa cilitated pyramiding of different genes for powdery mildew resistance in wheat [J]. Plant Breeding, 19: 21-24.

Liu S B, Wang H C, Zhang X Y, 2005. Molecular cytogenetic identification of a wheat-Thinopyron intermedium (Host) barkworth & D R Dewey partial amphiploid resistant to powdery mildew [J]. Journal of Integrative Plant Biology, 47 (6): 726-733.

Liu Z, Sun Q, NiE Z, 2002. Molecular characterization of a novel powdery mildew resistance gene *Pm30* in wheat originating from wildemmer [J]. Euphytica, 123: 21-29.

Ma Z Q, Sorrells M E, Tanksley S D, 1994. RFLP markers linked to powdery mildew resistance genes *Pm1*, *Pm2*, *Pm3*, and *Pm4* in wheat [J]. Genome, 37: 871-875.

Ma Z Q, Wei J B, Cheng S H, 2004. PCR-based markers for the powdery mildew resistance gene *Pm4a* in wheat [J]. Theoretical and Applied Genetics, 109 (1): 140-145.

Mains E B, 1933. Host specialization of *Erysiphe graminis tritici* [J]. Proceedings of the National Academy of Sciences of the United States of America, 19: 49-53.

Michelmore R W, Paran I, Kesseli R V, et al., 1991. Identification of markers linked to disease resistance genes by bulked segregant analysis: a rapid method to detect markers in specific genomic regions using segregation populations [J]. Proceedings of the National Academy of Sciences of the U-nited States of America, 88 (21): 9828-9832.

Miranda L M, Murphy J P, Marshall D, et al., 2006. *Pm34*: a new powdery mildew resistance gene transferred from Aegilops tauschii Coss. to common wheat (*Triticum estivum* L.) [J]. Theoretical and Applied Genetics, 113 (8): 1497-1504.

Miranda L M, Murphy J P, Marshall D, et al., 2007. Chromosomal location of *Pm35*, a novel *Aegilops tauschii* derived powdery mildew resistance gene introgressed into common wheat (*Triticum aestivum* L.) [J]. Theoretical and Applied Genetics, 114 (8): 1451-1456.

Miranda L M, Murphy J P, Marshall D, 2006. *Pm34*: a new powdery mildew resistance gene transferred from Aegilops *tauschii* Coss. to common wheat (*Triticum aestivum* L.) [J]. Theoretical and Applied Genetics, 113 (8): 1497-5042.

Mohler V, Jahoor A, 1996. Allele-specific amplification of polymorphic sites for the detection of powdery mildew resistance loci in cereals [J]. Theoretical and Applied Genetics, 93: 1078-1082.

Murphy J P, Leath S, Huynh D, et al., 1998. Registration of NC96BGTD1, NC96BGTD2, and NC96BGTD3 wheat germplasm resistant to powdery mildew [J]. Crop Science, 38: 570.

Murphy J P, Navarro R A, Leath S, 2002. Registration of NC99BGTAG11 wheat germplasm resistant to powdery mildew [J]. Crop Science, 42: 1382.

Perugini L D, Murphy J P, Marshall D, et al., 2008. *Pm37*, a new broadly effective powdery mildew resistance gene from *Triticum timopheevii* [J]. Theoretical and Applied Genetics, 116 (3): 417-425.

Qi L, Cao M, Chen P, et al., 1996. Identification, mapping and application of polymorphic DNA associated with resistance gene *Pm21* of wheat [J]. Genome, 39: 191-197.

Ren S X, McIntosh R A, Lu Z J, 1997. Genetic suppression of the cereal rye-derived gene *Pm8* in wheat [J]. Euphytica, 93: 353-360.

Röder M S, Korzun V, Wendehake K, et al., 1998. A microsatellite map of wheat [J]. Genetics, 149: 2007-2023.

Roelfs A P, 1977. Foliar fungal diseases of wheat in the People's Republic of

China [J]. Plant Disease Report, 61: 836-841.

Rong J K, Millet E, Manisterski J, et al., 2000. A new powdery mildew resistance gene: introgression from wild emmer into common wheat and RFLP-based Introgression from wild emmer into common wheat and RFLP-based mapping [J]. Euphytica, 115: 121-126.

Saari E E, Wilcoxson R D, 1974. Plant disease situation of high-yielding dwarf wheats Asia and Africa [J]. Annual Review of Phytopathology, 12: 49-68.

Sharp P J, Kreis M, Shewry P R, et al., 1988. Location of β-amylase sequence in wheat and its relatives [J]. Theoretical and Applied Genetics, 75 (2): 286-290.

Shi A N, Leath S, Murphy J P, 1998. A major gene for powdery mildew resistance transferred to common wheat from wilde eikorn wheat [J]. Phytopathology, 88 (2): 144-147.

Shi A N, 1997. Genetic analysis of wheat powdery mildew resistance [D]. Carolina: North Carolina State University.

Somers D J, Isaac P, Edwards K, 2004. A high-density microsatellite consensus map for bread wheat (*Triticum aestivum* L.) [J]. Theoretical and Applied Genetics, 109 (6): 1105-1114.

Sourdille P, Singh S, Cadalen T, et al., 2004. Microsatellite-based deletion bin system for the establishment of genetic-physical map relationships in wheat (*Triticum aestivum* L.) [J]. Functional & Integrative Genomics, 4 (1): 12-25.

Sourdille P, Robe P, Tixier M, et al., 1999. Location of *Pm30*, a powdery mildew resistance allele in wheat, by using a monosomic analysis and by identifying associated molecular markers [J]. Euphytica, 110: 193-198.

Tao W, Liu D, Liu J, et al., 2000. Genetic mapping of the powdery mildew resistance gene *Pm6* in wheat by RFLP analysis [J]. Theoretical and Applied Genetics, 100: 564-568.

Xiao J, Liu B, Yao Y Y, et al., 2022. Wheat genomic study for genetic improvement of traits in China [J]. Life Sciences, 40: 366-372.

Xie C J, Sun O X, Ni Z F, et al., 2003. Chromosomal location of a *Triticum dicoccoides*-derived powdery mildew resistance gene in common wheat by using microsatellite markers [J]. Theoretical and Applied Genetics, 106:

341-345.

Xue S, Zhang Z, Lin F, et al., 2008. A high-density intervarietal map of the wheat genome enriched with markers derived from expressed sequence tags [J]. Theoretical and Applied Genetics, 117: 181-189.

Yang Z M, Tang B R, Shen K Q, et al., 1994. A strategic problem in resistance breeding building and utilization of sources of second-line resistance rusts and mildew in China [J]. Acta Agronomica Sinica, 20 (4): 385-394.

Zeller F J, Hsam S L K, 1998. Progress in oreeding for resistance to powdery mildew in common wheat (*Triticum aestivum* L.) [C] //In Slinkard, A. E. (ed). Proceedings of the 9th International Wheat Genetics Symposium. University of Saskatchewan, Saskatoon, Canada.

Zhang X Y, Koul A, Wang R C, et al., 1996. Molecular verification and characterization of BYDV-resistant germplasms derived from hybrids of wheat with *Thinopyrum ponticum* and *Th. intermedium* [J]. Theoretical and Applied Genetics, 93: 1033-1039.

Zhu Z D, Zhou R H, Kong X R, et al., 2004. Microsatellite markers linked to 2 powdery mildery resistance genes introgressed from *Triticum carthicum* accession *PS5* into common wheat [J]. Genome, 48 (4): 585-590.

第三篇
玉米种质资源研究

8 铜诱导玉米 ZmMPK3 激活与抗氧化胁迫

　　铜是植物体必需微量元素，在生物体中铜主要以离子（Cu^{2+}/Cu^{+}）形式与蛋白质结合形成铜蛋白，如分布于叶绿体中的质体蓝素、多酚氧化酶、抗坏血酸氧化酶、超氧化物歧化酶等，这些含铜蛋白或参与光合和呼吸作用的电子传递或与解毒和氧化还原反应等多种生理过程有关（Huffman et al., 2001）。如果机体内的铜缺乏不能满足其正常生长发育需求，植物的叶片生长减缓，叶片发白褪色，随之出现枯斑，严重时更影响植物的生长无法结实。但铜过量也会造成植物的危害，抑制植物生长、影响开花和结果。由于采矿和冶炼活动、Cu^{2+}作为农药被广泛应用（含铜农药：噻菌铜、松脂酸铜、琥珀肥酸铜、腐殖酸铜等），土壤中的Cu^{2+}含量不断升高。环境Cu^{2+}浓度改变导致植物根系过量地吸收土壤中的Cu^{2+}，后者通过木质部导管进一步到达植物的地上部分，最后这些Cu^{2+}离子可通过膜转运载体被隔离于细胞壁、液泡和高尔基体中（Lu et al., 2016）。对大多数植物来说，高浓度的Cu^{2+}是有毒的，会引起中毒症状、严重的导致根系损伤和植物生长抑制（Hall et al., 2002）。Alaoui-Sossé等（2004）和 Atha 等（2012）报道Cu^{2+}胁迫可以改变黄瓜根和叶片中钙、钾、镁离子的分布，抑制叶片的扩张和光合作用。除此之外过量的Cu^{2+}还可诱导拟南芥幼苗的脂质过氧化和促进钾离子外流（Murphy et al., 1999）。在Cu^{2+}进入机体引起植物生理反应的过程中，机体中的识别系统首先被触发，进而激活/产生信号分子，引起细胞内信号转导，从而介导机体生理生化变化，或提高机体的解毒能力（产生金属硫蛋白等物质以降低有害Cu^{2+}浓度、激活抗氧化酶减弱氧化损伤、促进 HSP 表达以修复损伤蛋白）或提高机体重金属的耐受性（膜转运蛋白对重金属的区域化分布）降低重金属毒性进而提高生物体对胁迫的适应性。有研究表明植物激素、活性氧（ROS）和一氧化氮等信号分子通过调控基因表达（Lewis et al., 2001；Kim et al., 2014）、解毒蛋白合成（Hamer et al., 1986）和酶活性变化（Luo et al., 2016；Polle et al., 2003；Mattie et al., 2004）调节植物对重金属的反应。过氧化氢（H_2O_2）被认为是细胞内一种普遍存在的信号分子，其快速产生在重金属诱导的信号通路中起着重要作用，促进抗氧化基因的表达，增强抗氧化防御系统的能力（Bhaduri-Anwesha et al.，2012；Liu et al.，2010）。在所有的真核生物中，促丝裂原活化蛋白激酶（MAPK）级联系统是一个普遍的信号转导体系，处于细胞内信号转导的中心。不同的信号通路利用 MAPK 调节多种细胞功能，以响应不同的细胞外刺激（Li et al.，2007；Lampard et al.，2008；Taj et al.，2010）。许多证据表明，植物 MAPK 可被多种金属激活，并在对金属的反应中发挥重要作用，如拟南芥中的 AtMPK3 和 AtMPK6（Liu et al.，2010），苜蓿中的 4 种不同 MAPK，水稻中的 OsMPK3 和 OsMPK6（Jonak et al.，2004；Yeh et al.，2003；Yeh et al.，2007），玉米中的 ZmMPK5（Ding et al.，2009）。ZmMPK3 是玉米的一个 MAPK，与上述 MAPK 具有高度的同源性。我们以前的研究发现 ZmMPK3 参与了多种应激反应，干旱、氧化胁迫、激素和镉胁迫均可改变玉米中 ZmMPK3 的转录水平（Wang et al.，2010）。凝胶激酶分析同样证实，玉米叶片中的氧化胁迫激活了 ZmMPK3。然而，Cu^{2+} 对玉米叶片 ZmMPK3 激酶活性的影响尚不清楚，ZmMPK3 激活与抗氧化酶活性在 Cu^{2+} 诱导的应激反应中的关系并不明确。在本研究中，我们研究了 Cu^{2+} 处理、氧化应激、ZmMPK3 和玉米叶片抗氧化酶之间的关系，以揭示 Cu^{2+} 激活的信号通路。

8.1 材料和方法

8.1.1 植物材料与设计

玉米种子（农大 108）放于有 1 L Hogland 溶液（0.156 μmol/L Cu^{2+}）的方形塑料盆（30 cm×20 cm）中，在光照强度为 200 μmol/（$m^2 \cdot s$）和 14 h：10 h（28 ℃：22 ℃）昼夜条件下水培生长。每个花盆里有 30 棵秧苗，每隔 2 d 更换一次溶液。

当第二片叶片完全展开时，幼苗分别暴露于 0 μmol/L、10 μmol/L、50 μmol/L 和 100 μmol/L 系列浓度的 Cu^{2+} 溶液中，在 25 ℃ 下，在 200 μmol/（$m^2 \cdot s$）的连续光照强度下 24 h。每组浓度设 3 次重复，每个处理有 30 株植物，用于激酶活性检测。在 25 ℃光照条件下，用 1 mg/mL 的 3,3-二氨基联苯胺（DAB）（pH 3.8）溶液浸泡玉米幼苗根系 8 h，然后分别用 100 μmol/L Cu^{2+} 溶液浸泡 0 h、2 h、4 h、8 h、12 h 和 24 h，用于 H_2O_2 含量的检测。为了进一步研究抗氧化剂二甲基硫脲（DMTU，5 mmol/L）和 MAPK 抑制剂（PD98059 100 μmol/L）对幼苗抗氧化系统的影响，分别用 DMTU 或

PD98059 预处理 8 h，然后在上述相同条件下暴露于 100 μmol/L Cu^{2+} 溶液中 24 h，在 Cu^{2+} 处理后对每株幼苗的第二片叶片进行取样分析，分析 H$_2$O$_2$ 和 MAPK 通路在铜胁迫过程中的调控作用。

8.1.2　过氧化氢的组织化学检测

根据 Orozco-Cárdebas 和 Ryan（Orozco-Ca'rdenas et al.，1999）的方法，使用 DAB 染色法测量叶片中的 H$_2$O$_2$ 积累。具体方法：用 1mg/mL 的 DAB（pH 3.8）溶液通过根系供应植物 8 h（预处理），然后暴露于 100 μmol/L Cu^{2+} 溶液中。处理后，第二片叶片在 95% 乙醇中脱色 10 min，冷却后，在室温下用新鲜乙醇提取放置并拍照观察。

8.1.3　过氧化氢含量的测定

按照 Jiang 和 Zhang（2001）描述的方法，通过监测氧化钛络合物的 A415 来分析 H$_2$O$_2$ 的含量。根据吸光度值由已知 H$_2$O$_2$ 的标准曲线计算 H$_2$O$_2$ 含量。

8.1.4　蛋白质提取

用提取缓冲液从叶片中提取总蛋白（Ding et al.，2009），通过 Bradford 分析进行蛋白质浓度计算（Bradford et al.，1976）。

8.1.5　凝胶激酶活性测定中抗体的产生和免疫沉淀

ZmMPK3 多克隆抗体制备及免疫沉淀凝胶激酶活性测定方法：活化的 Caspase-3/8/9 能特异性将底物 AC-DEVD-pNA（Caspase-3）/Ac-IETD-pNA（Caspase-8）/Ac-LEHD-pNA（Caspase-9）催化为黄色 pNA（Pnitroaniline），在 405 nm 处测定其生成量，可计算出 Caspase-3/8/9 活性。具体作参照 Caspase-3/8/9 检测试剂盒的说明书进行。

8.1.6　SOD、CAT 和 APX 活性测定

（1）SOD 活性测定

SOD 活性测定采用黄嘌呤及黄嘌呤氧化酶反应方法（MeCord and Fridovich，1969）。黄嘌呤及黄嘌呤氧化酶反应系统产生超氧阴离子自由基（O$_2$·$^-$），O$_2$·$^-$ 氧化胺形成亚硝酸盐，在显色剂（NBT）作用下呈紫红色。SOD 分解 O$_2$·$^-$ 形成 H$_2$O$_2$ 作用，使反应体系中形成的亚硝酸盐减少，降低吸光度，从而计算出 SOD 活性。

（2）CAT 活性测定

CAT 活性测定采用 CAT 分解 H_2O_2 的反应可通过加入钼酸铵而迅速中止，剩余的 H_2O_2 与钼酸铵作用产生淡黄色络合物，在 405 nm 处测定其生成量，可计算出 CAT 活性。

（3）APX 活性测定

1 mL 反应体系含 50 mmol/L（pH 7.0）的磷酸缓冲液、0.5 mmo/L 抗坏血酸、0.1 mmol/L H_2O_2，加入适量酶液启动反应，迅速测定 1 min 内 290 吸光值的下降 [消光系数为 2.8 mmol/（L·cm）]。

8.1.7 统计分析

统计分析采用 SPSS 22.0 软件包。数据以平均值±S. E. 表示。各组间的差异通过单因素方差分析和 LSD 进行检验。$P<0.05$ 具有统计学意义。

8.2 试验结果

8.2.1 Cu^{2+} 诱导玉米叶片 H_2O_2 产生

DAB 与 H_2O_2 反应生成深棕色聚合产物且不被降解，根据棕色聚合物的位置和含量直观反映 H_2O_2 在组织中的生成和积累。铜处理幼苗前首先进行 DAB 预处理，使 DAB 充分进入到叶片中，然后进行 H_2O_2 组织化学染色检测，测定了 Cu^{2+} 胁迫下玉米叶片中 H_2O_2 的积累。对照玉米的叶片几乎看不到棕色聚合产物，只在叶片的基部有极少量的棕色物存在，这表明在适宜环境中植物组织中 H_2O_2 含量较低。在暴露于 Cu^{2+} 的 2 h 后，玉米叶片中 H_2O_2 积累逐渐增多，在 4 h H_2O_2 积累量明显可见；而且随着 Cu^{2+} 暴露的时间越长 H_2O_2 积累量越多（图 8-1A）。我们采用分光光度法进一步对玉米叶片中 H_2O_2 的含量量化测定。如图 8-1B 显示，用 100 μmol/L Cu^{2+} 处理 2 h H_2O_2 的含量增加，但与对照值相比没有显著变化。Cu^{2+} 处理 4 h 后，H_2O_2 含量显著升高，且 H_2O_2 含量与 Cu^{2+} 处理时间呈正相关性。

8.2.2 Cu^{2+} 胁迫对玉米叶片 ZmMPK3 活性的影响

为了研究 Cu^{2+} 对 ZmMPK3 活性的影响，我们使用专一性的识别 ZmMPK3 C 末端的多克隆抗体，进行免疫沉淀和凝胶激酶试验，分析 Cu^{2+} 胁迫下 ZmMPK3 活性变化。如图 8-2 所示，Cu^{2+} 处理引起 ZmMPK3 活性增加，剂量试验表明无论是低浓度还是高浓度的 Cu^{2+} 均能显著影响 ZmMPK3 的激酶活性，引起 MAPK 级联信号通路的激活；时间效应的试验表明，Cu^{2+} 胁迫能快速激活

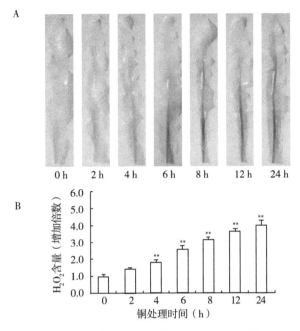

图 8-1 Cu²⁺暴露后玉米叶片中 H_2O_2 积累

注：A：组织化学染色法检测 H_2O_2 积累；B：采用分光光度计法检测 H_2O_2 含量。试验重复 3 次，结果为平均值± S. E. （n=6）。对照组平均值设为 1，处理组的平均值用处理组数值与对照组平均值的比值表示。* $P<0.05$，** $P<0.01$。

MAPK 信号通路，在 0.5 h ZmMPK3 被激活，活性持续 4 h 以上。

8.2.3 Cu²⁺胁迫对抗氧化酶活性的影响

铜具有可变化合价，在机体中可催化氧化反应引起 ROS 积累。高浓度的 ROS 对细胞是有害的，在长期的进化过程中植物已经发展出一种保护系统，可以减少氧化应激，降低机体的损伤。抗氧化酶 SOD、CAT 和 APX 是抗氧化保护系统中的 ROS 清除剂，酶活性的升高可催化更多的 ROS 分解，降低氧化胁迫的损伤。SOD、CAT 和 APX 的激活是机体保护性反应。基于此，我们进一步测定了这 3 种酶的活性。如图 8-3 所示，过量的 Cu²⁺以剂量依赖的方式提高玉米幼苗叶片中 SOD 的活性，Cu²⁺浓度为 100 μmol/L 时，SOD 活性达到最大值，约为对照组的 200%；与 SOD 活性类似，Cu²⁺胁迫增加 CAT 和 APX 的活性，两种酶的活性变化与 SOD 的变化趋势相似，即 CAT 和 APX 活性随 Cu²⁺浓度的增加而逐渐升高，在 100 μmol/L 时，Cu²⁺处理使 CAT 和 APX 活性达到最大值，分别是对照组的 1.93 倍和 1.88 倍。

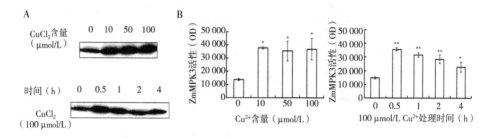

图 8-2　过量 Cu^{2+} 暴露对玉米叶片 ZmMPK3 活性的影响

注：A：ZmMPK3 激酶活性；B：ZmMPK3 活性的量化，用 imagej 图像处理软件对凝胶图像进行分析。数据显示为 3 个重复试验的平均值±S. E.。用不同浓度的 Cu^{2+}（0 μmol/L、10 μmol/L、50 μmol/L 和 100 μmol/L）处理植株 0.5 h 进行浓度效应分析，用 100 μmol/L Cu^{2+} 处理植株 0 h、0.5 h、1 h、2 h 和 4 h 进行时间效应分析。所有试验重复 3 次，*P<0.05，**P<0.01。

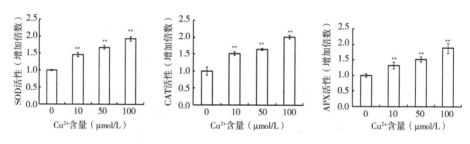

图 8-3　Cu^{2+} 胁迫对玉米叶片 SOD、CAT 和 APX 活性的影响

注：植物用不同浓度的 Cu^{2+} 处理 24 h 后，3 种抗氧化酶活性被测定，结果为 3 次重复试验的平均值±S. E.，其中对照组的平均值设为 1，每个处理组的平均值是处理组与对照组的比值的平均值。*P<0.05，**P<0.01。

8.2.4　Cu^{2+} 胁迫诱导 ZmMPK3 活化与 H$_2$O$_2$ 生成的关系

为了研究 H$_2$O$_2$ 产生与 ZmMPK3 激活之间的关系，使用了 H$_2$O$_2$ 清除剂 DMTU 和 MAPK 抑制剂 PD98059 预处理，分别分析 Cu^{2+} 胁迫下两者的含量或酶活性的变化，以期了解两者在信号通路中的上下游关系。结果如图 8-4 所示，Cu^{2+} 处理导致了 H$_2$O$_2$ 在玉米叶片中的积累。PD98059 预处理抑制 Cu^{2+} 触发的 ZmMPK3 活化，但不抑制 H$_2$O$_2$ 水平的增加（图 8-4A）。如图 8-4B 和图 8-4C 所示，Cu^{2+} 处理导致 ZmMPK3 活性增加。DMTU 预处理几乎阻断了 Cu^{2+} 胁迫诱导的 H$_2$O$_2$ 水平和 ZmMPK3 活性的增加。这些结果均说明，H$_2$O$_2$ 作为 Cu^{2+} 胁迫诱导产生的信号分子位于 ZmMPK3 信号上游，可通过调节 ZmMPK3

活性参与对细胞反应的调控。

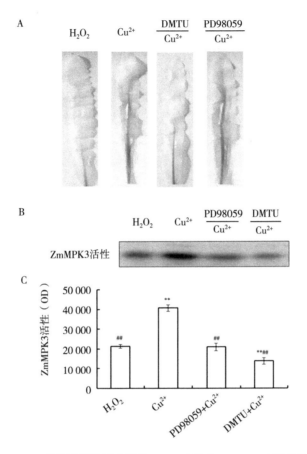

图 8-4　Cu^{2+} 胁迫诱导玉米叶片 H_2O_2 产生与 ZmMPK3 活化的关系

注：A：PD98059 或 DMTU 预处理对 Cu^{2+} 诱导 H_2O_2 生成的影响。用 100 μmol/L PD98059/5 mmol/L DMTU 预处理玉米植株 8 h，然后用 100 μmol/L Cu^{2+} 预处理 24 h。图 8-4A 中字母表示：$H_2O_2=H_2O_2$（8 h）$+H_2O_2$（24 h）；$Cu^{2+}=H_2O_2$（8 h）$+100$ μmol/L Cu^{2+}（24 h）；DMTU/$Cu^{2+}=5$ mmol/L DMTU（8 h）$+100$ μmol/L Cu^{2+}（24 h）和 PD98059/$Cu^{2+}=100$ μmol/L PD98059（8 h）$+100$ μmol/L Cu^{2+}（24 h）。B：PD98059 或 DMTU 预处理对 ZmMPK3 激酶活性的影响；C：ZmMPK3 激酶活性的量化，用 imagej 图像处理软件对凝胶图像进行分析。数据显示为 3 次重复试验的平均值±S. E. 玉米植株经 100 μmol/L PD98059/5 mmol/L DMTU 预处理 8 h 后，再经 100 μmol/L Cu^{2+} 预处理 0.5 h，检测 ZmMPK3 激酶活性。图 8-4B 和图 8-4C 上字母表示：$H_2O_2=H_2O_2$（8 h）$+H_2O_2$（0.5 h）；$Cu^{2+}=H_2O_2$（8 h）$+100$ μmol/L Cu^{2+}（0.5 h），PD98059/$Cu^{2+}=100$ μmol/L PD98059（8 h）$+100$ μmol/L Cu^{2+}（0.5 h），DMTU/$Cu^{2+}=5$ mmol/L DMTU（8 h）$+100$ μmol/L Cu^{2+}（0.5 h），试验重复 3 次。与对照组比较，$*P<0.05$，$**P<0.01$；与 Cu^{2+} 处理组比较，$\#P<0.05$，$\#\#P<0.01$。

8.2.5 DMTU 和 PD98059 预处理对 Cu^{2+} 胁迫诱导的抗氧化酶活性的影响

图 8-5 表明，过量 Cu^{2+} 处理后，叶片中的 SOD、CAT 和 APX 活性较对照显著提高。DMTU 和 PD98059 分别预处理后再进行过量 Cu^{2+} 处理，3 种抗氧化酶活性均受到抑制。这一结果显示 H_2O_2 产生与 ZmMPK3 激活参与了抗氧化酶活性的调控，既 H_2O_2 与 ZmMPK3 信号分子作为 Cu^{2+} 激活的信号通路的上游分子调节抗氧化系统，参与机体的解毒反应。

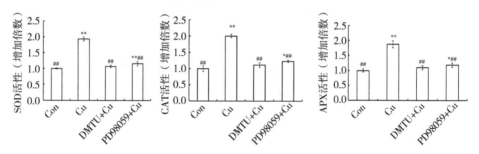

图 8-5 DMTU 和 PD98059 预处理对玉米叶片 SOD、CAT 和 APX 活性的影响

注：用 5 mmol/L DMTU 或 100 μmol/L PD98059 预处理玉米植株 8 h，然后用 100 μmol/L Cu^{2+} 或蒸馏水处理 24 h。图中字母表示：Con＝H_2O（8 h）＋H_2O（24 h）；Cu＝H_2O（8 h）＋100 μmol/L Cu^{2+}（24 h），DMTU＋Cu＝5 mmol/L DMTU（8 h）＋100 μmol/L Cu^{2+}（24 h）和 PD98059＋Cu＝100 μmol/L PD98059（8 h）＋100 μmol/L Cu^{2+}（24 h）。试验结果为 3 次重复试验的平均值±S. E.（n＝6）。设对照组的平均值为 1，每个处理组的平均值是处理组与对照组比值的平均值。与对照组比较，＊$P<0.05$，＊＊$P<0.01$；与 Cu^{2+} 治疗组比较，#$P<0.05$，#$P<0.01$。

8.3 讨论与结论

植物暴露于胁迫环境的早期往往是至关重要的，它将决定生物体的进一步变化。在此期间，一些信号通路被激活，这可能提高机体抵抗力抑或加重应激反应（Maksymiec et al.，2006）。铜是一种具有可变化合价的过渡金属，通过化合价的改变参与细胞电子传递链中重要的氧化还原反应，例如作为氧化酶的辅助因子（Huffman et al.，2001）。但大剂量的 Cu^{2+} 对所有植物都有毒性作用（Alaoui-Sosse et al.，2004；Liu et al.，2010），Cu^{2+} 的毒性之一是催化 ROS 的形成（Burkitt et al.，2000）。然而，作为普遍存在的信号分子，ROS 也参与对胁迫因子的识别和应答，影响信号转导和基因表达（Foyer et al.，2005）。本试验采用 DAB 染色法和分光光度法研究了 Cu^{2+} 处理后玉米叶片的氧化还原状态。结果表明 Cu^{2+} 暴露可在较短时间内（如 2 h）诱导 H_2O_2 产生，且 H_2O_2 的积累随时间的延长而增强。这一结果与 Hu 等（2006）、Maksymiec 和 Krupa（2006）的研究结果一致，后者表明，在玉米和拟南芥叶片中过量 Cu^{2+} 处理的最初几个小时内，H_2O_2 和 $O_2^{\cdot-}$ 的水平显著增加。暴露于过量的 Cu^{2+} 会导致紫罗兰和水稻中 ROS 水平的增加（Yeh et al.，2007；Zhu et al.，2002）。由此可见，H_2O_2 的快速产生是植物应对 Cu^{2+} 胁迫的早期反应。

MAPK 级联系统与从细胞质到细胞核的信号传递有关，在抗性相关基因的表达中起着核心作用（Mattie et al.，2004）。Cu^{2+} 与 MAPK 的相互作用可能是探讨 Cu^{2+} 解毒作用机制的一个重要参数。在植物中，令人信服的证据表明 Cu^{2+} 干扰 MAPKs 活性。如紫花苜蓿幼苗暴露于过量的 Cu^{2+} 后，迅速激活了 4 种不同的 MAPK，包括 SAMK、SIMK、MMK2 和 MMK3（Jonak et al.，2004）。在水稻中，它至少激活了 3 种不同的 MAPK，包括 OsMPK3、OsMPK6 和 40kda MAPK，它们分别调节重金属胁迫的耐受性（Yeh et al.，2007）。在本研究中，Cu^{2+} 胁迫在相对较短的时间内（例如 0.5~4 h）便诱导 ZmMPK3 活性增加，这表明 ZmMPK3 信号通路被 Cu^{2+} 激活并参与重金属胁迫反应（图 8-2），它通过对下游底物磷酸化传递信号，最终激活效应蛋白或促进抗性相关基因的转录（Mattie et al.，2004、Orozco-Ca′rdenas et al.，1999）。

胁迫条件下植物体会发生许多变化，既有胁迫引起损伤的病理后果也有对胁迫刺激产生的适应性反应（Zhu et al.，2002）。金属离子暴露可增加 ROS 的产生，高浓度的 ROS 对细胞有害，引起一系列的病理变化，如脂质过氧化、膜损伤、酶失活以及细胞活力改变甚至死亡（Pitzschke et al.，2006；Gou et al.，2010）。为了避免 ROS 造成的各种毒性作用，植物形成了一个抗氧化网络，并激活适应性反应。抗氧化酶（如 SOD、CAT 和 APX）参与 ROS 清除（Maksymiec et al.，2006；Rucińiska-Sobkowiak et al.，2010）。负责清除 $O_2^{\cdot-}$ 的 SOD 和负责分解 H_2O_2 的 APX 和 CAT 主要与维持细胞氧化还原稳定性有关。在经过 Cu^{2+} 处理（1~6 h）的小麦根系中，$O_2^{\cdot-}$ 的快速生成与 SOD 活性的增强同时发生（Sgherri et al.，2007）。豌豆对 Cu^{2+} 的耐受性与 SOD 和 CAT 活性的提高有关。Lombardi 和 Sebastiani（2005）报道了 Cu^{2+} 胁迫增加了樱桃果实中 CAT 和 SOD 的总活性，同时诱导了 SOD 和 CAT 基因的表达。在本研究中，有趣的是，H_2O_2 在过量的 Cu^{2+} 处理的幼苗中迅速积累。鉴于此，本研究分析了 Cu^{2+} 胁迫下玉米叶片中 3 种抗氧化酶（SOD、CAT 和 APX）的活性（图 8-3）。结果表明，Cu^{2+} 处理 24 h 后，3 种抗氧化酶活性出现显著增加，说明 Cu^{2+} 暴露增加了植物体内 ROS 的含量，但同时也激活了植物的防御系统。植物通过提高抗氧化酶活性降低细胞 ROS 水平，减弱 Cu^{2+} 诱导的细胞毒性。这样的观察结果与 Hu 等（2006）研究变现出一致性，既 Cu^{2+} 导致玉米叶片抗氧化酶活性的增加。过量的 Cu^{2+} 能增加抗氧化物的含量/或活性，有助于清除游离的 Cu^{2+}，重建细胞离子和氧化还原平衡。因此，提高抗氧化酶活性是植物的一种解毒反应，可减轻 Cu^{2+} 引起的应激损伤，提高机体对重金属的耐受性。

同时我们进一步分析了 Cu^{2+} 胁迫下 H_2O_2、ZmMPK3 与抗氧化酶之间的关系。前期的工作表明，暴露于 H_2O_2 后玉米幼苗中 ZmMPK3 的转录水平和活性均出现升高。许多证据显示重金属诱导的 ROS 生成在 MAPK 活化中起重要作用（Jonak et al., 2004；Rockwell et al., 2004；Seo et al., 2001）。干旱和 ABA 都能激活玉米中的 ZmMPK5，后者的活性受到 H_2O_2 调控（Orozco-Ca'rdenas et al., 1999；Zhang et al., 2006）。Cd^{2+} 和 Cu^{2+} 诱导水稻中 OsMPK3 和 OsMPK6 的活性，这一过程与 ROS 产生相关（Yeh et al., 2007）。MAPK 通路可以整合多种信号刺激。基于此，我们推测 Cu^{2+} 诱导的 H_2O_2 可能参与了 ZmMPK3 的活化。为进一步探究 Cu^{2+} 胁迫下 ROS 对 MAPK 信号通路的调控作用，用 DMTU（一种 H_2O_2 清除剂）对玉米幼苗进行预处理，并对 ZmMPK3 活性进行分析。结果表明，DMTU 预处理可抑制 Cu^{2+} 诱导的 ZmMPK3 活化。但 PD98059 预处理不影响 H_2O_2 的产生（图 8-4）。这一结果充分证明了 H_2O_2 是 Cu^{2+} 胁迫下 ZmMPK3 活化的重要调节因子。上述结果与 Yeh 等（2007）的结果相似，既在水稻根部 Cu^{2+} 通过 ROS 的产生刺激 MAPKs 的激活，但每个 MAPK 的激活依赖于不同类型的 ROS。在胁迫反应中植物常利用 ROS 诱导防御反应的发生（Priller et al., 2016），MAPKs 级联系统参与控制 H_2O_2 诱导的防御反应（Kovtun et al., 2000）。Mattie 和 Freedman（2004）报道过量的 Cu^{2+} 通过激活 MAPK 信号通路来影响金属硫蛋白的表达，从而降低重金属的毒性。在本研究中，我们发现两条信号途径，首先 Cu^{2+} 胁迫引起 ROS 的产生和 ZmMPK3 的激活，ZmMPK3 的激活依赖于 ROS 的产生（Cu^{2+}-H_2O_2-ZmMPK3）；此外 Cu^{2+} 胁迫还提高了植物体内 3 种抗氧化酶的活性，提高了植物的防御能力（Cu^{2+}-抗氧化酶）。但 MAPK 活化、H_2O_2 生成与抗氧化防御的关系尚不清楚。我们推测玉米中可能存在 Cu^{2+}-H_2O_2-MAPK-抗氧化防御信号通路。接下来我们重点分析了 H_2O_2 和 ZmMPK3 是否对 Cu^{2+} 胁迫诱导的玉米抗氧化防御有重要作用。为了解决这个问题，研究中我们分别使用了 DMTU 和 PD98059 这两种抑制剂。两种抑制剂的预处理减弱了 Cu^{2+} 胁迫诱导的 3 种抗氧化酶活性的增加（图 8-5）。这样的结果表明，Cu^{2+} 胁迫导致 ROS 产生，激活 MAPK 通路，包括 ZmMPK3 信号通路；而磷酸化的 ZmMPK3 最终导致抗氧化酶活性增加。H_2O_2 和 Cu^{2+} 激活 MAPK 信号蛋白，作为解毒反应的上游输入信号，调节抗氧化活性，提高植物的抗逆能力。

　　铜（Cu^{2+}）是植物体内一种必需微量元素，参与多种生理过程，但是过量的 Cu^{2+} 对植物是有毒害的，它能激活细胞内信号，从而引发细胞反应。促丝裂原激活蛋白激酶（MAPK）级联系统是细胞信号转导的中心，参与应激相关信号通路。ZmMPK3 是玉米中的一种 MAPK，可被多种非生物胁迫激活。本研究以玉米为试验材料，研究了 Cu^{2+} 对 H_2O_2 水平、ZmMPK3 活性以及抗氧化酶（SOD、CAT 和 APX）活性的影响。结果表明，急性 Cu^{2+} 暴露 24 h 后细胞中 H_2O_2 含量迅速升高，ZmMPK3 激酶活性上升，3 种抗氧化酶 SOD、CAT 和 APX 活性均显著升高。H_2O_2 清除剂二甲基硫脲（DMTU）能有效抑制 Cu^{2+} 引起的 H_2O_2 水平和 ZmMPK3 活性，并抑制 SOD、CAT 和 APX 的活性。MAPK 抑制剂 PD98059 预处理后，明显抑制了 ZmMPK3、CAT、APX 和 SOD 活性增加，但不影响 H_2O_2 的积累。结果表明，过量的 Cu^{2+} 诱导 H_2O_2 积累，并导致玉米叶片产生氧化应激反应。H_2O_2 含量增多可引发细胞损伤，但它同时也是细胞中一种活跃的信号分子，其含量升高会激活 MAPKs 级联系统，引起 ZmMPK3 激活。H_2O_2–ZmMPK3 信号通路启动适应性反应，包括抗氧化反应，植物通过提高抗氧化酶的活性，增强机体 ROS 的清除能力，在胁迫条件下重建细胞氧化还原平衡，以应对 Cu^{2+} 诱导的氧化胁迫，增强植物的抗氧化能力，减轻 Cu^{2+} 引起的细胞毒性。因此，Cu^{2+} 胁迫在细胞中触发了一条信号通路，既 Cu^{2+}–H_2O_2–ZmMPK3–抗氧化酶。

参考文献

Alaoui−Sosse'B, Genet P, Vinit−Dunand F, et al., 2004. Effect of copper on growth in cucumber plants (*Cucumis sativus*) and its relationships with carbohydrate accumulation and changes in ion contents [J]. Plant Science, 166: 1213−1218.

Atha D H, Wang H, Petersen E J, et al., 2012. Copper oxide nanoparticle mediated DNA damage in terrestrial plant models [J]. Environmental Science & Technology, 46: 18−27.

Bhaduri−Anwesha M, Fulekar M H, 2012. Antioxidant enzyme responses of plant to heavy metal stress [J]. Enviromental Science and Bio/Technology, 11: 55−69.

Bradford M M, 1976. A rapid and sensitive method for the quantitation of microgram quantities of protein utilizing the principle of protein − dye binding [J]. Analytical Biochemistry, 72: 248−254.

Burkitt M J, Duncan J, 2000. Effects of trans−resveratrol on copper−dependent hydroxyl−radical formation and DNA damage: evidence for hydroxyl−radical scavenging and a novel, glutathione−sparing mechanism of action [J]. Archives of Biochemistry and Biophysics, 381: 253−263.

Ding H D, Zhang A Y, Wang J X, et al., 2009. Partial purification, identification and characterization of an ABA−activated 46 kDa mitogen−activated protein kinase from maize (*Zea mays*) leaves [J]. Planta, 230: 239 − 251.

Foyer C H, Noctor G, 2005. Oxidant and antioxidant signaling in plants: a re−evaluation of the concept of oxida tive stress in a physiological context [J]. Plant Cell Environment, 28: 1056−1071.

Gou J Y, 2010. The effects of copper stress on purpurea growth and development [D]. Chengdu: SiChuan Normal University.

Hall J L, 2002. Cellular mechanisms for heavy metal detoxification and tolerance [J]. Journal of Experimental Botany, 53: 1-11.

Hamer D H, 1986. Metallothionein [J]. Annual Review of Biochemistry, 55: 913-951.

Hu Z B, Chen Y H, Wang G P, et al., 2006. Effects of copper stress on growth, chlorophyll fluorescence parameters and antioxidant enzyme activities of *Zea mays* seedlings [J]. Chinese Bulletin of Botany, 23: 129-137.

Huffman D L, O'Halloran T V, 2001. Function, structure, and mechanism of intracellular copper trafficking pro Teins [J]. Annual Review of Biochemistry, 70: 677-701.

Jiang M, Zhang J, 2001. Effect of abscisic acid on active oxygen species, antioxidative defence system and oxidative damage in leaves of maize seedlings [J]. Plant and Cell Physiology, 42: 1265-1273.

Jonak C, Nakagami H, Hirt H, 2004. Heavy metal stress activation of distinct mitogen-activated protein kinase pathways by copper and cadmium [J]. Plant Physiology, 136: 3276-3283.

Kim Y H, Khan A L, Kim D H, et al., 2014. Silicon mitigates heavy metal stress by regulating P-type heavy metal ATPases, Oryza sativalow silicon genes, and endogenous phytohor mones [J]. BMC Plant Bioogylogy, 14: 13.

Kovtun Y, Chiu W L, Tena G, et al., 2000. Functional analysis of oxidative stress-activated mitogen-acti vated protein kinase cascade in plants [J]. Proceedings of the National Academy of Sciences of the United States of America, 97: 2940-2945.

Lampard G R, MacAlister C A, Bergmann D C, 2008. Arabidopsis stomatal initiation is controlled by MAPK mediated regulation of the bHLH SPEECHLESS [J]. Science, 32: 1113-1116.

Lewis S, Donkin M F, Depledge M H, 2001. Hsp70 expression in Enteromorpha intestinalis (Chlorophyta) exposed to environmental stressors [J]. Aquat Toxicol, 51: 277-291.

Li S, Sămaj J, Franklin-Tong V E, 2007. A mitogen-activated protein kinase signals to programmed cell death induced by self-incompatibility in papaver pollen [J]. Plant Physiology, 145: 236-245.

Liu J X, Wang J X, Lee S C, et al., 2018. Copper-caused oxidative stress triggers the activation of antioxidant enzymes via ZmMPK3 in maize leaves [J]. PLoS One, 13 (9): e0203612.

Liu Y, Li X R, He M Z, et al., 2010. Seedlings growth and antioxidative enzymes activities in leaves under heavy metal stress differ between two desert plants: a perennial (*Peganum harmala*) and an annual (*Halogeton glomeratus*) grass [J]. Acta Physiologiae Plantarum, 32: 583-590.

Lombardi L, Sebastiani L, 2005. Copper toxicity in *Prunus cerasifera*: growth and antioxidant enzymes responses of in vitro grown plants [J]. Plant Science, 168: 797-802.

Luo Z B, He J, Polle A, et al., 2016. Heavy metal accumulation and signal transduction in herbaceous and woody plants: paving the way for enhancing phytoremediation efficiency [J]. Biotechnology Advances, 34: 1131 - 1148.

Maksymiec W, Krupa Z, 2006. The effects of short-term exposition to Cd, excess Cu ions and jasmonateon oxidative stress appearing in *Arabidopsis thaliana* [J]. Environment Experimental Botany, 57: 187-194.

Mattie M D, Freedman J H, 2004. Copper-inducible transcription: regulation by metal-and oxidative stress responsive pathways [J]. American Journal of Physiology-Cell Physiology, 286: C293-C301.

Murphy A S, Eisinger W R, Shaff J E, et al., 1999. Early copper-induced leakage of K^+ from Arabi dopsis seedlings is mediated by ion channels and coupled to citrate efflux [J]. Plant Physiology, 121: 1375-1382.

Orozco-Ca'rdenas M L, Ryan C A, 1999. Hydrogen peroxide is generated systematically in plant leaves by wounding and systemin via the octadecanoid pathway [J]. Proceedings of the National Academy of Sciences of the United States of America, 96: 6553-6557.

Pitzschke A, Hirt H, 2006. Mitogen-activated protein kinases and reactive oxygen species signaling in plants [J]. Plant Physiology, 141: 351-356.

Polle A, Schützendübel A., 2003. Heavy metal signalling in plants: linking cellular and organismic responses [J]. Current Genetics, 4: 167-215.

Priller J P, Reid S, Konein P, et al., 2016. The Xanthomonas campestris pv. vesicatoria type-3 effector XopB inhibits plant defence responses by interfering with ROS production [J]. PLoS One, 11: e0159107.

Rockwell P, Martinez J, Papa L, et al., 2004. Redox regulated COX-2 upregulation and cell death in the neuronal response to cadmium [J]. Cell Signal, 16: 343-353.

Ruciñiska-Sobkowiak R, 2010. Oxidative stress in plants exposed to heavy metals [J]. Postepy Biochemii, 56: 191-200.

Seo S R, Chong S A, Lee S I, et al., 2001. Zn^{2+}-induced ERK activation mediated by reactive oxygen species causes cell death in differentiated PC12 cells [J]. Journal of Neurochemistry, 78: 600-610.

Sgherri C, Quartacci M F, Navari-Izzo F, 2007. Early production of activated oxygen species in root apoplast of wheat following copper excess [J]. Journal of Plant Physiology, 164: 1152-1160.

Taj G, Agarwal P, Grant M, et al., 2010. MAPK machinery in plants Recognition and response to different stresses through multiple signal transduction pathways [J]. Plant Signaling & Behavior, 5: 1370-1378.

Wang J, Ding H, Zhang A, et al., 2010. A novel MAP kinase gene in maize (*Zea mays*), ZmMPK3, is involved in response to diverse environmental cues [J]. Journal of Integrative Plant Biology, 52: 442- 452.

Yeh C M, Chien P S, Huang H J, 2007. Distinct signalling pathways for induction of MAP kinase activities by cadmium and copper in rice roots [J]. Journal of Experimental Botany, 58: 659-671.

Yeh C M, Hung W C, Huang H J, 2003. Copper treatment activates mitogen-activated protein kinase signaling in rice [J]. Physiol Plantarum, 119: 392-399.

Yu L, Nie J, Cao C, et al., 2010. Phosphatidic acid mediates salt stress response by regulation of MPK6 in Arabidopsis thaliana [J]. New Phytologist, 188: 762-773.

Zhang A, Jiang M, Zhang J, et al., 2006. Mitogen-activated protein kinase is involved in abscisic acid induced antioxidant defense and acts downstream of reactive oxygen species production in leaves of maize plants [J]. Plant Physiology, 141: 475-487.

Zhu J K, 2002. Salt and drought stress signal transduction in plants [J]. Annual Review of Plant Biology, 53: 247-273.

第四篇
马铃薯种质资源研究

9 山西省马铃薯主栽品种遗传多样性的 SSR 分析

  马铃薯（*Solarium tuberosum* L.）是茄科茄属一年生草本植物，具有产量高、适应性强、营养丰富、粮菜饲兼用等特性。随着种植结构的调整，马铃薯已经成为世界性的重要粮食作物，全球 2/3 以上的国家和地区种植马铃薯，年总产量达 3 亿多吨。我国马铃薯种植面积和产量均居世界第一位（常年种植面积 500 万 hm² 左右，总产达 7 000 多万 t），在促进农民增收和维护国家粮食安全中发挥着重要作用（张志强 等，2012；金黎平 等，2003；段艳风 等，2009；刘思泱 等，2010；孙慧生 等，2008）。山西省是农业农村部划定的马铃薯华北优势区，马铃薯种植面积仅次于小麦和玉米，是主要的粮食作物和经济作物。研究山西省马铃薯种质资源的遗传多样性，分析种源间的遗传关系，明晰它们的遗传基础，有助于筛选优良品种，对山西马铃薯育种材料的选配、种质资源的利用、保存和评价具有重要的理论意义和实践价值。

  近年来，随着生物新技术的不断涌现、更新，DNA 分子标记技术在植物评价应用领域逐步扩大，方法也相应完善，为准确、科学地评价马铃薯种质资源提供了有利工具。不同研究者选用不同的标记技术对马铃薯进行了研究，其中邸宏等（2006）利用 RAPD 和 AFLP 两种方法，分析了 71 个中国各地的主要马铃薯品种，指出这 2 种标记均适用于马铃薯品种遗传多样性分析；刘福翠等（2003）以云南省的 67 个马铃薯栽培品种为研究材料，利用 RAPD 标记技术，分析了材料间的遗传多样性；田大翠等（2010）利用 ISSR 分子标记，分析了 20 个马铃薯材料的遗传多样性和亲缘关系；何风发等（2007）利用 SRAP 标记分析了 44 份马铃薯材料间的遗传多样性，将所选品种分为四大类。在对马铃薯遗传多样性进行研究的同时，不同学者也提出了马铃薯品种鉴定的方法和依据，Reid 和 Kerr（2007）利用 SSR 标记的 6 对引物鉴定了 400 个马铃薯新品种；段艳风等（2009）利用 SSR 标记技术，构建了中国 2000—2007 年审定的 88 个马铃薯品种的指纹图谱。上述这些报道中选取的马铃薯材料只有个别来源于山西省，并没有对山西省所有马铃薯主栽品种进行遗传多样性分析和评价。

为此，本研究主要以 12 份山西省马铃薯主栽品种为研究对象，选用 SSR（simple sequence repeat）标记技术对其进行遗传多样性分析，明确山西省马铃薯主栽品种间的亲缘关系，为实现马铃薯育种中真正意义上的分子标记辅助选育以及种质资源创新、利用提供理论依据。

9.1 材料与方法

9.1.1 马铃薯材料

本试验材料为山西省马铃薯主栽品种，由山西省农业科学院五寨试验站和山西省农业科学院高寒区作物研究所提供（表 9-1）。

9.1.2 SSR 标记分析

利用 60 对特异性的 SSR 引物对马铃薯材料进行研究。引物序列信息参考 Ghislain 和 Feingold 的文献（Ghislain et al.，2004；Feingold et al.，2005），由上海生工（Sangon）生物工程有限公司合成。dNTP 和 Taq 酶购自大连宝生生物技术公司。

9.1.2.1 DNA 提取与检测

剪取苗期各供试材料幼嫩、健壮的叶片，采用 CTAB 法（李丽 等，2008）法，提取基因组 DNA。提取完毕后利用 1% 的琼脂糖凝胶电泳检测 DNA 的纯度，核酸分析仪检测 DNA 的浓度。并将每个样品的浓度稀释到 25 ng/μL，保存于-20 ℃冰箱备用。

9.1.2.2 SSR-PCR 扩增

PCR 反应体系为 20 μL，含模板 DNA 2 μL、10×PCR buffer（包含 MgCl$_2$）2 μL、10 μmol/L 上下游引物各 0.8 μL、2.5 mmol/L dNTP 1.6 μL、TaqDNA 聚合酶 0.2 μL（2.5 U/μL），不足部分用 ddH$_2$O 补足。扩增反应程序为：94 ℃预变性 5 min；94 ℃变性 30 s，55 ℃（依不同引物而改变）复性 45 s，72 ℃延伸 45 s，35 个循环；72 ℃延伸 7 min。

表 9-1 供试马铃薯品种材料

编号	品种名称	母本	父本	来源地
1	费乌瑞它	ZPC50-35	ZPC50-37	荷兰
2	紫花白	374-128	Epoka	黑龙江

（续表）

编号	品种名称	母本	父本	来源地
3	同薯23	8029-［S2-26-13-（3）］	NS78-4/荷兰7号	山西
4	同薯24	8029-NS78-4	荷兰7号	山西
5	冀张薯8号	720087	X4.4	河北
6	晋薯7	6401-3-35	Schwalbe	山西
7	晋薯9	胜利12号	Schwalbe	山西
8	晋薯14	9201-59	6401-3-35/ Schwalbe	山西
9	晋薯16	NL94014	9333-11	山西
10	晋薯11	H319-1	NT/TBULK	山西
11	大西洋	（不详）	（不详）	美国
12	晋薯12	75-30-7	Schwalbe	山西

9.1.2.3　银染检测

PCR 产物采用 8% 的变性聚丙烯酰胺凝胶电泳检测，功率 70 W，TBE 为缓冲液电泳 2 h，银染 30 min，扫描并统计结果。

9.1.2.4　SSR 标记的数据统计

SSR 引物扩增谱带在相同迁移率位置上，按照点样顺序逐条对多态性带进行比对，对有差异的谱带进行记录，有带记作 1，无带记作 0，生成 0、1 组成的原始矩阵。无差异的带型，仅记录每对引物扩增相同位点总数。

多态性位点百分数（percentage of polymorphic bands，简称 P）P =（K/N）×100%，其中 N 为所测位点总数，K 为多态位点数目。

用 NTSYSpc-2.10 软件计算遗传距离，获得相似系数矩阵；并用 UPGMA（unweighted pair group method arithmetic averages）方法进行聚类分析，通过 Graphics 程序中的 Tree plot 生成聚类图。

9.2　结果与分析

9.2.1　SSR 标记多态性分析

选用 60 对 SSR 引物对 12 份马铃薯材料进行 PCR 扩增，从中筛选出 11 对多态性高、谱带清晰的引物，具体分析 11 对引物的电泳谱带，结果如表 9-2 所示。11 对引物组合，共检测到 79 个等位位点，其中 77 个多态性位点，多态性比率达 97.5%，并且 DNA 片段的长度多在 100~600 bp，表明供试材料的 SSR 多态性丰富。每对引物扩增出的等位位点数为 3~12 个，平均每对引物扩增出的等位位点数为 7 个。其中，引物 S189、S151 多态性条带最多，分别为 12 条、11 条（图 9-1，表 9-1），引物 STM002 多态性条带最少仅有 3 条。

选用的 11 对多态性引物中 S189、S151 和 STM001 可以单独将 12 份马铃薯品种区分开来，其余 8 对引物通过组合也可以实现这一目的。因此，本研究中的多态性引物可用于构建山西省 12 份马铃薯主栽品种的指纹图谱，可作为马铃薯鉴别的分子依据（图 9-1）。

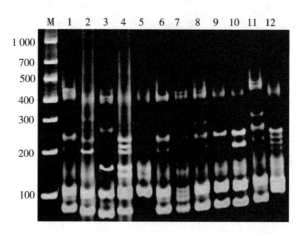

图 9-1　引物 S151 对 12 份马铃薯材料 DNA 的扩增结果

M. 分子量标准；1~12. 马铃薯品种编号。

9.2.2　SSR 标记的遗传多样性分析与分子聚类结果

使用 NTSYSpc-2.10 软件对 12 份马铃薯材料的 SSR 标记进行聚类，对 SSR 标记扩增结果用 UPGMA 法计算遗传距离（表 9-3），由遗传距离分析可知：12 份材料遗传距离范围在 0.209 2~0.626 9，平均值为 0.412 5。其中晋薯 7 号和晋薯 9 号的遗传距离最小为 0.209 2，说明两者之间亲缘关系最近，这两个品种为山西省育成，父本相同都是德国品种燕子（Schwalbe），母本为亲缘关系较近的品系（表 9-1），育成品种亲缘关系亦比较近，遗传差异较小。紫花白和同薯 24 遗传距离最大为 0.626 9。同薯 24 是山西育成品种由品系 8029-NS78-4 和荷兰 7 号品种杂交育成，紫花白是黑龙江省育成品种由品系 374-128 和波兰抗病品种疫不加（Epoka）杂交选育。很明显，品种间选育亲本的遗传差异较大，遗传距离相对较大。平均遗传距离最小是晋薯 7 号为

0.284 8，最大是紫花白为0.519 1，总平均值为0.412 5。平均遗传距离大于总平均值的品种有6个，紫花白为（0.519 1）、费乌瑞它（0.473 0）、冀张8号（0.441 6）、同薯23（0.432 9）、同薯24（0.482 9）、晋薯16（0.437 1）占山西马铃薯主栽品种的50%，可以为马铃薯杂交育种亲本选配提供依据。

表9-2 供试材料的SSR引物序列名称与扩增结果

编号	引物名称	引物序列（5′-3′）	扩增条带数（条）	多态性条带数（条）	多态性条带百分率（%）
1	S151	F：CCTCCTAAACACTCAACCACAA R：CAACTACAAGATTCCATCCACAG	11	11	100
2	S180	F：ACTCCTCTCCTTCCCCTC R：ACGGCATAGATTTGGAAGCATC	4	4	100
3	S25	F：CCCAATCACACGACAACACC R：TGCGAGTGCTACCATAACCA	6	4	66.7
4	S7	F：CACTCCCTCACCCTCAACTC R：GACAAAATTACACGAACTCCAAA	9	9	100
5	S184	F：TCATCACAACGTCACCCCA R：GGGCTTGAATGATCTGAAGCTC	6	6	66.7
6	S174	F：TCACCCTTTTCACAAACCCA R：CATCCTTGCAACAACCTCCT	4	4	100
7	S189	F：CCTTCAGAACAGCAGTCGTC R：TCCGCCAAGACTGATGCA	12	12	100
8	STM001	F：CACTCTTCACCCCATACC R：TAAACAATCCTAGACAAGACAAA	10	10	100
9	STM002	F：TCTCTTCACACCTGTCACTGAAAC R：TCACCGATTACACTAGCCAAGACA	3	3	100
10	STM003	F：CAACCAACAACGTAAATCCTACC R：TCCTCTCCTCCATTAGAAAAAA	6	6	100
11	STM004	F：CAAACTCCTCCCCGTCC R：TCGGGTTCCATCAAAC	8	8	100
总数			79	7	—
平均值			7.1	7	97.5

表 9-3　12 个马铃薯品种（系）间的遗传距离

品种编号	1	2	3	4	5	6	7	8	9	10	11	12
1	0.000 0											
2	0.57 63	0.000 0										
3	0.487 7	0.563 6	0.000 0									
4	0.475 1	0.626 9	0.463 4	0.000 0								
5	0.335 8	0.588 9	0.424 4	0.462 4	0.000 0							
6	0.427 1	0.427 1	0.373 8	0.437 1	0.449 7	0.000 0						
7	0.525 6	0.399 1	0.386 4	0.475 1	0.513 1	0.209 2	0.000 0					
8	0.449 7	0.444 4	0.462 4	0.525 7	0.487 7	0.259 8	0.282 7	0.000 0				
9	0.449 7	0.487 7	0.399 1	0.487 7	0.475 1	0.297 8	0.282 2	0.386 5	0.000 0			
10	0.525 7	0.449 7	0.462 4	0.525 7	0.462 4	0.234 5	0.282 5	0.297 8	0.361 1	0.000 0		
11	0.399 1	0.601 6	0.437 1	0.475 1	0.285 2	0.235 8	0.373 7	0.339 1	0.437 1	0.297 8	0.000 0	
12	0.551 1	0.601 6	0.487 7	0.475 1	0.487 7	0.411 7	0.449 7	0.424 4	0.513 1	0.323 2	0.449 7	0.000 0

　　从图 9-2 可以看出，在遗传相似系数为 0.632 处，2 份材料被分为 4 个类群，第 I 类包括 3 个品种（费乌瑞它、大西洋和冀张薯 8 号），这 3 个品种都

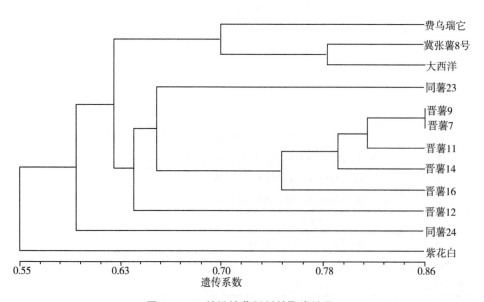

图 9-2　12 份马铃薯材料的聚类结果

是引进品种,分别由荷兰、美国和河北省农林科学院选育,它们与其他品种间的遗传距离相对比较大,亲缘关系比较远,聚为一类。其中,冀张薯 8 号与大西洋的亲缘关系较近,二者又聚为一亚类,费乌瑞它聚为另一亚类,这可能与费乌瑞它为早熟品种,大西洋和冀张薯 8 号为中晚熟品种有关。第Ⅱ类的品种最多,分别为同薯 23、晋薯 9、晋薯 7、晋薯 11、晋薯 14、晋薯 16 和晋薯 12,它们都为山西省选育的中晚熟马铃薯品种,占总数的 58.33%。其中,晋薯 7、晋薯 9、晋薯 11、晋薯 14 都有 Schwalbe 的血缘,所以聚为一类,同薯 23 与晋薯 12、晋薯 16 相对于其他 4 个品种遗传异质性要大一些,第Ⅲ类只有品种同薯 24,同薯 24 为山西省 2008 年审定的高产、抗病、晚熟品种,与其他山西省选育的品种相比较,亲缘关系较远。第Ⅳ类紫花白单独为一类,该品种为中熟品种,与山西主栽品种的亲缘关系都比较远。

9.3　讨论与结论

目前,马铃薯育种仍以品种间杂交为主,亲本的选配显得尤为重要,既需要亲本携带目标性状或目的基因,又需要扩大亲本间的遗传差异。分子标记技术,可以不受组织发育阶段和环境条件的影响,从 DNA 水平上区分不同品种间的遗传差异,稳定可靠。SSR 分子标记又叫微卫星 DNA(microsatellite),是由 1~6 个核苷酸单位多次串联重复的长达几十甚至几百个核苷酸的序列,这些序列广泛地存在于真核细胞的基因组,因串联重复的数目可变而呈现出高度的多态性,单个 SSR 位点可做共显性的等位分析。SSR 两端序列多是相对保守的单拷贝序列,可据两端序列设计一对特异引物,通过 PCR 扩增、电泳检测 DNA 片段的多态性(程小毛 等,2011)。基于该技术操作简便易行、共显性、重复性好、结果稳定可靠等优点,被广泛应用于马铃薯品种遗传多样性分析和指纹图谱绘制(McGregor et al.,2000;Barandalla et al.,2006)。已有报道指出该标记可以有效地区分马铃薯的四倍体栽培品种(Ispizúa et al.,2007;Natalia et al.,2002),是理想的马铃薯品种鉴定工具(王兰 等,2011)。2011年马铃薯基因组测序完成以后,加快了马铃薯 SSR 标记的开发和引物序列的公开发表,会极大促进 SSR 技术在马铃薯品种鉴定及种质资源研究中的应用,为马铃薯分子标记辅助育种提供有力工具。

本研究遗传多样性与聚类分析结果表明:山西省选育的中晚熟马铃薯品种绝大多数都聚为一类,亲缘关系比较近,可能与山西省集中化利用亲本有关。此研究结果与段艳凤等(2009)的研究结果相符。紫花白与费乌瑞它及大西洋之间的遗传差异性较大,这一结论与前人研究结果一致(张志强 等,2012;段艳凤 等,2009)。同时,本试验还显示晋薯 7 号、晋薯 9 号、晋薯 12 和晋薯 14 号聚为一类，它们间的亲缘关系较近，从试验材料亲本的角度分析，这可能与它们具有共同的父本有关。进一步表明 SSR 标记在马铃薯遗传多样性以及品种鉴定中的可靠性。但本试验有些聚类分析结果与实际马铃薯亲缘关系不符合，如同薯 23 和同薯 24 父本都是荷兰 7 号，母本为两个相近品系杂交育成，而图 9-2 中所显示的亲缘关系却较远，其原因可能是因为马铃薯是同源四倍体植物，又是无性繁殖，基因杂合程度高，减数分裂产生的配子多态性也高。另外，本试验所用引物较少，扩增获得的多态性条带数量有限，不能充分表现材料本身的特异性，我们拟通过增加 SSR 标记引物，重新验证试验结果。

在作物遗传育种中，遗传多样性研究是进行准确评价和合理利用品种资源的重要内容，也是进行新品种选育的基础（李红宇 等，2012）。本研究利用 SSR 分子标记技术对 12 份山西主栽马铃薯品种进行遗传多样性分析，将 12 份材料分为八大类，聚类结果与亲本来源有较好的一致性，进一步证实了利用 SSR 鉴定种质的可靠性。研究结果同时表明，山西省现有主栽马铃薯品种遗传距离较小（0.209 2~0.626 9），遗传基础比较狭窄，在遇到较大自然灾害时，容易大面积受害。因此，在马铃薯新品种选育中，应选择遗传差异丰富的亲本进行杂交，以拓宽遗传基础，增加对自然灾害的抵御能力。

参考文献

程小毛, 黄晓霞, 2011. SSR 标记开发及其在植物中的应用 [J]. 中国农学通报, 27 (5): 304-307.

邸宏, 陈伊里, 金黎平, 2006. RAPD 和 AFLP 标记分析中国马铃薯主要品种的遗传多样性 [J]. 作物学报, 32 (6): 899-904.

段艳凤, 刘杰, 卞春松, 等. 2009. 中国 88 个马铃薯审定品种 SSR 指纹图谱构建与遗传多样性分析 [J]. 作物学报, 35 (8): 1451-1457.

何凤发, 杨志平, 张正圣, 等, 2007. 马铃薯遗传资源多样性的 SRAP 分析 [J]. 农业生物技术学报, 15 (6): 1001-1005.

金黎平, 屈冬玉, 谢开云, 等, 2003. 我国马铃薯种质资源和育种技术研究进展 [J]. 种子, 5 (131): 98-100.

李红宇, 张龙海, 刘梦红, 等, 2012. 利用 SSR 标记分析黑龙江水稻区域试验品系的遗传多样性 [J]. 华北农学报, 27 (2): 105-110.

刘建霞, 雷海英, 温日宇, 等, 2012. 山西省马铃薯主栽品种遗传多样性的 SSR 分析 [J]. 华北农学报, 27 (6): 72-77.

刘福翠, 谭学林, 郭华春, 等, 2003. 云南省马铃薯品种资源的 RAPD 分析 [J]. 西南农业学报, 17 (2): 200-204.

刘思泱, 于卓, 蒙美莲, 等, 2010. 6 个彩薯马铃薯品种的 ISSR 分析 [J]. 华北农学报, 25 (5): 117-120.

孙慧生, 刘文涛, 2008. 标准化、规模化、产业化繁育脱毒种薯为中国马铃薯产业发展做贡献 [C] //中国作物学会马铃薯专业委员会. 中国作物学会马铃薯专业委员会 2008 年马铃薯大会论文集. 哈尔滨: 哈尔滨工程大学出版社: 5.

田大翠, 朱宏波, 郭建夫, 等, 2010. 马铃薯遗传多样性的 ISSR 分析 [J]. 遗传育种, 50 (4): 1-5.

王兰, 蔡东长, 2011. 高州普通野生稻苗期耐寒性鉴定及其 SSR 多态标记分析 [J]. 华北农学报, 26 (6): 12-15.

张志强，于肖夏，鞠天华，等，2012. 36 个马铃薯品种的 SSR 分析 [J]. 华北农学报，27（1）：93-97.

Barandalla L, Galarreta JIR D, Rios D, et al., 2006. Molecularanalysis of local potato cultivars from Tenerife lsland using microsatellite markers [J]. Euphytica, 152：283-291.

Feingold S, Lloyd J, Norero N, et al., 2005. Mapping and characterization of new EST-derived microsatellites for potato (*Solanum tuberosum* L.) [J]. Theoretical and Applied Genetics, 111：456-466.

Ghislain M, Spooner D M, Rodríguez F, et al., 2004. Selection of highly informative and user - friendly microsatellites (SSRs) for genotyping of cultivated potato [J]. Theoretical and Applied Genetics, 108：881-890.

Ispizúa V N, Guma I R, Feingold S, et al., 2007. Genetic diversity of potato landraces from northwestern argentina assessed with simple sequence repeats (SSRs) [J]. Genetic Resources and Crop Evolution, 54：1833-1848.

McGregor C E, Greyting M, Warnieh L, 2000. The use of simple sequence repeats (SSRs) to identify commercially important potato (*Solarium tuberosum* L.) cultivars in South Africa [J]. South African Journal of Plant and Soil, 17：177-180.

Natalia N, Julieta M, Mareelo H, 2002. Cost efficient potato (*Solanum tuberosum* L.) cultivar identification by microsatellite amplification [J]. Potato Research, 45：l31-138.

Reid A, Kerr E M, 2007. A rapid simple sequence repeat (SSR) based identification method for potato cultivars [J]. Plant Genetic Resources, 5 (1)：7-13.

Vos P, Hogers R, Bleeker M, et al., 2011. AFLP：a newtechnique for DNA fingerprinting [J]. Nucleic Acids Research, 23：4407-4414.

第五篇
藜麦种质资源与
遗传育种研究

10　藜麦综述

10.1　藜麦的生物学特性

藜麦（*Chenopodium quinoa* Willd.），英文名为 quinoa，别名有南美藜、藜谷、奎奴亚藜等，在安第斯地区已经有 7 000 年的栽培历史。藜麦是联合国粮食与农业组织（FAO）认定的唯一一种单体即可满足人体基本营养需求的完美食物（Ogungbenle et al.，2014；杨利艳 等，2020），染色体组 x＝9，为异源四倍体（2n＝4x＝36）植物，野生近缘种的染色体数目有 2n＝18、36、54，说明藜麦明显的四倍体起源特征（阿图尔·博汗格瓦 等，2014）。藜麦具有抗干旱，耐盐碱的特性，我国有较大面积的干旱、半干旱土地和盐碱化耕地，进行藜麦产业发展对保障粮食生产具有重要意义。

10.1.1　藜麦的分布及其生长环境

安第斯山区的提提喀喀湖沿线是作物遗传多样性和变异性最丰富地区。安第斯高原，包含提提喀喀湖在内海拔 3 500~4 300 m 的高地，从南到北绵延将近 800 km，都分布有藜麦（阿图尔·博汗格瓦 等，2014）。目前，藜麦主要分布在南美洲的秘鲁、玻利维亚、厄瓜多尔和智利等国。20 世纪以来，欧洲的英国、法国、意大利、土耳其、摩洛哥和希腊，非洲的马里和肯尼亚，北美洲的美国和加拿大，以及亚洲的印度和中国等国家均开展了藜麦的引种和试种（任贵兴 等，2015）。

藜麦喜强光，土壤 pH 耐受范围在 4.5~8.9。耐盐碱、耐干旱、耐冻等特性，使藜麦在恶劣气候条件下也能产生高蛋白质含量的籽粒。但是藜麦更适宜生长在海拔适中、排水良好、有机质含量高的中性土壤（杨发荣 等，2017）。

10.1.2　藜麦的植物学特征

藜麦属被子植物门，双子叶植物纲，石竹目，苋科，藜属 1 年生草本植物。根、茎、叶、花、果实有以下特征。

　　根　种子萌发后，胚根形成主根，然后再生出侧根与不定根。根系为浅根系。（贡布扎西，1995；杨发荣 等，2017）。

　　茎　直立粗挺，呈木质状，多分支。初期为绿色或带有斑纹，晚期则为黄色、紫色或黑红色，有的带有斑纹。株高 60~300 cm。

　　叶　单叶互生，形状多样；植株基部为三角形或菱形，上部为柳叶形；边缘呈锯齿状或平滑；叶背蜡粉较少，幼叶呈绿色，植株成熟时呈黄色、红色或紫色等。

　　花与花序　两性花或单雌花，无花冠，花被与萼片退化，子房上位，花药 5 枚。完全花有 5 个萼片、5 个花药和 1 个上位子房，子房上柱头有 2~3 个分枝。藜麦花序呈圆锥形，分枝较多（图 10-1），花序长度 15~70 cm。藜麦以自交为主，风媒兼性异交为辅的模式进行繁殖。

图 10-1　藜麦花序的大量分支
（图片由山西稼祺农业科技有限公司提供）

　　果实　瘦果，种子形状为圆柱形、圆锥形或椭圆形，直径 1.8~2.6 mm，由外到内分别为花被、果皮及种皮，千粒重 1.4~3.5 g。种子颜色有白色、乳黄色、红色、橙黄色、黑色等多种颜色。无休眠期，潮湿环境数小时即可发芽。成熟时果穗颜色呈黄色、红色、橘色、粉色和紫色等（阿图尔·博汗格

瓦 等，2014）。

10.1.3　藜麦的营养成分与功能成分

（1）藜麦的营养成分

藜麦的蛋白质含量丰富（陈毓荃 等，1996），氨基酸比例均衡（王藜明 等，2014），脂肪为多不饱和脂肪酸（Nascimento et al.，2014），膳食纤维（李娜娜，2017；National Academy of Sciences，2004）、矿物质元素（Repo-Carrasco et al.，2003）、维生素（Vega-Gálvez et al. 2010）含量丰富，不含胆固醇、麸质等，是一种高蛋白、低热量、活性物质丰富的食物（表10-1）。

表 10-1　藜麦米和几种禾谷类籽粒营养成分（100 g）

名称	蛋白质（g）	脂肪（g）	碳水化合物（g）	不溶性膳食纤维（g）	钙（mg）	镁（mg）	钾（mg）	胡萝卜素（mg）	维生素E（mg）	核黄素（mg）	叶酸（mg）
藜麦	14.0	6.0	57.8	6.5	28.0	132.0	362.0	0.3	6.4	0.06	78.1
稻米	7.9	0.9	77.2	0.6	8.0	31.0	12.0	0.4	0.4	0.04	19.7
小麦	11.9	1.3	75.2	10.8	34.0	4.0	289.0	0.0	1.8	0.10	23.3
玉米（黄）	8.7	3.1	75.1	1.6	14.0	111.0	300.0	0.1	3.9	0.13	10.4
小米	9.0	3.5	72.8	10.8	41.0	107.0	284.0	0.1	3.4	0.10	—
高粱	10.4	3.1	74.7	4.3	22.0	129.0	20.5	0.0	1.9	0.10	—

注：数据来源于《中国食物成分表》（杨月欣，2018；王藜明 等，2014）

（2）藜麦中的功能成分

藜麦含有多种植物化学物质，如多酚、黄酮（包括槲皮素、异鼠李素、山奈酚等）、胆碱、植物甾醇、植酸和皂苷等，至少含有 23 种酚类化合物，黄酮与普通谷物，如小麦、大麦、燕麦、黑麦等相比，含量较高（董晶 等，2015）。多酚与黄酮类物质具有清除自由基和抗氧化、抗肿瘤以及预防心血管疾病等功能。皂苷主要以三萜烯皂苷的形式存在，而三萜烯皂苷也是许多中草药如人参、柴胡和甘草等的有效成分。皂苷具有抗菌、抗病毒、降低胆固醇、诱导改变肠道通透性、促进特定药物吸收的作用（胡一晨 等，2018；于跃 等，2019）。

10.2　藜麦种质资源与遗传育种研究进展

藜麦在南美洲的种植范围极其广泛，从哥伦比亚内的北纬 20°到智利的南纬 40°，从海平面到海拔 3 800 多米的地区都有种植。藜麦在世界范围内边际土壤（劣质土壤）种植的独特潜力，以及出口市场对健康产品需求的增长，近年来，藜麦被引进到欧洲、北美洲、亚洲和非洲。

10.2.1 藜麦种质资源

从 19 世纪 60 年代开始，对藜麦的研究和利用逐渐增加。许多安第斯国家建立起了国家级的藜麦种质资源库，收集了多样化的地方品种，以防止藜麦的遗传资源流失，最大的种质库在玻利维亚和秘鲁（肖正春 等，2014）。在玻利维亚，大约有 5 000 份登记在册的资源保存在不同研究机构，其中，玻利维亚国家农林创新研究所（INIAF）基因库中保存的藜麦种质资源材料有 3 178 份。在秘鲁，大约有 5 351 份藜麦资源。除玻利维亚和秘鲁两个国家之外，其他国家也收集保存了藜麦资源，在厄瓜多尔，大约有 642 份保存在国立农业研究所，在智利奥斯特拉尔大学保存了 25 份藜麦资源。美国农业部的国家植物种质体系收集保存了 164 份藜麦种质资源（Christensen et al.，2007）。玻利维亚和秘鲁藜麦种质资源有广泛的遗传变异性（表 10-2，表 10-3）。

表 10-2　不同起源地的藜麦种质资源的形态学性状变异

形态学特征	玻利维亚[a]	秘鲁[c]（拉莫利纳国立农业大学）
开花前植株颜色	绿色、紫色、红色、混合色	
开花前叶片颜色	—	绿色、紫色、混合色、红色
叶腋的颜色	—	绿色、紫色、红色、粉色
茎痕颜色	—	黄色、绿色、紫色、粉色、红色
生理成熟期植株颜色	白色、奶油色、黄色、橙色、粉色、红色、紫色、棕色、黑色	—
生理成熟期花序颜色	—	黄-绿色、黄色、黄-橙色、橙色、橙-红色、红色、红-紫色、紫色、紫-紫罗兰色、紫罗兰色、紫罗兰-蓝色、白色、白-灰色、白-黄色、白-橙色、灰-黄色、灰-橙色、灰-红色、灰-紫色、灰-绿色、灰-棕色、棕色、灰色、黑色
花序形状	Amaranthiform、聚成密集小簇或者是中间型	Amaranthiform、聚成密集小簇或者是中间型
花序密度	紧凑的、松散的或者中间型	紧凑的、松散的或者中间型
籽粒颜色	白色、奶油色、黄色、橙色、粉色、红色、紫色、棕色、黑色[b]	

（续表）

形态学特征	玻利维亚[a]	秘鲁[c]（拉莫利纳国立农业大学）
果皮颜色	—	黄色、黄-橙色、橙色、橙-红色、红色、红-紫色、白色、白-黄色、白-橙色、灰-黄色、灰-橙色、灰-红色、灰-紫色、灰-绿色、灰-棕色、棕色、灰色、黑色
种皮颜色	—	黄色、黄-橙色、橙色、红-紫色、紫色、白色、白-黄色、白-橙色、白-灰色、灰-黄色、灰-橙色、灰-紫色、棕色、黑色

资料来源：墨菲，马坦吉翰，2018.

表 10-3　不同起源地藜麦种质资源的农艺性状和品质性状变异

农艺性状和品质性状	玻利维亚[a]	秘鲁[c]（拉莫利纳国立农业大学）	
		阿尔蒂普拉诺高原型	山谷型
生育期（d）	110~210	—	—
花期（d）	—	46~100	50~115
成熟期（d）	—	115~195	140~220
每株种子产量（g）	48~250	—	—
种子产量（kg/hm²）[b]	—	165~2 975	109~3 531
粒径（mm）	1.36~2.66	1.4~2.2	1.2~2.2
百粒重（g）	0.12~0.60	—	—
种子蛋白质含量（%）	10.21~18.39	7.0~24.4	10.3~18.5
种子皂苷含量（%）[b]	—	0~1.42	0~1.57
淀粉直径（μm）	1.5~22	—	—

资料来源：墨菲，马坦吉翰，2018.

目前，藜麦种质资源被划分为5种生态型（Tapia et al.，1980）。

山谷型（valley type）　这一类型藜麦主要形成演化于山谷区域，海拔在2 000~3 800 m。株高通常为2~3 m，茎出现分枝，生育期超过210 d，皂苷含量低，具有一定抗（耐）霜霉菌（病）（*Peronospora variabilis*）特性。

阿尔蒂普拉诺高原型（altiplano type）　这一类型藜麦起源于提提喀喀湖流域，海拔在3 800~4 000 m，这些区域具有许多不利的气候因素（干旱、霜冻和冰雹）。生育期为120~210 d，株高1~1.8 m，一般茎没有分枝并且富含皂苷，对霜霉菌（病）的反应表现出很大差异，可能有耐受性或者抗病性，也可能高感。

萨拉雷斯型（salar type）　这一类型藜麦主要分布在玻利维亚阿尔蒂普拉

诺高原的南部盐碱地区，海拔在 4 000 m 左右，降水量少（300 mm），土壤 pH 在 8.0 以上。植株性状与阿尔蒂普拉诺高原型类似，一般种子为黑色，边缘尖，皂苷含量高。在萨拉雷斯型藜麦资源中，有些种子较甜、无皂苷基因型，一些 Real 型藜麦，种皮白色。

海平面型（sea level type） 这一类型藜麦起源于智利南部，40°S，多数无分枝，花期较长，种子小而呈黄色，晶莹剔透且皂苷含量高，具有抗霜霉菌（病）等真菌病害的特性。

亚热带型（subtropical type） 这一类型藜麦发现于玻利维亚的亚热带永加斯地区，植株颜色非常绿，成熟期变为橙色，种子很小呈橙黄色。

10.2.2 藜麦遗传育种

当前，我国藜麦的种质资源创新、遗传研究、育种方法、不同用途品种培育与加工技术研究均处于初级阶段（林春 等，2019），藜麦在常规育种、诱变育种、生物技术辅助育种方面都开展了一定的工作。

（1）藜麦常规育种技术

引种 针对不同生态区域，特别是盐碱及干旱等恶劣环境生产区进行栽培与育种，是藜麦引种的一个最重要方向（林春 等，2019）。

系统选育 系统选育法是直接从自然变异中进行选择并通过比较试验选育新品种的一种途径，包括单株选择法和混合选择法，是藜麦育种中应用最多的一种方法。如，陇藜 1 号、陇藜 2 号、陇藜 3 号、陇藜 4 号，条藜 1 号、条藜 2 号、条藜 3 号，青藜 1 号、青藜 2 号等新品种（系）（董艳辉 等，2020）。

雄性不育 雄性不育是指植物不能产生有生殖功能的花药、雄配子或花粉粒。造成植物雄性不育的机制因物种而有所不同，同时也会受环境、细胞核及细胞质基因的影响。有关藜麦细胞核和细胞质雄性不育的现象均有报道，但筛选获得雄性不育系较难，且获得后常采取专利保护（阿图尔·博汗格瓦 等，2014）

杂交育种 藜麦杂交育种目标主要为高产、抗病（霜霉病等）、低皂苷、抗穗发芽、早熟、耐旱性以及适应不同生态区、加工等特殊需求（董艳辉 等，2020）。藜麦许多错综复杂排列紧凑的小花，使得杂交比其他作物更难。杂交分为种内杂交与种间杂交，种内杂交获得藜麦新种质较快的一种技术，能够通过连续回交等手段将优良基因和目标基因导入，从而获得具有特定特性的新材料，但杂交后代分离严重，纯化需要的时间周期比较长，冀藜 1 号和冀藜 2 号为种内杂交选育；种间杂交主要目的是合并远距离基因库，从而拓宽遗传变异性。目前，藜麦种间杂交应用还比较少，除了杂交技术层面的限制外，种间杂交不亲和是育种需要突破的瓶颈之一。

（2）藜麦诱变育种技术

物理诱变　国内多家科研单位和企业对藜麦开展了 γ 射线诱变研究和空间诱变研究，但都处在突变后代的观察记录时期，还没有公开报道。

化学诱变　化学诱变剂主要有甲基磺酸乙酯（EMS）、叠氮化钠（NaN$_3$）、秋水仙素（C$_{22}$H$_{25}$O$_6$N）以及亚硝酸钠（NaNO$_2$）已有相关单位正在开展藜麦的 EMS 诱变研究。作者课题组 2019 年也进行了藜麦 EMS 诱变，分离群体正在筛选。Tropa-Castillo（2002）利用 1% 和 2% 的 EMS 处理藜麦品种 Regalona-Baer 超过 8 h，获得了抗咪唑啉酮和不同植株高度的高代材料。

（3）生物技术在藜麦育种中的应用

分子标记技术　RAPD（random amplified polymorphic DNA）、SSR（simple sequence repeats）和 SNP（single nucleotide polymorphism）等遗传标记常用于藜麦的种群结构、亲缘关系、遗传变异、多样性鉴定及基因组图谱绘制等的研究（林春 等，2019）。藜麦为异源四倍体，比普通作物的基因组复杂，因此绘制其基因组图谱有利于基因组测序及组装成高质量的参考基因组。2004 年，Maughan 等最早对藜麦开展了遗传连锁图谱构建，由 230 个 AFLP、19 个 SSR 和 6 个随机扩增的多态性 DNA 标记组成，为藜麦抗性农艺性状的遗传鉴定和下一步的分子辅助育种（MAS）研究迈出了重要一步。目前 RAD-seq（restriction enzyme-assisted sequencing）技术是进行高密度基因组分子标记开发的有效手段（王洋坤，2014）。Maughan 等（2012）利用 113 份来源于安第斯山高原、山谷和海岸等生态型种质，筛选出 8 个表型明显差异的藜麦种质用于 RAD-seq 分析，开发 14 178 个 SNP 标记。通过构建不同的作图群体，绘制了遗传与物理图谱。目前，已先后发布了 2 个较好版本的参考基因组：Cq_real_v1.0 和 ASM168347v1 及其具共同祖先的二倍体的参考基因序列。已公布的藜麦参考基因组注释了 44 776 个基因（Jarvis et al.，2017；Zou et al.，2017；Paterson et al.，2017）。基于这些参考基因组序列，可通过不同来源个体或群体的基因组重测序和功能组学分析，开发大量标记用于重要农艺控制基因或 QTL 的定位与功能分析（Risi，1984）。

细胞与组织培养　曹宁等（2018）以台湾藜麦的茎段作为外植体，建立了藜麦组织培养快速繁殖体系为藜麦的遗传转化和分子遗传研究提供技术支持。作者试验室也建立了白藜麦的离体再生体系。

11 藜麦热激蛋白 70 全基因组鉴定及 *Cqhsp70s* 干旱胁迫下的表达分析

植物是固着的生物，需要适应不断变化的环境条件。不可预测的气候变化使植物处于各种非生物胁迫之下。干旱、盐碱等基本胁迫往往会造成细胞损伤，并对植物产生次生胁迫，这两者都会刺激植物合成一系列胁迫响应蛋白来保护自身（Wang et al., 2003）。数百万年来，植物已经进化出多种策略和形态适应来耐受这些胁迫。热激蛋白（HSPs）是与应激相关的蛋白质，几乎可以被所有非生物胁迫诱导。自 20 世纪 60 年代首次在果蝇中发现热激蛋白以来，从细菌到人类的几乎所有生物中都发现了热休克蛋白 HSPs（Lindquist et al., 1986；Moser et al., 1990；Vierling et al., 1991）。热休克蛋白作为胁迫诱导蛋白之一，被认为是在非致死条件下产生的，以保护生物体免受更严重的胁迫，称为植物的耐热性，并已被证明是植物的耐热性的关键（Vierling et al., 1991）。过去几十年的发现揭示了热休克蛋白作为分子伴侣的重要性，即使在非应激细胞中，热休克蛋白也发挥着不同的作用，作为分子伴侣防止其他蛋白质的积累并在热应激条件下参与蛋白质的重折叠（Tripp et al., 2009）。根据分子量，HSP 超家族可分为 HSP100、HSP90、HSP70、HSP60 和小热休克蛋白（sHSPs）。其中，HSP70s 在蛋白质折叠和蛋白质质量控制中具有管家功能，可以防止蛋白质聚集，修复错误折叠的构象（Mayer et al., 2005）。它们在细胞中协助大量蛋白质折叠，并且，在热应激时期，某些 *Hsp70s* 被上调并参与变性蛋白质的再折叠。基于结构和功能的相似性，后来发现的 HSP110 蛋白（HSP110s）也被认为是 HSP70 超家族的成员（Easton et al., 2000）。在结构上，HSP70s 由氨基 N 端腺苷三磷酸酶（ATPase）结构域和羧基 C 端肽结合结构域组成（Flaherty et al., 2000；Zhu et al., 1996）。在拟南芥和其他物种中，除了这两个保守结构域外，这两个极端端差异很大，与这些蛋白质的亚细胞定位分化有关。在真核细胞中，HSP70 家族成员定位于不同的亚细胞区室，包括细胞质、质体、线粒体和内质网（ER）（Gupta et al., 1993；Munro et al., 1986；Engman et al., 1989）。这些不同的亚细胞定位与热休克蛋白的功能分化是一致的，表明真核生物在进化过程中具有复杂的进化史（De et al.，2013）。原核 HSP70s 是 DnaK 蛋白，在正常生长条件下存在，高温诱导（Vierling et al.，1991）。几种 HSP70s 已经在一系列植物物种中得到了很好的表征。*Hsp70* 基因家族的生物信息学分析已在拟南芥（*Arabidopsis thaliana*）中鉴定出 18 个成员（Lin et al.，2001），在水稻（*Oryza sativa*）中鉴定出 24 个 *Hsp70* 拷贝（Sarkar et al.，2013），在小立碗藓（*Physcomitrella patens*）中鉴定出 21 个 *Hsp70* 拷贝（Tang et al.，2016），而藜麦（*Chenopodium quinoa*）*Hsp70*（*CqhsP70*）由于缺乏完整的参考基因组，尚未有文献报道。

藜麦是一种双子叶假谷物，是重要的高营养价值作物（Jarvis et al.，2017）。它的无麸质种子氨基酸比例平衡。此外，藜麦具有较强的抗逆性等优良性状，是阐明植物抗逆性机制的最佳物种之一。最近发表的高质量藜麦参考基因组可以极大地帮助我们进一步了解藜麦的抗逆性（Jarvis et al.，2017）。为了揭示藜麦中 *Hsp70s* 的详细进化信息，我们基于拟南芥中已知的 HSP70s，在新测序的藜麦基因组中鉴定了 16 个 *Hsp70s* 成员。构建了 16 种植物 *Hsp70s* 基因的系统发育树，结果表明，这些 *Hsp70* 基因在绿藻形成之前是独立起源，并将 16 个 *Cqhsp70s* 基因划分为 8 个同源对。对这些基因对的进一步分析表明，这些基因对的基因结构高度相似，与同源基因对中的保守基序平行，表明 *Cqhsp70s* 的扩增来自多倍体。对含有 *Cqhsp70s* 的支架进行的合成分析表明，染色体加倍是藜麦物种形成后 *Hsp70* 基因扩增的主要力量，称为异源多倍体。此外，我们还分析了 13 个 *Cqhsp70s* 在干旱胁迫下的表达谱。这些表达分析表明，*Cqhsp70s* 在 *Hsp70* 同源对之间和内部存在不同的表达模式，表明这些同源物在植物发育过程中对干旱胁迫和其他可能条件的响应中存在功能多样性。

11.1　材料与方法

11.1.1　植物热激蛋白 70 的鉴定

为了鉴定藜麦蛋白质组中的 HSP70 成员，我们从 TAIR10（http：//www. arabidopsis. org/）上获得了拟南芥中 18 个 HSP70 成员的蛋白序列。将这18 个蛋白序列进行查询，在藜麦蛋白数据库中进行蛋白比对搜索，最大 E 值为 1×10^{-5}。序列在分子进化遗传学分析 7（MEGA7）程序中检测拟南芥 HSP70 蛋白的完整性和正确性（Kumar et al.，2016）。为了进一步验证 *Hsp70* 基因的准确拷贝数，还使用翻译的搜索工具核苷酸（tBLASTn）在藜麦基因组中搜索其他潜在的 *Hsp70* 基因。为了研究 HSP70 在植物物种中的进化历史，还基于 AtHSP70 蛋白鉴定了关键植物中的 HSP70 成员。检索数据库包括：莱茵衣藻（Merchant et al., 2007）、小立碗藓（Rensing et al., 2008）、地钱（http：//marchantia. info/）、卷柏（Banks et al., 2011）、无油樟（http：//amborella. huck. psu. edu/）、紫萍（Wang et al., 2014）、大叶藻（http：//www. algaebase. org/search/）、二穗短柄草（http：//www. plantgdb. org/BdG-DB/）、水稻（http：//www. plantgdb. org/OsGDB/）、大豆（http：//www. plantgdb. org/GmGDB/）、白菜型油菜（http：//brassicadb. org/brad/）、拟南芥（http：//www. plantgdb. org/AtGDB/），琴叶拟南芥（https：//genome. jgi. doe. gov/Araly1）、藜麦 Phytozome v12（http：//phytozome. jgi. doe. gov/pz/）、云杉（http：//congenie. org/）、大麦（http：//webblast. ipk‐gatersle-ben. de/barley）。

11.1.2　比对和系统发育分析

为了进一步分析，使用 MAFFT 软件（Katoh et al., 2002）对所有 HSP70 蛋白序列进行多重比对，生成具有默认参数的多重序列比对。ProtTest（Abascal et al., 2005）用于估计哪一种蛋白质进化模型适合多序列比对。系统发育树是通过 PhyML（Bailey et al., 2009）生成，使用最大似然法和具有 1 000 次引导复制的最佳蛋白质进化模型，最终的进化树在 MEGA7 中查看和修改（Katoh et al., 2002）。

11.1.3　基序搜索、基因结构与同线性分析

使用 MEME 套件中的多重 EM 基序引出（MEME）工具以默认参数对氨基酸序列比对进行保守基序搜索（Easton et al., 2000）。在藜麦的 16 个 HSP70 蛋白中检测到 10 个保守基序。Cqhsp70 家族的基因结构信息从藜麦注释文件中获得，并使用基因结构显示服务器（GSDS）显示（Hu et al., 2015）。Pre-dotar 基于 CqHSP70 蛋白序列预测其亚细胞定位。为了研究 HSP70 邻域微同线性，利用藜麦的基因组信息，通过多重共线性扫描工具包（MCScanX）检测其自身支架中每个 Hsp70 基因的共序列和共线性区域（Wang et al., 2019）。利用 BLASTp 将藜麦蛋白质组蛋白序列与藜麦蛋白序列进行比对，最大 E 值为 1×10^{-20}。根据 MCScanX 的默认参数选择分数大于 300 的高置信度共线块。使用 Circos（Krzywinski et al., 2009）构建输出图像。

11.1.4　植物材料、胁迫处理及基因表达分析

藜麦植物在温室中种植，幼苗在控制条件下培养（Moraleset al., 2017）：相对湿度 60%~70%、光照 14 h，平均温度 23 ℃，直至两周，然后用 25%

（W/V）聚乙二醇 6000（PEG6000, Sigma-Aldrich, St. Louis, MO, USA）在土壤中均匀灌溉。在处理过程中，收集 5 个个体在 5 个时间点（0 h、6 h、12 h、24 h 和 48 h）混合的地上叶组织。对不同批次的处理进行 3 次重复。按照说明（Transgen, 北京, 中国）使用 TRIzol Up 从收集的样品中分离总 RNA。使用 Nanodrop - 2000 分光光度计（Thermo Scientific, Wilmington, DE, USA）测量 RNA 浓度。对每个样品，使用 TransScript 第一链互补 DNA（cDNA）合成 SuperMix（Transgen）进逆转录 1 μg DNaseI 处理的 RNA。按照制造商的说明（Transgen），使用 TransScript Tip green qPCR SuperMix 试剂盒在 20 μL 反应混合物中进行定量聚合酶链反应（qPCR）。延伸因子 1a（EF1a）用作标准化的内部参考（Molina-Montenegro et al., 2016; Ruiz-Carrasco et al., 2011）。为了比较干旱处理后同源基因的表达模式，我们还利用现有的拟南芥转录组学数据，分析了干旱处理后 Athsp70s 的表达谱（Rensing et al., 2008）。

11.2 结果

11.2.1 藜麦蛋白组中 HSP70 蛋白的鉴定

迄今为止，已发表的植物全基因组 HSP70 超家族信息仅局限于少数物种，包括莱茵衣藻、小立碗藓、拟南芥等模式植物。藜麦是唯一一种单体可以满足人体基本营养的作物，抗逆性强（Banks et al., 2011），但对藜麦中的 HSP70 家族知之甚少。以 18 个 AtHSP70 作为查询序列，对藜麦蛋白数据库进行 BLASTP 检索。在藜麦中，仅有 16 个同源物被鉴定为 HSP70 成员，最大 E 值为 1×10^{-5}。目前，已发表的藜麦参考基因组质量较高，碱基缺失率仅为 4.56%（Banks et al., 2011）。为了验证藜麦中 Hsp70 基因的确切数量，我们使用 BLASTn 来鉴定其他可能的 Hsp70 基因。然而，除了这 16 个 Cqhsp70 基因外，没有获得其他高置信度的基因序列。藜麦 HSP70 的长度在 412~891 个氨基酸。为了对这 16 个 HSP70 进行分类，我们根据 CqHSP70 的蛋白序列构建了无根最大似然树（图 11-1），将 16 个 CqHSP70 划分为 8 个旁系同源对，并通过以下分析进一步证实。

11.2.2 陆地植物 HSP70 超家族分成至少 7 个系统发育支系

考虑到不同植物物种的广泛序列数据集，并旨在深入了解 HSP70 蛋白的进化关系，基于 16 种植物物种（从叶绿植物到种子植物）的蛋白质同源物，构建了更全面的 HSP70 系统发育树。这些物种包括：莱因衣藻、小立碗藓、

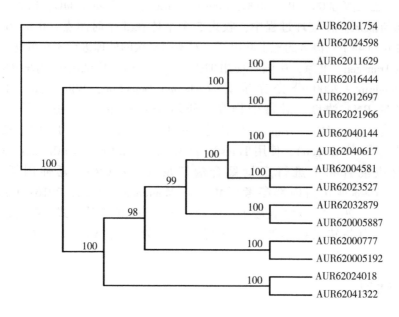

图 11-1 藜麦 HSP70 系统发育树

注：在藜麦蛋白质组数据库中鉴定出 16 个 HSP70 同源物。根据 16 个 CqHSP70 蛋白同源物的多重比对序列，通过 PhyML 使用 JTT 替换模型构建无根系统发育树，并按方法中所述进行 1 000 次引导复制。引导值在每个节点的底部指示（以百分比形式）。由于每个支系具有高自举性，CqHSP70 成员被分为 8 个潜在的旁系同源对。

地钱、卷柏、无油樟、紫萍、大叶藻、二穗短柄草、水稻、大豆、白菜型油菜、拟南芥、狭叶拟南芥、藜麦、云杉、大麦。通过 BLAST 检索，我们在 16 个分析物种中鉴定出 293 个 HSP70（表 11-1）。HSP70 的数量莱因衣藻的 6 个到大豆的 37 个不等。与前人的研究不同，小立碗藓我们在 HSP70 的基因组中检测到了 23 个，而不是 21 个（Rensing et al.，2008）所有新鉴定的 HSP70 都进行了详细的系统发育分析。使用 MAFFT 和默认参数对全部 HSP70 蛋白进行比对，得到的比对结果用于通过 PhyML 生成无根最大似然系统发育树（Guindon et al.，2003）。最终的树由 7 个进化枝组成（图 11-2），称为进化枝 A-G。

表 11-1 选定植物物种中的热休克蛋白 70（HSP70）家族成员

植物种类	数量	系统类						
		I	II	III	IV	V	VI	VII
莱茵衣藻	6	0	1	0	1	1	2	1

植物种类	数量	系统类							
		I	II	III	IV	V	VI	VII	
地钱	11	1	2	2	1	2	1	2	2
小立碗藓	23	1	3	0	4	5	2	8	
卷柏	10	0	0	1	1	2	1	4	1
云杉	16	0	2	0	2	1	1	10	
无油樟	9	1	2	1	2	1	2		
紫萍	18	1	3	1	2	2	3	6	
大叶藻	19	1	4	0	2	1	1	10	
水稻	24	1	2	1	3	2	5	10	
二穗短柄草	21	1	3	1	3	2	3	8	
大麦	26	0	3	1	6	1	6	9	
藜麦	16	2	4	2	2	4	2	0	
大豆	37	2	7	1	4	3	4	16	
油菜	21	2	3	1	4	2	3	6	
琴叶拟南芥	18	1	3	1	2	2	3	6	
拟南芥	18	1	3	1	2	2	3	6	

绿藻中的 HSP70 存在于进化枝 B、D、E、F 和 G 中，而进化枝 A 和 C 只含有来自陆地植物的 HSP70 蛋白。由于 *Hsp70* 基因普遍存在于所有真核生物中，无根系统发育树揭示了这些 *Hsp70* 在绿藻中的独立起源，表明 *Hsp70* 家族在绿藻出现之前就存在古老的起源和扩增事件。进化枝 A 包含来自 12 个陆地植物物种15 个 HSP70 成员，根据之前的报道属于 HSP110/SSE 亚科（Kumar et al.，2016）。在这个分支中，没有发现叶绿素同源物，而几乎所有陆地植物都含有属于分支 A 的 *Hsp70* 基因的单拷贝。有趣的是，分支 A 的藜麦、大豆和油菜基因组中存在两个 *Hsp70* 基因，这两个基因可能来自独立的基因组，物种形成后的复制事件。随着叶绿素中 *Hsp70* 的出现，进化枝 B 包含 45 个 HSP70 成员。C 分支由 12 个来自石松植物和种子植物的成员组成。D 分支有 41 个成员，从叶绿素到种子植物。在该进化枝中，叶绿植物、地钱和石松植物中只保留了一个 *Hsp70* 拷贝，其他物种则含有两个或多个 *Hsp70* 拷贝。复制事件发生在十字花科物种形成之前，而其他物种则包含来自独立复制事件的多个 *Hsp70*。E 进化枝包含从叶绿素到种子植物的 33 个成员。在独立复制事件之后，陆地植物中保留了两个或多个基因拷贝，而在禾本科物种形成之前发生了一个扩展事件。F 分支由 42 名成员组成。进化枝 G 是最大的亚科，该亚科有 103 个成员，但没有发现来自藜麦的 *Hsp70* 属于该亚科。一般来说，全基因组复制事件被认为发生两次，第一次发

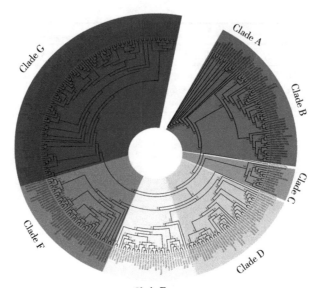

图 11-2　不同植物物种中 HSP70s 的系统发育树

注：基于 16 个植物物种中总共鉴定的 293 个 HSP70 同源物，使用具有伽马分布率和 1 000 次引导复制的 JTT 模型，通过最大似然法计算无根系统发育树。Bootstrap 值显示在每个进化枝的底部。颜色区域与 7 组蛋白质相关，即进化枝 A~G。

生在陆地植物共同祖先的进化过程中，而第二个事件发生在被子植物共同祖先的进化过程中（Rensing et al., 2008；Adams et al., 2005；Amborella et al., 2013）。这些全基因组复制事件是导致与应激反应相关的基因扩增的主要力量。在系统发育分析中，我们发现第二次复制事件导致了进化枝 B 和 F 中 *Hsp70* 的扩增，而两个基因组复制事件都是进化枝 G 中 *Hsp70* 扩增的原因。除了这两个全基因组复制事件外，物种特定的复制事件在其他进化枝（例如进化枝 A、C 和 D）中的 *Hsp70* 扩增中发挥了作用。由于全基因组复制事件，大豆中的许多 *Hsp70* 旁系同源物被发现分类到我们的系统发育树中的不同进化枝中，这与之前的发现相一致，即大豆基因组经历了多次基因组复制（Schmutz et al., 2010）。我们还发现藜麦中的这 16 个 *Hsp70s* 形成了 8 个旁系同源对，表明最近的复制事件或全基因组复制事件发生在藜麦物种形成之后。

11.2.3　藜麦中 *Hsp70s* 及其编码蛋白的基因结构和保守基序分析

为了解 CqHSPs 在进化过程中的功能多样性，除了已充分表征的用于蛋白质-蛋白质相互作用的 N 端 ATP 酶结构域和 C 端结构域之外，还在 16 个

CqHSP70 中检测到了 10 个保守基序（图 11-3）。在我们的分析中，最近复制的 CqHSP70 同源物，即 8 个旁系同源对，在其蛋白质结构中表现出相似的基序排列架构（图 11-3）。对于所有 16 个 CqHSP70 蛋白，几乎所有蛋白都存在基序 2 和基序 3，只有两个例外：基序 2 仅在 AUR62011754-AUR62024598 对中不存在，基序 3 仅在 AUR62032879 中不存在。涉及 ATPase 结构域区域的两个保守 N 端基序存在于所有 CqHSP70 中，表明藜麦中所有 HSP70 的生物学功能基本保守。仅 AUR62000777-AUR62005192 对中不存在基序 4 和基序 5。所有 CqHSP70s 的 C 端区域均未检测到保守基序区域，而该 C 末端区域在旁系同源对中是保守的。

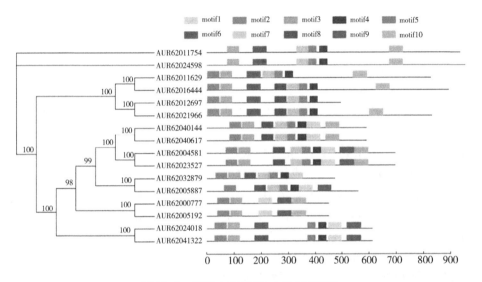

图 11-3　所有 CqHSP70 中的保守基序

注：通过多重 EM 基序引发（MEME）分析，鉴定了所有 CqHSP70 中的 10 个保守基序。示意图显示了保守的基序，每个基序由顶部编号的彩色框表示。比例尺表示氨基酸（aa）的数量。

　　为了更好地了解 CqHSP70 家族的进化保守性，我们根据藜麦基因组注释文件中的可用信息分析了 *Cqhsp70* 基因的结构（图 11-4）。这些 *Cqhsp70* 基因的总体基因结构和内含子-外显子数量各不相同，而从系统发育分析得出的每个进化枝的旁系同源对中，基因结构高度保守。基因结构仅在进化枝 B 和进化枝 D，这一结果表明藜麦中 *Hsp70s* 的基因结构发生紊乱，表明这些基因潜在的生物学功能多样性。

　　为了进一步研究 CqHSP70 蛋白的亚细胞定位信息，使用 Predotar 预测根据假定的目标信号预测这 16 个 HSP70 在藜麦中的定位。AUR62011754、AUR62024598、AUR62000777 和 AUR62005192 预计定位于 ER。AUR62040144、

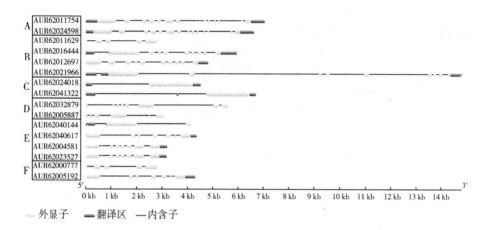

图 11-4　藜麦中 *Hsp70* 旁系同源对基因结构的保守性和多样性

注：该图显示了藜麦中 *Hsp70* 基因结构的示意图。黄色框代表外显子，黑线代表内含子，蓝色框代表非翻译区（UTR）区域。HSP70 进化枝 A～F（A～F）如左侧所示。比例尺表示碱基对（bp）的数量。

AUR62040617、AUR62004581 和 AUR62023527 被假定定位于质体，只有 AUR62032879 被预测定位于线粒体。根据之前的报道（Kumar et al.，2019），拟南芥 HSP70 蛋白在系统发育树中的分类对应于不同的亚细胞定位。基于之前的研究（Rensing et al.，2008；Shi et al.，2010；Jungkunz et al.，2011），拟南芥 HSP70 蛋白中的几种信号肽存在于我们的多重比对蛋白序列中。例如，C端信号肽 his-asp-glu-leu（HDEL）在进化枝 B 和进化枝 F 中保守，表明这两组蛋白质的 ER 定位。C 端叶绿体靶向信号（DVIDADFTD）在进化枝 E 中是保守的，4 个 CqHSP70 旁系同源对中的两个发生了几个位置突变。根据两个保守的特征序列 GDAWV 和 YSPSQI，预测进化枝 D 中的成员定位于线粒体。潜在亚细胞定位的多样性也为我们更好地理解所有旁系同源对重复事件后的功能多样性提供了方向。

11.2.4　异源多倍体事件导致 *Cqhsp70* 的扩增

由于 *Cqhsp70* 基因在叶绿藻形成之前独立起源，另一个重要问题是揭示 *Hsp70* 在藜麦基因组中的扩展历史。16 个 *Cqhsp70* 的旁系同源对之间的基因结构相似性和基序保守性表明藜麦中存在潜在的重复事件。分子系统发育分析揭示了藜麦的异源多倍体起源（Rensing et al.，2008）。考虑到异源多倍体中的染色体加倍事件以及藜麦物种形成后发生的后期重组和染色体重排事件，我们研究了 CqHSP70 家族的进化历史。我们的系统发育分析揭示了每个分支中这

8个旁系同源对的独立起源（图11-2）。基因结构相似性和蛋白质基序保守性表明藜麦中的 HSP70 随着最近的重复事件而扩展。为了进一步分析，MCScanX 用于研究每个支架中 *Hsp70* 周围亚基因组区域的同源物。根据藜麦基因组数据库中公开的信息，将所有 16 个 *Cqhsp70* 基因映射到每个支架，并使用 MCScanX 进行同线性分析。同线性分析揭示了这些 *Hsp70* 对周围的高度保守区域（图11-5）。除 AUR62040617-AUR62040144 对的小支架外，在 8 对中的 7 对中获得了同线性信息。在进化枝 C 中的对（AUR62024018 和 AUR62041322）周围检测到相对较弱的同线性区域，而在其他旁系同源对中检

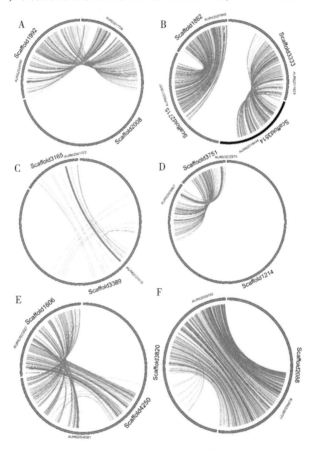

图 11-5　*Cqhsp70* 的同线性分析

注：使用 MCScanX 进行支架中 *Cqhsp70* 旁系同源对的同线性和共线性区域（Wang et al.，2012）。（使用了 8 对中的 7 对，除了 AUR62040144-AUR620440617 对，其支架太短而无法研究同线性区域。）*Cqhsp70* 旁系同源对由蓝线表示，而红线代表支架中的保守区域。注：该图中的（A）～（F）与图11-2中那些旁系同源对的进化枝来源一致。

测到高同线性区域。考虑到异源多倍体事件对藜麦物种形成的贡献，那些具有高同线性区域的旁系同源对很可能来自染色体加倍事件，而染色体加倍事件是藜麦 *HSP70* 扩张的主要力量。除此之外，串联重复可能是 Clade C 中 *Cqhsp70* 扩增的原因，表明串联重复在基因扩增过程中也发挥着重要作用。

11.2.5 藜麦中的 *Cqhsp70* 基因对干旱胁迫有响应

基因重复事件通常会导致功能多样性（Jungkunz et al., 2011）。为了表征 *Cqhsp70* 在逆境响应中的作用，我们从不同时间点的干旱胁迫处理植物中分离提取了 RNA，并采用 qPCR 检查 *Cqhsp70* 的相对表达，然后我们可以分析 *Cqhsp70* 在上述过程中的表达模式。经干旱胁迫处理的地上组织［25% 聚乙二醇（PEG）w/v］（图 11-6）。

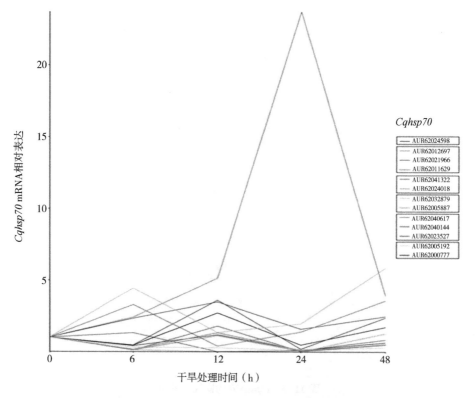

图 11-6 响应干旱处理的 *Cqhsp70* 基因表达谱

注：用 25% PEG 6000（W/V）灌溉生长 2 周的藜麦幼苗。在处理期间的 5 个时间点（0 h、6 h、12 h、24 h 和 48 h）收集地上组织。对不同批次的处理植物进行定量聚合酶链反应（qPCR）测定，并显示了一项代表性数据。

我们还检索了干旱胁迫后拟南芥中相应基因的表达谱进行比较（图11-7）（表11-2，Rensing et al.，2008）。14个 *Cqhsp70* 中有6个的表达在干旱胁迫处理开始时下调，并在处理后12 h恢复（图11-6）。在我们的数据中，14个 *Cqhsp70s* 中约有一半表现出"下降-爬升-下降"表达模式，这与其拟南芥同源物的观察结果相似（图11-7，表11-2）（Rensing et al.，2008）。随着胁迫时间的持续，AUR62024018保持高表达，而AUR62041322在持续12 h后上调。来自D分支的两个基因AUR62032879和AUR62005887的表达模式彼此不同。AUR62005887的表达在干旱处理后表现出下降，并在干旱胁迫处理后48 h恢复，而AUR62032879受到干旱的高度诱导，然后在干旱胁迫处理后6 h后下降。AUR62040617和AUR62040144，来自进化枝E，具有相似的表达模式。另外两个基因 AUR62023527 和 AUR62004581 受干旱高度诱导，而AUR62004581受干旱处理显著诱导。对于AUR62005192和AUR62000777，在进化枝F中，两种旁系同源物均表现出与拟南芥直向同源物相似的表达模式，并且它们在处理12 h后上调。这些结果表明 *Cqhsp70* 基因组在应对干旱胁迫中发挥多种作用。

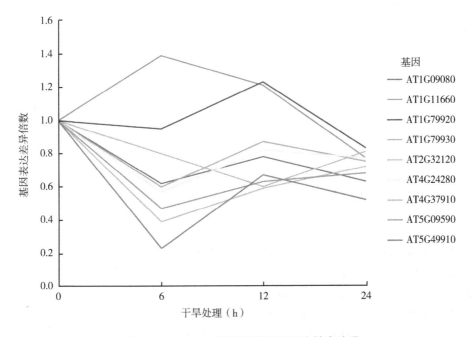

图11-7　*Athsp70* 基因在干旱处理中的表达谱

表 11-2　藜麦中的 HSP70 及其拟南芥中的对应物

藜麦中的 HSP70		拟南芥中的 HSP70		
藜麦蛋白质组 ID	基因库编号	拟南芥蛋白组 ID	基因库编号	相似的表达模式
AUR62024598	XP_021768679.1	AT4G16660	NP_567510.1	是
AUR62011754	XP_021769992.1	AT4G16660	NP_567510.1	—
AUR62012697	XP_021719698.1	AT1G11660	NP_172631.2	否
AUR62021966	XP_021766890.1	AT1G11660	NP_172631.2	否
AUR62011629	XP_021731972.1	AT1G79930	NP_178111.1	是
AUR62016444	XP_021736828.1	AT1G79930	NP_178111.1	—
AUR62041322	XP_021729859.1	AT2G32120	NP_180771.1	否
AUR62024018	XP_021732896.1	AT2G32120	NP_180771.1	否
AUR62032879	XP_021747611.1	AT5G09590	NP_196521.1	是
AUR62005887	XP_021747614.1	AT5G09590	NP_196521.1	是
AUR62040617	XP_021743068.1	AT5G49910	NP_199802.1	是
AUR62040144	XP_021719138.1	AT5G49910	NP_199802.1	是
AUR62023527	XP_021760397.1	AT5G49910	NP_199802.1	是
AUR62004581	XP_021748808.1	AT5G49910	NP_199802.1	是
AUR62005192	XP_021742552.1	AT5G42020	NP_851119.1	是
AUR62000777	XP_021772891.1	AT5G42020	NP_851119.1	否

　　藜麦和拟南芥同源物的相似表达模式表明 *Hsp70* 基因的功能保守性，我们还发现了 *Cqhsp70* 在干旱胁迫条件下的几种特殊表达模式，表明藜麦中 HSP70 的功能存在差异。

11.3　讨论与结论

　　由于植物不断受到各种生物和非生物胁迫的挑战，它们已经进化出胁迫耐受策略来减轻损害（Lee et al.，2012）。HSP70 是广泛保守的蛋白质之一，在植物抗逆性中发挥重要作用。众所周知，基因复制在进化过程中发挥着重要作用（Lynch et al.，2000）。作为最古老的蛋白质之一，HSP70 存在于原核生物和真核生物中。HSP70 的古老起源和该家族后来的扩展赋予该蛋白质家族潜在的亚功能化和新功能化能力。有充分证据表明，HSP70 在热应激条件下会上调植物。目前，越来越多的报道揭示 HSP70 蛋白在多种逆境响应过程中发挥着重要作用，并参与植物的发育过程。然而，早期分化的真核生物谱系之间的关系，以及 HSP70 的详细起源和扩展历史仍然不确定。借助拟南芥中已充分表征的 HSP70 家族以及来自不同植物物种的全面基因组信息，植物 HSP70 的进化历史将更加清晰。

藜麦是在干旱、高温等不利条件下具有抗逆性强的优良作物之一。通常认为藜麦的胁迫耐受性与胁迫反应相关基因的扩展有关（Zou et al.，2017）。*Hsp70* 基因是应激反应中的重要基因之一。最近测序的藜麦基因组信息使我们能够揭示这种营养和抗逆作物中 *Hsp70* 基因的详细进化信息（Anks et al.，2011）。在这项研究中，我们根据拟南芥中 18 个 HSP70 的蛋白质序列，通过 BLASTp 搜索，在藜麦基因组中鉴定了 16 个 *Hsp70* 基因。为了验证藜麦高质量参考基因组 *Hsp70* 基因的确切数量，还使 18 个 *Athsp70* 基因和 16 个 *Cqhsp70* 基因的核苷酸序列对藜麦全基因组进行搜索。然而，基因组中没有其他片段与 16 个 *Cqhsp70* 基因表现出高度相似性，表明迄今为止藜麦基因组测序中仅存在 16 个 *Cqhsp70* 基因。

根据主要植物物种中 HSP70 的蛋白质序列进行进一步的系统发育分析，将总 HSP70 分为 8 组（图 11-1，图 11-2）。在我们的分析中，*Hsp70* 的拷贝数从叶绿素到拟南芥等高等植物都有所不同，范围从叶绿素中的 6 个到大豆中的 37 个。系统发育分析将叶绿植物中的 6 个 *Hsp70* 分为 5 个进化枝，表明叶绿植物的祖先中存在多个 *Hsp70* 拷贝。*Hsp70* 已在其他真核生物物种（如人类和果蝇）以及许多原核生物（包括细菌物种）中被发现。这些结果证明了 *Hsp70* 在生物体中的古老起源以及 *Hsp70* 超家族在植物界进化过程中的独立起源。虽然叶绿素基因组中只保留了 6 个 *Hsp70* 拷贝，但在陆地植物物种中，尤其是高等植物中，发现了大量的 *Hsp70*。一般来说，全基因组复制和片段复制是基因扩展的主要力量（Rensing et al.，2008）。先前的研究已经证明植物进化过程中发生了几次全基因组复制事件，特别是在白垩纪-古近纪（K-Pg）灭绝时期（Olsen et al.，2016）。我们还发现了几个有助于 *Cqhsp70* 家族扩张的事件，如图 11-2 所示。进一步的基序分析和基因结构分析显示，它们与藜麦中的 8 个旁系同源对中的每一对都具有高度相似性，表明藜麦中的 *Hsp70* 最近发生了导致扩张的基因组重复事件。

染色体重排和基因复制事件总是发生在全基因组复制事件或多倍体事件之后。为了验证我们的假设，根据藜麦数据库中可用的基因位置信息进行了同线性分析。获得 8 个旁系同源对中的 7 个的同线性信息。进化枝 C 中只有一对在两个旁系同源物 AUR62041322 和 AUR62024018 周围的两个支架区域之间表现出弱同线性关系，所有其他对都位于高同线性支架区域上，表明潜在的多倍体事件或后来的片段重排事件是藜麦进化过程中 *Hsp70* 扩展的主要力量。除了多倍体事件外，串联重复可能是 C 分支中 *Hsp70* 扩展的可能解释之一。

已证明 *Hsp70* 基因参与植物逆境反应（Hartl et al.，2008；Ryan et al.，2001；Pratt et al.，2003；Rensing et al.，2008）。由于抗逆作物藜麦的基因组中存在 8 对旁系同源的 *Hsp70*，我们还运用 qPCR 测定揭示了 *Cqhsp70* 在应激反应中的潜在作用。结果表明，一些 *Cqhsp70* 基因的表达在不同胁迫阶段发生显著改变。这与之前来自模式植物拟南芥的转录组学数据基本一致。*Cqhsp70* 响应干旱胁迫的不同表达模式表明这些基因在干旱胁迫耐受中的不同作用，以及这些基因的功能多样性。藜麦中存在多个 *Hsp70* 基因拷贝，这可能是解释藜麦具有强大抗逆能力的主要原因之一。

12 干旱胁迫对不同藜麦种子
萌发及生理特性的影响

近百年以来全球气候变暖，海平面上升和温室气体增加的速度是几十年乃至上千年的时间里前所未有的，全球变暖改变了全球水循环，导致高温、干旱和暴雨洪涝等极端天气的发生频率与强度增加（秦大河 等，2004）。干旱是气候灾害中最主要的灾害之一，它出现频率高、持续时间长、波及范围广、后续影响大（张利利 等，2017）。干旱的频繁发生给国民经济，特别是农业生产带来巨大危害（胡子瑛 等，2018）。中国北方地区干旱频发，干旱已成为西部开发、东北商品粮基地和华北能源基地建设的一个主要障碍，给人民的生产生活带来了严重的影响（章芳 等，2002）。培育耐旱品种是减少干旱造成损害的有效途径。

藜麦种子颜色主要有黑、红、白三色系，其中黑色和红色的籽粒较小，白色口感较好（李荣波 等，2017）。2008 年联合国粮食与农业组织（FAO）正式推荐藜麦为最适宜人类的"全营养食品"。藜麦还具有耐寒、耐旱、耐贫瘠、耐盐碱等特性，且具有独特的植株形态，被广泛引种，是未来最具潜力的农作物之一（覃志豪 等，2015）。

日趋加剧的全球干旱严重威胁着粮食安全和稳定。藜麦作为一种新型的粮食作物，筛选、培育出耐旱的藜麦品种对保障粮食安全、提高藜麦产量与品质具有十分重要的意义。Garcia 等（2003）研究发现成功出苗后的早期生长阶段，干旱引起的土壤板结对藜麦生长几乎无影响；Aguilar 等（2003）发现极端干旱和昼夜温差大会使藜麦品种脯氨酸含量升高；黄杰等（2017）在陇东旱作区进行了 4 个藜麦品种的幼苗生长及生理生化指标分析；张紫薇等（2017）研究了盐旱双重胁迫对藜麦种子萌发和幼苗生长的影响。但国内外对藜麦抗性生理及抗旱品系筛选的相关报道依然甚少，本试验用不同浓度的PEG 模拟不同的干旱程度，对适宜种植于山西忻州的 3 种藜麦进行胁迫处理，研究干旱条件下 3 种藜麦的种子萌发及幼苗生理特性，进一步分析藜麦对干旱胁迫的适应性及响应机制，为藜麦抗旱品种的引种和筛选提供一定的理论依据和实践参考。

12.1 材料与方法

12.1.1 材料

藜麦种子为忻藜1号（黑藜）、忻藜2号（白藜）、忻藜3号（红藜），由山西省农业科学院玉米研究所提供。

12.1.2 试验设计

正式试验于2018年4月5日在山西大同大学生物工程系细胞工程试验室进行。在2017年12月预试验的基础上，选择PEG 6000浓度为0%（对照）、5%、10%、15%、20%、25%分别对藜麦种子和幼苗进行处理。

12.1.2.1 种子萌发试验

精选籽粒均匀饱满、大小一致的藜麦种子，用蒸馏水浸泡后自然风干，置于垫有滤纸的培养皿中，每皿均匀放入50粒种子，分别加入浓度为5%、10%、15%、20%、25%的PEG 6000处理，以蒸馏水作对照，每个浓度10 mL，每个处理重复3次，共计54个处理。将所有培养皿置于24 ℃，12 h光照/12 h黑暗、湿度80%恒温培养箱中培养，用称重法每天补充相应的PEG溶液（如有个别发霉的种子及时清理并记录清出个数），记录每天的发芽数。第7 d每个培养皿的发芽数已经基本稳定，每皿随机抽取25粒藜麦种子，用毫米尺测量并记录其根长和下胚轴长。

12.1.2.2 幼苗生长试验

选取籽粒饱满、大小均匀一致的藜麦种子，经蒸馏水冲洗干净并自然风干后，均匀播入装有沙土、直径10 cm、高7 cm的塑料花盆中，每盆播种50粒种子，每个PEG 6000浓度设3次重复，共54个处理，正常浇水，待种子出土发芽并长出小叶后开始浇营养液，待幼苗多数长至六叶时，分别向各花盆中加入等量的不同浓度的PEG 6000溶液进行干旱胁迫处理，以蒸馏水处理为对照（CK），所加溶液使土壤完全浸透，处理一周后测定其幼苗相关生理指标。

12.1.3 指标测定

12.1.3.1 种子生长指标测定

发芽势=第3 d供试藜麦种子发芽数/供试藜麦种子数×100%；

发芽率=第7 d供试藜麦种子发芽数/供试藜麦种子数×100%；

根长：根和芽接点处到最长根尖的长度；

下胚轴长：子叶与根之间的长度。

12.1.3.2　幼苗生理指标的测定

脯氨酸含量、MDA 含量、SOD 活性、POD 活性测定方法参考蔡庆生《植物生理学试验指导》。

12.1.4　数据处理

试验指标的测定均为 3 次重复，用 SPSS 20.0 进行方差分析，用 Office 2016 进行绘图。

12.2　结果与分析

12.2.1　干旱胁迫对3种藜麦发芽势、发芽率、根长、下胚轴长的影响

随着 PEG 6000 浓度的升高，3 种藜麦发芽势均呈现下降的趋势（图 12-1A）。不同浓度 PEG 对藜麦发芽势影响差异显著。在 PEG 6000 浓度为 0%、5%、10%、25%时，3 种藜麦发芽势没有明显差异；PEG 6000 浓度为 15%和 20%时，红藜发芽势显著高于黑藜和白藜。

由图 12-1B 显示，随着 PEG 6000 浓度的升高，3 种藜麦发芽率均呈现下降的趋势，但 3 种藜麦发芽率下降趋势有所不同。不同藜麦发芽率没有明显差异。不同浓度的 PEG 6000 处理对藜麦发芽率影响差异显著。20% PEG 6000 处理中，红藜发芽率显著高于黑藜和白藜。

由图 12-1C 显示，随着 PEG 6000 浓度的升高，黑藜和白藜根长整体呈现下降的趋势，且多与对照差异显著。不同的是，根长下降的程度有差异，在 5% PEG 6000 胁迫下，白藜根长相对于对照有所增长。随着 PEG 6000 浓度的升高，红藜根长呈现先降后升再降的趋势，且均与对照差异显著，在 15% PEG 6000 浓度时，红藜根长有所增长。

由图 12-1D 可知，随着 PEG 6000 浓度的升高，3 种藜麦下胚轴长均呈现下降的趋势，且均与对照形成显著差异。3 种藜麦下胚轴长下降程度不同，相比于黑藜和白藜，红藜的下胚轴长下降幅度相对小，且差异显著。不同浓度 PEG 6000 处理对藜麦下胚轴长影响显著。在 25% PEG 6000 浓度胁迫下，黑藜下胚轴下降至 0.03 cm，白藜下胚轴长降至 0 cm，红藜下胚轴长下降到 0.13 cm。

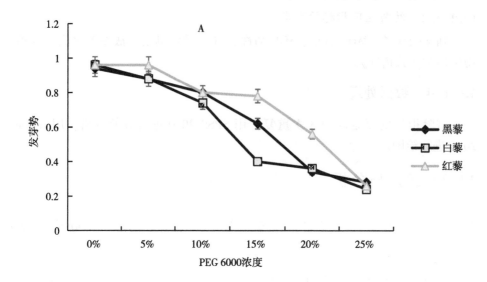

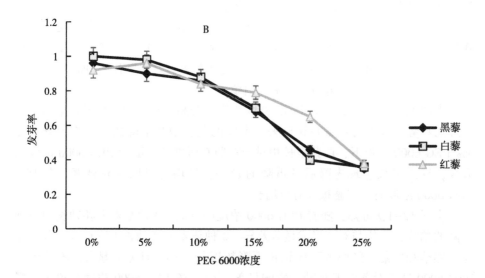

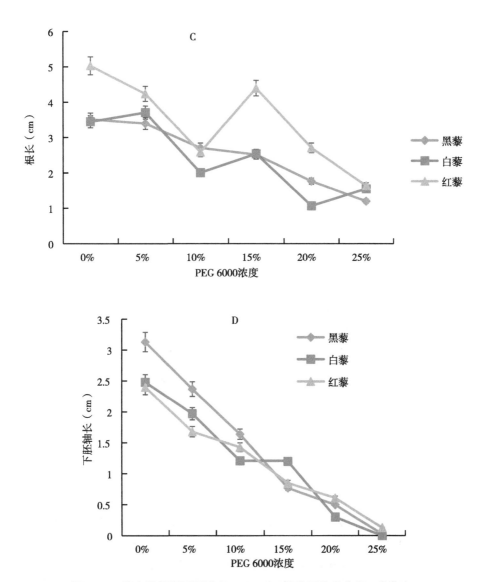

图 12-1 藜麦种子经不同浓度 PEG 6000 胁迫下的发芽势、发芽率、
根长、下胚轴长

12.2.2 干旱胁迫对藜麦幼苗主要生理特性的影响

12.2.2.1 干旱胁迫对藜麦幼苗脯氨酸和 MDA 含量的影响

由图 12-2 可知，随着 PEG 6000 浓度的逐渐增加，黑藜和白藜脯氨酸含

量先升后降，红藜脯氨酸含量先升后降再升，其含量均比对照高且差异达到显著水平。PEG 6000 浓度对藜麦脯氨酸含量影响极其显著，3 种藜麦间脯氨酸含量变化差异不显著。白藜脯氨酸含量在 0%、5% PEG 6000 浓度下差异不显著，在 10% PEG 6000 浓度下急剧上升，是对照 CK 处理下的 7.8 倍，在 10%~25% PEG 6000 浓度下差异不显著。红藜脯氨酸含量在 0%~15% PEG 6000 浓度下上升趋势较大且差异显著，在 15%~25% PEG 6000 浓度下上升趋势缓慢且差异不显著；黑藜脯氨酸含量在 0%~15% PEG 6000 浓度下上升趋势稍缓，在 20% PEG 6000 浓度下急剧上升。

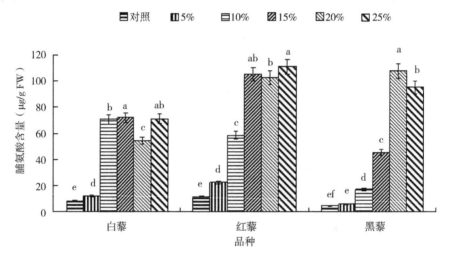

图 12-2 3 种藜麦种子经不同浓度 PEG 6000 胁迫下脯氨酸含量（$P \leqslant 0.05$）

由图 12-3 可知，随着 PEG 6000 浓度的上升，3 种藜麦 MDA 含量均有缓慢上升，藜麦品种和不同 PEG 6000 浓度对藜麦 MDA 含量的影响不显著。黑藜和白藜 MDA 含量差异不显著，黑藜和红藜差异显著。在 15% PEG 6000 浓度下，黑藜 MDA 含量增加稍急剧，差异显著，为对照组 CK 的 2.65 倍；白藜 MDA 含量在 15% PEG 6000 浓度剧增，差异明显且为对照组的 3.89 倍；在 20% PEG 6000 浓度下，红藜 MDA 含量与对照相比明显升高，为对照组的 2.04 倍。

12.2.2.2 干旱胁迫下对 3 种藜麦幼苗 SOD 和 POD 活性的影响

由图 12-4 可知，随着 PEG 6000 浓度的增加，3 种藜麦中 SOD 活性均出现先逐渐升高后降低的趋势，各处理间差异显著。在 5%~20% PEG 6000 浓度下藜麦 SOD 活性均高于对照组，黑藜和白藜在 15% PEG 处理时 SOD 活性最

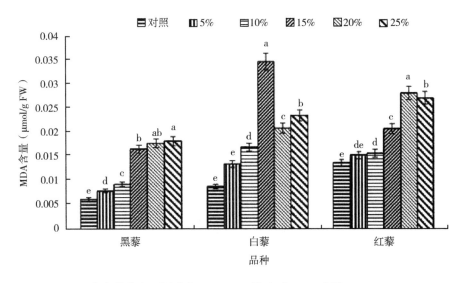

图 12-3　藜麦幼苗在不同浓度 PEG 6000 胁迫时 MDA 含量（$P \leqslant 0.05$）

高，分别为对照组的 1.43 倍和 1.42 倍，红藜在 20% PEG 6000 浓度处理时 SOD 活性最高，为对照组的 1.55 倍。

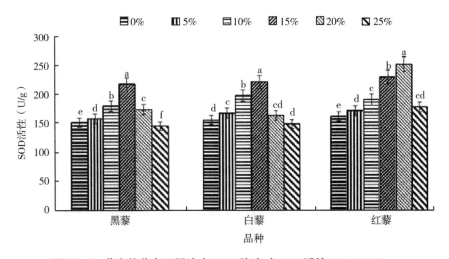

图 12-4　藜麦幼苗在不同浓度 PEG 胁迫时 SOD 活性（$P \leqslant 0.05$）

由图 12-5 可得，随着 PEG 6000 浓度的增加，3 种藜麦 POD 活性均先上升后下降。在 5%~20% PEG 6000 浓度下，黑藜和白藜 POD 活性差异不显著，但均比对照组高；在 15% PEG 6000 浓度下，黑藜和白藜 POD 活性最高，分别为对照组的 1.61 倍和 1.5 倍。在不同 PEG 6000 浓度下，红藜 POD 活性均比对照组高，上升趋势明显且差异显著，在 20% PEG 6000 浓度时 POD 活性最高，为对照组的 2.65 倍。

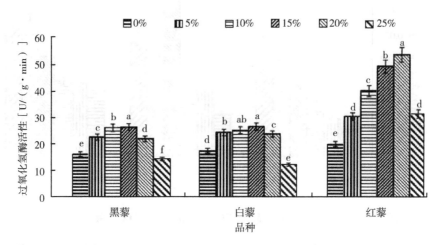

图 12-5　藜麦幼苗经不同浓度 PEG 6000 模拟干旱胁迫时 POD 活性（$P \leqslant 0.05$）

12.3　讨论与结论

12.3.1　不同浓度 PEG 胁迫下对不同藜麦发芽势、发芽率、根长、下胚轴长的影响

种子的发芽能力在胁迫条件下会发生变化，发芽率和发芽势是反映种子发芽能力的主要指标（吴晓珍 等，1997）。结果表明，随着 PEG 6000 浓度的升高，3 种藜麦的发芽势、发芽率、根长、下胚轴长均有显著降低，但低浓度胁迫对藜麦种子萌发和根长、下胚轴长的增长有一定的促进作用，这与吕亚慈等（2018）对不同藜麦品种萌发期抗旱性研究结果相符。PEG 6000 作为比较理想的渗透调节剂，在低浓度时，使种子缓慢吸水，促进细胞膜的修复，减少营养物质流失，降低电导率，提高种子萌发速度（张海旺 等，1989；孙渭 等，2003；宋丽华 等，2008）。而在高浓度 PEG 6000 胁迫下，由于渗透势过低，超过了种子、芽苗所能承受极限，从而抑制了藜麦种子萌发，这与大多数种子在干旱胁迫下的萌发规律是相似的（李翠 等，2011；杨柳 等，2011）。当 PEG 6000 浓度为 15% 时，忻藜 1 号和忻藜 2 号发芽率仍保持在 50% 以上，而当 PEG 6000 浓度达 20% 时，其发芽率降至 44% 和 46%，说明忻藜 1 号和忻藜

2 号种子耐旱阈值为 15%~20%。当 PEG 6000 浓度为 20% 时，忻藜 3 号发芽率仍保持在 50% 以上，而在 25% PEG 6000 浓度下降至 38%，说明忻藜 3 号种子耐旱阈值为 20%~25%。胚轴长和根长是植物种子萌发期抗旱性强弱的重要指标，通常认为它们与植物抗旱性呈正相关（李翠 等，2011，杨柳 等，2011）。通过本试验可以得出忻藜 3 号抗旱性最强，抗旱性最弱的是忻藜 2 号。

12.3.2　不同浓度 PEG 6000 胁迫下对不同藜麦中脯氨酸含量和 MDA 含量的影响

逆境条件下（如干旱、盐碱、热害、冻害等），植物体内游离脯氨酸含量会显著增加。此外，正常环境下，抗逆性好的植物品种体内游离脯氨酸含量（赵福庚，2004）。张弢（2012）的研究表明，在干旱条件下油菜幼苗脯氨酸含量明显增加。本试验结果表明：随着 PEG 6000 浓度的升高，3 种藜麦的脯氨酸含量均升高且明显高于对照组。造成这一结果可能是干旱胁迫导致藜麦细胞内外出现渗透不平衡，脯氨酸含量大大增加，以提高植株吸水能力，抵御干旱胁迫造成的损伤。在相同 PEG 6000 浓度下忻藜 3 号脯氨酸含量增加最为显著，说明忻藜 3 号抗逆性强于忻藜 1 号和忻藜 2 号。

植物遭受盐胁迫后体内 ROS 产生和清除动态被破坏，ROS 水平上升导致 MDA 大量累积，造成膜脂过氧化作用，使膜蛋白受损，细胞结构损害（Wang et al., 2006）。试验结果表明：当 PEG 6000 浓度低于 10% 时，忻藜 1 号和忻藜 2 号 MDA 含量增加缓慢，当 PEG 6000 浓度高于 15% 时明显增加；当 PEG 6000 浓度低于 15% 时，忻藜 3 号 MDA 含量增加稍缓；当 PEG 6000 浓度高于 20% 时急剧增加。这说明相同干旱程度下，忻藜 3 号受到的伤害小于忻藜 1 号和忻藜 2 号，忻藜 1 号受到的伤害小于忻藜 2 号。

12.3.3　不同浓度 PEG 6000 胁迫下对不同藜麦中 SOD 活性和 POD 活性的影响

研究表明，植物在逆境中会积累过量有毒自由基（王忠，2000）。植物的保护酶体系可以清除体内积累的 ROS 来缓解干旱胁迫对植物造成的损伤，SOD 作为膜保护的第一道防线，将毒性较强的 $O_2^{\cdot -}$，转化为毒性较轻的 H_2O_2，最终由 POD 将 H_2O_2 分解为 H_2O 和 O_2（刘文瑜 等，2015）。试验结果表明，随着 PEG 6000 浓度的升高，3 种藜麦 SOD 活性均表现出先升后降的趋势。说明轻度干旱胁迫下 SOD 活性就显著高以清除 ROS；25% PEG 6000 胁迫下，忻藜 1 号和忻藜 2 号 SOD 活性下降并低于对照组，而忻藜 3 号 SOD 活性虽然下降但仍比对照组高，即说明重度干旱下忻藜 1 号和忻藜 2 号细胞膜受损且超过

SOD 活性忍耐极限，而忻藜 3 号在重度干旱下细胞膜虽然受到一定损伤但未超过 SOD 活性忍耐极限。在 5%~20% PEG 6000 浓度下，忻藜 1 号和忻藜 2 号 POD 活性显著高于对照组，但在 25% PEG 6000 浓度时低于对照组，说明中度干旱胁迫下忻藜 1 号和忻藜 2 号具有较好清除 ROS 的能力，但重度干旱使其抗氧化酶系统受损，清除 ROS 能力下降，藜麦生长受阻，最终萎蔫死亡。在 25% PEG 6000 浓度时忻藜 3 号 POD 活性虽有下降但仍显著高于对照组，说明其在中度和重度干旱下具有较好清除 ROS 能力，这与李畅等（2015）对鹿角杜鹃种子研究结果相似。

综上所述，干旱胁迫对不同藜麦种子萌发和幼苗生长都具有抑制作用，同时藜麦也通过改变相应生物学、生理学特性来主动适应干旱，使干旱胁迫对藜麦的抑制和损害降到最低。虽然藜麦抗旱性较强，但不同藜麦对干旱的忍受程度不尽相同。就本试验研究结果，忻藜 3 号耐旱性最强，忻藜 1 号次之，忻藜 2 号最弱。

在藜麦种植过程中还是应该给予适当水分，本试验研究了 3 种藜麦在种子萌发期和幼苗期的耐旱性，但植物在不同生长阶段抗旱性不尽相同，不同品种藜麦抗旱性也不同，其他品种藜麦抗旱性和藜麦在其生活史其他阶段抗旱性如何，尚待进一步研究。

13 36份藜麦种质资源苗期抗旱性评价与筛选

近年来，随着全球气候变暖，干旱已经成为对作物生长和产量影响最严重的非生物胁迫之一（Keshavarz et al.，2017；Wang et al.，2015）。我国干旱地区的面积占国土总面积的一半以上，每年因旱灾造成的粮食损失约占全部灾害损失的60%（张圆 等，2023）。山西由于地理环境和气候条件的约束，干旱对农业造成了更为严重的经济损失（周晋红 等，2010），因此选育抗旱品种迫在眉睫。

藜麦（*Chenopodium quinoa* Willd.）是苋科藜属植物，富含多种有机物，蛋白质、维生素、多糖、黄酮等在糖脂代谢过程中发挥了多种有益健康的功效，其开发利用价值极高。藜麦对干旱、盐碱、土壤贫瘠等非生物胁迫都具有较好的耐受能力，可成为逆境条件下的优选作物（胡一波 等，2017）。筛选、培育抗旱藜麦品种是提高旱作土地水分利用率的重要保证，对于更加系统、深入地开展藜麦品种的研究具有重要的意义。

针对藜麦苗期抗旱性的研究，国内外学者都从多个角度进行了分析。Fuentes 等（2009）研究表明了藜麦种质资源具有遗传多样性，并发现种质不同，对干旱胁迫的应答程度不同。Canahua 等（1977）研究认为藜麦有较强抗旱性的原因是因为其形态特征，根系庞大，须根多而密。杨瑞萍（2021）研究了旱地地区5份藜麦种质不同生育期的生长发育和生理特性，并筛选出了蒙5为其中抗旱性最强的品种。

本研究用20%的PEG 6000溶液来模拟干旱胁迫并测定其形态指标，以各苗期指标的抗旱系数为依据，利用主成分分析、隶属函数法等方法综合评价其抗旱性。旨在比较36份藜麦种质的抗旱性，筛选抗旱藜麦种质，为今后藜麦抗旱育种实践提供理论依据。

13.1 材料处理与方法

13.1.1 材料试剂与仪器用具

所供试的藜麦种质资源共 36 份，其中来自玻利维亚有 21 份、厄瓜多尔有 10 份、内蒙古赤峰有 5 份，相关信息见表 13-1。

主要试剂是 PEG 6000 溶液。

仪器用具包括 72 个直径 9 cm 的培养皿；直径 9 cm 的滤纸；72 个口径约 7 cm、高约 7.37 cm、底径约 5 cm 的底部有漏口的塑料营养钵；4 个黑色土培托盘；分析天平；游标卡尺；烧杯和剪刀等。

表 13-1　36 份藜麦种质及来源

编号	种质名称	来源	编号	种质名称	来源	编号	种质名称	来源
1	红藜 16	玻利维亚	13	黄藜 33	玻利维亚	25	黄藜 76	厄瓜多尔
2	红藜 19	玻利维亚	14	黄藜 34	玻利维亚	26	黄藜 77	厄瓜多尔
3	红藜 43	玻利维亚	15	黄藜 40	玻利维亚	27	黄藜 78	厄瓜多尔
4	红藜 44	玻利维亚	16	黄藜 42	玻利维亚	28	黄藜 83	厄瓜多尔
5	黄藜 13	玻利维亚	17	黄藜 48	玻利维亚	29	黄藜 84	厄瓜多尔
6	黄藜 18	玻利维亚	18	黄藜 50	玻利维亚	30	黄藜 85	厄瓜多尔
7	黄藜 22	玻利维亚	19	黄藜 70	玻利维亚	31	黑藜 46	厄瓜多尔
8	黄藜 26	玻利维亚	20	黑藜 98	玻利维亚	32	黑藜 6	内蒙古赤峰
9	黄藜 28	玻利维亚	21	黑藜 30	玻利维亚	33	黄藜 3	内蒙古赤峰
10	黄藜 29	玻利维亚	22	红藜 49	厄瓜多尔	34	黄藜 4	内蒙古赤峰
11	黄藜 31	玻利维亚	23	红藜 5	厄瓜多尔	35	黄藜 9	内蒙古赤峰
12	黄藜 32	玻利维亚	24	黄藜 73	厄瓜多尔	36	黄藜 12	内蒙古赤峰

13.1.2 试验设计

挑选出表皮无破损、颗粒饱满、大小均匀一致的藜麦种子，用 75% 的酒精浸泡 3 min 进行消毒，用清水冲洗 3 次，之后均匀地播入装有营养土的营养钵中，由于藜麦种子较小，所以尽可能地有规律、有间隔地浅播在营养钵里，每个营养钵中播种 10 颗种子，每 2 个营养钵播种同一种子，分别用于对照和处理。

在藜麦种子萌发过程中避光黑暗处理，出芽后将营养钵置于温度为 24 ℃，湿度为 65% 的 12 h 光照、12 h 黑暗的光照培养架中培养。待藜麦幼苗多数长到四叶一心时，进行间苗，每盆留长势强壮、高度一致的 5 株植株进行后续试验。此时对照组营养钵仍然全部正常浇水，试验组营养钵中加入已配置好的等量的浓度为 20%（经预试验得出）的 PEG 6000 溶液进行灌根处理来模拟干旱。连续灌根 7 d 后测量两组幼苗的株高、叶长和其他形态指标，每个指标测定重复 3 次。整个育苗期间用称重法来补充相应的溶液。

13.1.3　指标测定

13.1.3.1　形态指标测定

用勺子把营养钵里的土松软后，小心地将幼苗和根完整地取出来，注意不要损伤根部，从营养钵中随机抽取长势相同的 3 株幼苗进行测定。用游标卡尺测量主茎到植株最顶端的长度即为株高（cm）；主根的长度即为根长（cm）；最大叶的长度即为叶长（cm）；用剪刀沿幼苗的叶柄部顶端完整剪断后，用分析天平测量其重量即为叶鲜重 W_f（g）；之后放入蒸馏水中浸泡 6 h 使叶片吸水饱和，用滤纸擦干水分后测量其重量即为叶片饱和鲜重 W_t（g）；完成后放入鼓风干燥箱中 105 ℃ 杀青 15 min 后 80 ℃ 烘干后测量重量即为叶干重 W_d（g）；将根部清洗干净后用滤纸吸干水分后测量地下部的主根和所有侧根的重量即为地下部鲜重 RFW（g）；烘干至恒重后即为地下部干重 RDW（g）；利用公式（W_f-W_d）／（W_t-W_d）×100% 计算得出的即为叶片相对含水量；地下部含水量（%）可用地下部鲜重与干重的差值与地下部鲜重的比值来表示。根冠比（%）可用植株根系的鲜重与植物冠层鲜重的比值来表示。

13.1.3.2　数据统计方法

变异系数：利用 Excel 软件计算出各指标对照组和处理组的标准差与其平均值之比。

抗旱系数（DC）：利用 Excel 软件计算出某一指标在干旱胁迫下测定值与对照测定值的比值。

抗旱性综合评价值（D）：采用高亚宁（2023）的方法，运用 SPSS 软件并利用公式计算。隶属函数值 u（X_j）＝（X_j-X_{min}）／（X_j-X_{min}）（$j=1$，2，…，n），其中，X_j 表示第 j 个综合指标因子的值；X_{min} 表示第 j 个综合指标因子的最小值；X_{max} 表示第 j 个综合指标因子的最大值。权重 $W_j=P_j/\sum_{j=1}^{n}P_j$（$j=1$，2，…，$n$），其中，$W_j$ 表示全部综合指标因子中第 j 个综合指标因子的所占的重要程度；P_j 为第 j 个综合指标因子的方差贡献率。之后计算出综合评价值 D＝$\sum_{j=1}^{n}$u（u（X_j）×W_j）（$j=1$，2，…，n），并依据 D 值进行聚类分析，比较并划分出抗旱品类，筛选出抗旱种质资源。

13.2 结果与分析

13.2.1 单项指标测定值分析

从图 13-1 中可得出，所测定的除根冠比外 11 项指标在干旱胁迫后都有明显下降，其中株高下降幅度均值在 32.969%；根长下降幅度均值在 41.880%；叶长平均下降 22.775%；叶片鲜重下降幅度在 13.534% ~ 163.265%；地下部鲜重下降幅度在 27.273% ~ 76.471%，均值在 44.659%；说明 20% 的 PEG 6000 溶液模拟的干旱胁迫对藜麦种质生长有抑制作用。而根冠比最高上涨幅度达 81.73%，说明此胁迫下对植株冠层的影响比对植株根部的影响大。结合各指标的变化可以说明这 11 个指标对干旱胁迫后的 36 份藜麦种质有很大差异，可以作为分析 36 份供试藜麦种质抗旱性的测定指标。

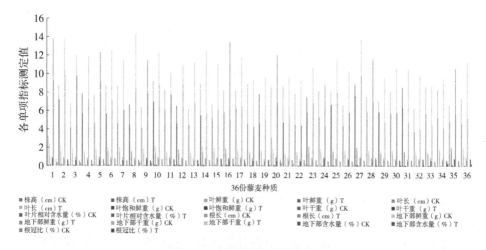

图 13-1 各单项指标测定值

表 13-2 为 36 份供试藜麦种质苗期各单项指标的最大值、最小值、均值、标准差和变异系数。表中对照和干旱胁迫后的各单项指标均有明显差异，说明所选择的这 11 项指标都可以在一定程度上反映 36 份藜麦种质苗期的抗旱性。正常供水情况下测定的 11 项单项指标的变异系数均小于干旱胁迫下的变异系数，胁迫后涨幅均值在 58.03%，最大值是叶片相对含水量的涨幅为 109.18%，最小值是地下部鲜重的涨幅是 3.65%，说明这 36 份藜麦种质资源都进行了不同程度的干旱应答反应，且叶片的应答程度比根部对干旱的应答反

应程度更明显。正常对照下，各指标变异系数均值是 0.211，范围在 0.059～0.366，说明了所供试的藜麦种质资源均一稳定，差异性不明显，适合用于种质资源的筛选和抗旱性评价；干旱胁迫下，其变异系数均值在 0.311，范围在0.124～0.561，说明在此干旱胁迫下所供试的藜麦种质资源的应答敏感性有较大差异，可在一定程度上达到预期结果来筛选抗旱种质。

表 13-2　各单项指标测定值

	最大值 CK	最大值 T	最小值 CK	最小值 T	平均值 CK	平均值 T	标准差 CK	标准差 T	变异系数 CK	变异系数 T
株高（cm）	9.23	7.63	6.16	3.09	7.82	5.23	0.89	1.05	0.11	0.20
叶长（cm）	2.42	1.68	0.076	0.032	1.82	1.41	0.21	0.12	0.11	0.20
叶片鲜重（g）	0.213	0.120	1.49	1.20	0.113	0.065	0.028	0.024	0.248	0.376
叶片饱和鲜重（g）	0.216	0.153	0.083	0.049	0.124	0.091	0.027	0.027	0.218	0.295
叶片干重（g）	0.015	0.012	0.006	0.003	0.010	0.006	0.003	0.002	0.253	0.392
叶片相对含水量	0.98	0.83	0.78	0.55	0.89	0.68	0.05	0.08	0.059	0.124
根长（cm）	14.36	9.94	8.79	3.97	11.252	6.604	1.467	1.801	0.130	0.273
地下部鲜重（g）	0.038	0.019	0.01	0.004	0.019	0.010	0.007	0.004	0.359	0.372
地下部干重（g）	0.011	0.01	0.002	0.001	0.006	0.004	0.002	0.002	0.366	0.472
地下部含水量（%）	88.24	78.57	54.55	41.18	69.33	61.30	8.08	9.57	0.117	0.156
根冠比（%）	41.46	45.95	11.11	5.48	0.169	0.184	0.059	0.103	0.347	0.561

利用 36 份藜麦种质资源苗期各单项指标的标准值和平均值的比值求得抗旱系数（DC 值）如图 13-2 所示，可得出在同一指标下的不同种质其抗旱系数也存在差异，各单项指标的整体抗旱系数均值在 0.688，其中的抗旱系数最大值是 1.82，最小值是 0.11。抗旱系数的差异性也表明这 11 个指标可以在一定程度上表明不同藜麦种质资源对干旱胁迫的敏感性不同。

13.2.2　指标间的相关性和显著性分析

利用抗旱系数对这 11 项指标进行主成分相关性矩阵分析后，发现很多单项指标跟其他指标之间都存在显著性。由表 13-3 数据可知，单尾检验后的抗旱系数，根冠比除了地下部含水量外，跟其他指标都是极显著或显著；地下部含水量和地下部鲜重、地下部干重之间都是呈现显著性。说明这些指标在干旱

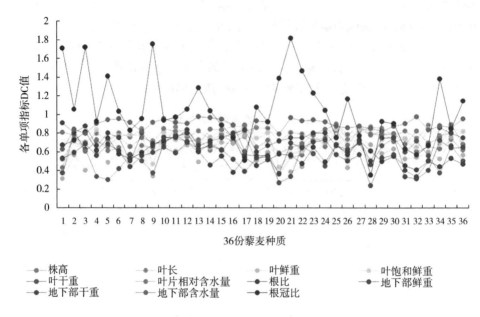

图 13-2　各单项指标抗旱系数

胁迫下 36 份藜麦种质资源间存在较大的相关性，指标间互相影响，可在一定程度度上表示和筛选供试藜麦的抗旱能力和抗旱种质。

表 13-3　指标间的显著性

	株高（cm）	叶长（cm）	叶鲜重（g）	叶饱和鲜重（g）	叶干重（g）	叶片相对含水量	根长（cm）	地下部鲜重（g）	地下部干重（g）	地下部含水量（%）	根冠比（%）
株高（cm）											
叶长（cm）	0.004										
叶鲜重（g）	0	0.003									
叶饱和鲜重（g）	0	0	0								
叶干重（g）	0	0.126	0.001	0.012							
叶片相对含水量	0	0.348	0	0.007	0.001						
根长（cm）	0.091	0.139	0.343	0.171	0.485	0.308					
地下部鲜重（g）	0.359	0.078	0.439	0.494	0.496	0.346	0.04				

（续表）

	株高（cm）	叶长（cm）	叶鲜重（g）	叶饱和鲜重（g）	叶干重（g）	叶片相对含水量	根长（cm）	地下部鲜重（g）	地下部干重（g）	地下部含水量（%）	根冠比（%）
地下部干重（g）	0.476	0.016	0.439	0.328	0.322	0.161	0.012	0			
地下部含水量（%）	0.298	0.137	0.332	0.12	0.248	0.197	0.187	0.02	0.031		
根冠比（%）	0	0	0	0	0.004	0.001	0.037	0	0.001	0.433	

从表 13-4 可以看出，相关性最强的两个指标是叶鲜重和叶饱和鲜重，它们呈现正相关，比值为 0.91；叶饱和鲜重和根冠比呈现较强的负相关，比值是 -0.75。地上部形态指标中的叶片相对含水量和叶鲜重具有 0.741 的正相关性，地下面形态指标中的地下部鲜重和根冠比具有 0.581 的正相关性。这说明藜麦种质的抗旱性是多个形态指标共同作用的，不是单一指标作用后的结果。叶鲜重和地下部鲜重之间存在正相关的关系，比值为 0.027，但相关性不明显。说明干旱胁迫后对叶和根的鲜重变化较大，且两者之间的互相影响作用可能不是很强，可能是在此 20% 的 PEG 6000 的浓度下，藜麦幼苗对叶和根的应答敏感反应程度有较大差异。

表 13-4　指标间的相关性

	株高（cm）	叶长（cm）	叶鲜重（g）	叶饱和鲜重（g）	叶干重（g）	叶片相对含水量	根长（cm）	地下部鲜重（g）	地下部干重（g）	地下部含水量（%）	根冠比（%）
株高（cm）	1										
叶长（cm）	0.429	1									
叶鲜重（g）	0.727	0.454	1								
叶饱和鲜重（g）	0.623	0.556	0.91	1							
叶干重（g）	0.54	0.196	0.501	0.376	1						
叶片相对含水量	0.606	0.068	0.741	0.407	0.481	1					
根长（cm）	0.227	-0.186	-0.07	-0.163	0.006	0.086	1				
地下部鲜重（g）	0.063	-0.241	0.027	0.003	-0.002	0.069	0.296	1			
地下部干重（g）	0.01	-0.358	0.027	-0.077	-0.08	0.17	0.374	0.71	1		

(续表)

	株高 (cm)	叶长 (cm)	叶鲜 重 (g)	叶饱和 鲜重 (g)	叶干 重 (g)	叶片相 对含 水量	根长 (cm)	地下部 鲜重 (g)	地下部 干重 (g)	地下部 含水量 (%)	根冠 比 (%)
地下部 含水量 (%)	0.091	0.187	0.075	0.201	0.117	-0.146	-0.152	0.344	-0.313	1	
根冠比 (%)	-0.531	-0.537	-0.766	-0.75	-0.441	-0.489	0.301	0.581	0.492	0.029	1

13.2.3 主成分分析

从表 13-5 中可看出，主成分分析后的前 3 个主成分的累积贡献率总和达 74.073%>70%，分别为 39.689%、21.504%、12.88%；特征根 $\lambda = 11 > 1$，表明主成分分析后转化生成的这 3 个综合指标因子概括性强，可包括大部分的指标信息，能代替原来的 11 个单项指标来进行统计分析和讨论。

表 13-5 总方差解释

成分	总计	方差百分比	累积（%）
1	4.366	39.689	39.689
2	2.365	21.504	61.193
3	1.417	12.88	74.073
4	0.869	7.902	81.975
5	0.834	7.582	89.557
6	0.492	4.473	94.03
7	0.35	3.18	97.21
8	0.226	2.052	99.262
9	0.063	0.576	99.838
10	0.015	0.135	99.973
11	0.003	0.027	100

利用最大方差法将 11 个指标旋转后，从表 13-6 中可以得出，在主成分 1 中，株高、叶鲜重、叶饱和鲜重、叶干重、叶片相对含水量和根冠比等指标因子系数的绝对值大，表示该综合指标可主要代表地上部和比值指标。在此主成分中，根冠比的值为负值，而其他指标都为正值，表明根冠比与株高、叶鲜重、叶饱和鲜重、叶干重、叶片相对含水量之间可能存在一定的抑制关系；在主成分 2 中，根长、地下部鲜重、地下部干重的因子系数的绝对值大，说明该

综合指标可反映地下部的重量指标；主成分 3 中的地下部含水量系数大，表明该综合指标可表示地下部的比值指标。

表 13-6　旋转后的成分矩阵

	成分 1	成分 2	成分 3
株高（cm）	0.855	0.088	0.052
叶长（cm）	0.474	−0.493	0.273
叶鲜重（g）	0.96	−0.05	0.048
叶饱和鲜重（g）	0.834	−0.203	0.243
叶干重（g）	0.649	−0.004	0.031
叶片相对含水量	0.776	0.218	−0.28
根长（cm）	0.049	0.618	−0.173
地下部鲜重（g）	0.017	0.818	0.529
地下部干重（g）	0.025	0.888	−0.107
地下部含水量（%）	0.044	−0.121	0.924
根冠比（%）	−0.746	0.608	0.172

13.2.4　线性回归分析

用回归线性进一步筛选可靠指标，将 11 种指标的 DC 值作为自变量，D 值作为因变量，由调整后 $R^2 = 0.984$ 可以分析出藜麦种子出现干旱应答反应中有 98.4% 都是由这 11 个指标有关，这表明这次回归分析建立指标比较准确，这 11 个指标的 DC 值对 D 值有显著影响。

由表 13-7 可得，D 值与单项各指标的 DC 值两者之间具有极显著性，说明各单项指标的 DC 值很大程度上影响藜麦种质的抗旱性。且均都为正相关，表明这些指标 DC 值与 D 值正向影响，各指标 DC 值越大，D 值越大。回归线性分析后得到逐步回归方程：D 值 = −0.96+0.309×株高+0.062×叶长+0.257×叶鲜重+0.218×叶饱和鲜重+0.16×叶干重+0.348×叶片相对含水量+0.183×根长+0.351×地下部鲜重+0.243×地下部干重+0.218×地下部含水量+0.001×根冠比。利用该方程计算出预测 D 值，并对预测 D 值与利用隶属函数法所得出的 D 值进行相关性分析，结果表明两者之间具有显著相关性，表明可以利用该方程来对不同藜麦种质抗旱性的强弱进行预测。

表 13-7　以 D 值为因变量的回归系数

	未标准化系数 B	显著性
常量	-0.96	0.000
株高（cm）	0.309	0.000
叶长（cm）	0.062	0.000
叶鲜重（g）	0.257	0.000
叶饱和鲜重（g）	0.218	0.000
叶干重（g）	0.16	0.000
叶片相对含水量	0.348	0.000
根长（cm）	0.183	0.000
地下部鲜重（g）	0.351	0.000
地下部干重（g）	0.243	0.000
地下部含水量（%）	0.218	0.000
根冠比（%）	0.001	0.000

13.2.5　聚类分析

　　D 值可以综合评价所供试藜麦种质资源的抗旱性，D 值越大，代表该品种抗旱性越强。利用 D 值进行系统聚类分析，聚类谱系图如图 13-3 所示，在欧式距离 10 处，可将这 36 份供试种质资源划分为 4 类：第一类为抗旱型，包括黄藜 31 号、黄藜 40 号、红藜 19 号、红藜 5 号、黄藜 73 号、黄藜 29 号、黄藜 76 号、黄藜 9 号、黄藜 32 号、黄藜 78 号共 10 份，占供试种质的 27.78%，D 值介于 0.753~0.848，均值在 0.800，其中抗旱性最强的是来自玻利维亚的黄藜 32 号；第二类为较抗旱型，包括黄藜 26 号、黄藜 33 号、黄藜 18 号、红藜 44 号、黄藜 12 号、黄藜 4 号、黄藜 13 号、红藜 43 号、黄藜 70 号、红藜 49 号、黄藜 83 号、黄藜 48 号、黄藜 84 号、黄藜 34 号、黄藜 85 号、黄藜 42 号共 16 份，占供试种质的 44.45%，D 值介于 0.543~0.713，均值是 0.635；第三类为较不耐旱型，包括黄藜 22 号、黑藜 046 号、黑藜 6 号、黑藜 30 号、黄藜 3 号、黄藜 77 号、黄藜 28 号、黄藜 50 号、红藜 16 号共 9 份，占供试种质的 25%，D 值介于 0.375~0.505，均值在 0.458；第四类为不耐旱型，包括黑藜 98 号共 1 份，占供试种质的 2.78%，D 值为 0.186。

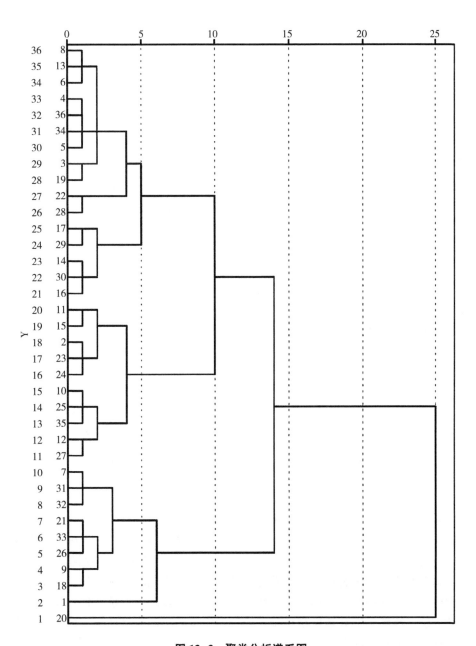

图 13-3 聚类分析谱系图

13.3 讨论与结论

目前，我国土地干旱化程度日益严峻，导致植物生长发育受到抑制，产量下降，影响我国农业的发展。选育出耐旱农作物品种可以有效减少干旱胁迫给农业生产带来的危害。藜麦由于自身的抗旱、耐盐碱的特性和巨大的开发利用价值，现已成为广泛种植的作物（陈明君 等，2021）。因此筛选出藜麦抗旱品种来应对干旱胁迫更是十分有必要的。

在进行藜麦抗旱性种质评价与筛选过程时，结合了藜麦的实际情况需要和前人对其他品种如小豆（单云鹏 等，2019）、甜菜（李王胜 等，2022）、马铃薯（王谧 等，2014）和大麦（张毅 等，2022）的生长期抗旱性研究，测定了 36 份藜麦种质在苗期 PEG 6000 溶液干旱胁迫与正常浇水两种条件下株高、叶鲜重等 11 个抗旱鉴定指标的变化情况。并且通过相关性分析、主成分分析法、聚类分析法等多种分析方法综合评价了 36 份藜麦种质苗期各生长指标对干旱胁迫的响应。

试验结果表明，测定的 11 个指标除根冠比外处理组的数值都小于对照组，这与贾双杰等（2020）发现的在干旱胁迫下玉米的株高和各器官干重呈现下降趋势的研究结果是符合的。唐利华等（2019）研究结果表明甜菜叶片和根部的含水量都在降低，与本研究结果一致。而根冠比在干旱胁迫下增大，这与 Sun 等（2014）研究表明的在干旱胁迫下藜麦会通过增大根冠比来应对干旱应答具有一致性。

通过主成分分析，测定的 11 个指标综合概括成 3 个主成分，其累积贡献率达 71.510% > 70%。利用回归线性初步建立了预测藜麦抗旱性的方程来预测 D 值，将其与通过隶属函数计算得出的 D 值进行相关性分析，发现两者之间存在显著相关性。根据 D 值用聚类分析将 36 份藜麦种质资源划分为 4 个不同抗旱等级，第一类为抗旱型，第二类为较抗旱型，第三类为较不耐旱型，第四类为不耐旱型。筛选出抗旱种质包含黄藜 31 号、黄藜 40 号、红藜 19 号、红藜 5 号、黄藜 73 号、黄藜 29 号、黄藜 76 号、黄藜 9 号、黄藜 32 号、黄藜 78 号，其中来自玻利维亚的黄藜 32 号抗旱性最强，这为进一步研究和种植藜麦提供依据。

综合判断，干旱胁迫会抑制藜麦幼苗的生长，不同藜麦种质幼苗对干旱胁迫的应答反应和耐受能力不同，本研究结果建立了藜麦苗期抗旱性评价体系和筛选方法，能够较客观地反映出藜麦苗期对干旱胁迫的应答情况，能较为准确地筛选出藜麦抗旱品种，为以后进一步开展藜麦抗旱育种试验提供基础支撑。但由于藜麦不同生长期对干旱胁迫的应答反应不同，所以本试验也有一定的局限性，还要进一步从藜麦的萌发期、芽期等其他不同生长阶段进行形态指标和生理生化指标的综合抗旱性分析才更加全面、有效。

14　3种盐胁迫下静乐藜麦种子与幼苗抗逆指标的检测

　　山西静乐县因无工业污染，水质好，阳光足等优越的地理环境，与藜麦的种植完美结合，使其成为继南美洲安第斯山区、美国之后全球第三大藜麦种植基地，被称为"中国藜麦之乡"。藜麦籽粒中含有人体所需9种必需氨基酸，相近于动物的完全蛋白（蛋白质含量在15%左右），约为稻米和玉米的2倍；藜麦籽实中的钙和锰等矿物质含量也高于常见谷物，容易被吸收利用；此外藜麦种子富含多种活性成分，其中多酚类化合物能够阻碍细胞间的通信连接和抑制脂肪酸酶活性而达到抗氧化作用；黄酮类化合物中，槲皮素具有抗炎的功效。藜麦作为一种三低食物（低脂、低糖、低淀粉），恰当使用能够减少糖尿病的发生（王藜明 等，2004）；除此之外，藜麦在工业上（如制油工业）、农业上（如生产饲料）以至观赏方面都具有很高的研究价值和应用价值，是未来最具潜力的农作物之一。

　　当前土壤盐渍化是全球面临的主要问题之一。有统计显示，地球上97.5%的水都是咸水，全世界盐碱地面积超过8亿 hm^2，占全球陆地总面积的6%。随着世界人口的增加以及人类活动的加剧，盐渍化问题越来越严重（项玉英 等，2006）。就我国而言，当前盐渍土面积达 3 500万 hm^2，虽已有部分开垦种植，但仍有1 700万 hm^2 的潜在盐渍化土壤。由于大多数作物表现对盐碱胁迫敏感，因此耐盐性的研究显得尤为重要。

　　鉴于此前王晨静、陆国权等（2014）研究了中性盐 NaCl 对藜麦生长的影响，结果为不同盐胁迫对藜麦种子发芽和幼苗生长表现出不同效应；Asish 研究（2014）得出植物在受到逆境胁迫时，会通过自身的抗氧化酶系统和抗氧化剂清除 ROS，提高其抗逆性；张秀玲等（2007）对于罗布麻盐胁迫的研究表明：低浓度中性盐可适当提高罗布麻种子发芽率，且在 $0 \sim 50$ mmol/L 时发芽率有明显增加氧化剂趋势；盐种类不同，对罗布麻伤害不同：$Na_2CO_3 > NaCl > Na_2SO_4$。

　　本试验在前人研究基础上继续探究不同盐类对藜麦生长的影响，对后期推广静乐藜麦在滩涂盐碱地种植及藜麦的耐盐性研究提供理论依据。

14.1 材料与方法

14.1.1 材料

静乐藜麦种子，由山西省农业科学院玉米研究所提供。

14.1.2 试验方法及处理

14.1.2.1 材料处理

选取颗粒饱满的静乐藜麦种子，用自来水冲洗干净，再用蒸馏水冲洗 2~3 次，晾干备用（袁俊杰 等，2005）。

14.1.2.2 发芽试验

试验设为两组：在预先准备好的直径 9 cm 的培养皿中，各铺两层滤纸，每皿 50 粒种子放好，然后各添加事先配置好的盐溶液 4 mL（NaCl、NaHCO$_3$ 和 Na$_2$CO$_3$ 浓度分别为 0 mmol/L、30 mmol/L、40 mmol/L、50 mmol/L 和 60 mmol/L），对照组用蒸馏水处理，每个浓度设 3 次重复，置于 25 ℃ 培养箱中培养，萌发条件为 16 h 光照/8 h 黑暗，种子萌发以胚根露出种皮 2 mm 为标准，培养过程中及时补加处理液以保证其浓度。

14.1.2.3 栽培试验

种子萌发第 2 d 时，进行移栽。将预先准备好的砂土用自来水浸透，静置一段时间后使用，每个纸杯装入 3/4 的砂土，每杯移栽 15 株，并浇灌各浓度盐溶液，置于培养架上培养。定期记录幼苗生长状况，考虑到营养需求，适时为其补充营养液。

14.1.3 指标测定

14.1.3.1 种子发芽情况测定

定期记录种子的萌发数，第 4 d 统计发芽势，第 7 d 统计其发芽率，计算 7 d 内的种子发芽指数和活力指数，第 8 d 每重复取 10 株幼苗测其株高及鲜重。

发芽率（%）= 7 d 内发芽种子数/供试种子总数×100；发芽势 = 4 d 内的发芽种子数/供试种子总数×100%；发芽指数 = $\sum$（Gt / Dt）（Gt 为发芽数；Dt 为相应的发芽天数）；活力指数 = 发芽指数×幼苗平均鲜重。

14.1.3.2 静乐藜麦幼苗抗逆性指标测定

指标测定同第 12 章。

14.1.4　数据处理

采用 Microsoft Excel 2010 和 SPSS 24 对数据进行分析。

14.2　结果与分析

14.2.1　3 种盐对静乐藜麦种子萌发、株高及鲜重的影响

盐胁迫对静乐藜麦种子萌发的抑制作用，总体表现为使种子的发芽率、发芽势及发芽指数降低。由表 14-1 可知，NaCl 处理的幼苗在 30~50 mmol/L 时，发芽率、发芽势及发芽指数逐渐升高，相比于对照组差异显著。在 50 mmol/L 时的活力指数达到最高值，与对照相比无明显差别。NaHCO$_3$ 和 Na$_2$CO$_3$ 处理下，幼苗的发芽率和发芽指数均比对照显著下降，NaHCO$_3$ 处理的发芽率下降了 8%，而 Na$_2$CO$_3$ 处理的下降 10%。这两种处理的幼苗活力指数相比于对照组均有明显下降。

表 14-1　不同盐类对静乐藜麦种子萌发、株高及鲜重的影响

盐类	浓度 （mmol/L）	发芽率 （%）	发芽势 （%）	发芽指数 （%）	活力指数	株高 （cm）	鲜重 （g）
	0	89.30±5.20^d	85.60±5.77^d	10.13±2.14^{cd}	20.4±31.35^{ab}	3.42±0.03^a	0.12±0.43^d
	30	95.30±2.50^{ab}	94.06±2.84^b	20.35±2.41^b	15.9±41.91^b	4.26±0.38^b	0.12±0.34^{bc}
NaCl	40	95.30±4.31^b	94.60±1.91^b	15.93±1.65^{bc}	5.96±0.25^c	4.82±0.11^{ab}	0.13±0.34^b
	50	96.60±2.50^a	95.00±1.44^a	20.38±1.38^a	20.0±20.38^a	5.22±0.11^a	0.14±0.12^a
	60	92.00±4.38^c	86.00±5.20^c	10.76±1.91^c	3.48±0.71^d	4.04±0.38^{bc}	0.12±0.43^c
	0	89.30±2.14^a	85.60±1.44^b	16.62±1.27^a	6.00±0.89^a	3.49±0.13^d	0.12±0.14^a
	30	85.30+3.54^c	88.00+3.82^a	11.40+1.76^c	2.84+0.42^c	3.63+0.49^a	0.11+0.34^b
NaHCO$_3$	40	86.00±3.12^b	87.3±3.82^{ab}	15.46±1.92^{ab}	4.83±0.77^b	3.60±0.49^{ab}	0.11±0.35^c
	50	83.30±5.20^d	83.30±1.86^c	9.27±0.69^d	1.76±0.22^d	3.45±0.13^{bc}	0.10±0.38^{de}
	60	81.30±7.14^e	78.00±2.34^d	3.91±0.35^e	0.62±0.33^e	3.49±0.34^a	0.10±0.38^d
	0	89.30±3.25^a	88.00±1.44^a	10.14±0.40^a	1.84±0.57^a	3.49±0.34^a	0.12±0.17^a
	30	78.60±5.20^{cd}	76.00±3.84^c	9.13±0.16^b	0.95±0.12^c	3.09±0.56^b	0.11±0.28^b
Na$_2$CO$_3$	40	78.20±5.20^{ce}	76.00±3.84^{cd}	6.04±0.65^c	0.44±0.15^{cd}	3.03±0.56^{bc}	0.11±0.39^c
	50	82.00±4.32^b	86.00±2.34^b	4.00±0.29^d	1.53±0.77^b	2.74±0.35^{bd}	0.10±0.47^{de}
	60	79.30±5.20^c	82.0±2.34^{bc}	7.99±0.05^{bc}	0.20±0.05^d	2.04±0.34^c	0.10±0.47^c

试验中 3 种盐对于静乐藜麦幼苗株高和鲜重，在设置的试验浓度内都表现出低促高抑的特点。其中 NaCl 相对于对照组在浓度范围内表现为较明显的促进作用，在 50 mmol/L 时株高为 5.22 cm，相比于对照的 3.42 cm 差异显著，在 60 mmol/L 时促进作用减弱，说明静乐藜麦对于 NaCl 的抗逆性高于后两者；NaHCO₃ 在各个浓度上对株高的促进作用与 NaCl 相比不明显；Na₂CO₃ 在 3 种盐中表现出抑制作用最强，这种抑制作用同样可在对于幼苗鲜重的影响上得知。

14.2.2　3 种盐对静乐藜麦 MDA 含量的影响

逆境下植物体内 ROS 会积累，从而诱发细胞膜过氧化。细胞受到的毒害作用越大，MDA 含量越高（袁俊杰 等，2005）。由图 14-1 可知，随着盐浓度的增加，3 种盐胁迫下静乐藜麦幼苗 MDA 含量均有不同程度的增加。其中，Na_2CO_3 处理与对照组在各个浓度上差异显著，在 60 mmol/L 时含量达到 8.98 μmol/g（FW）；而 $NaHCO_3$ 和 NaCl 处理在 40 mmol/L 浓度下，叶片中 MDA 含量与对照组无显著差异，之后随着盐浓度增加差异变得明显。3 种盐处理中，Na_2CO_3 处理幼苗中 MDA 含量最高，说明其过氧化程度最高，细胞膜受到伤害最严重。静乐藜麦对于 3 种盐抗性：$NaCl > NaHCO_3 > Na_2CO_3$。

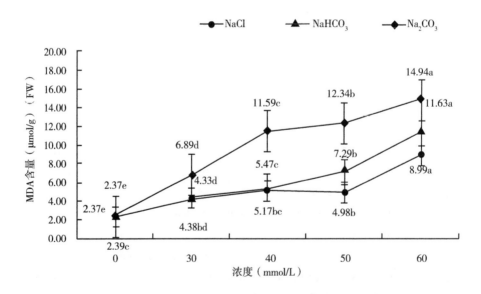

图 14-1　3 种盐对静乐藜麦 MDA 含量的影响

14.2.3　3种盐对静乐藜麦脯氨酸含量的影响

非正常条件下生长的植物，体内游离脯氨酸含量会增加。因此可以通过测定其含量探究不同条件下植物的抗逆性（张秀玲 等，2007）。从图14-2可以得知，NaCl处理在30~50 mmol/L时，幼苗的脯氨酸含量逐渐升高，且与对照组差异显著，此后脯氨酸含量开始下降，说明抗性逐渐减弱；在0~50 mmol/L时，NaHCO₃和Na₂CO₃处理的脯氨酸含量差异明显，在50 mmol/L时，两处理的脯氨酸含量几近相等，此后随着盐浓度升高差异变得不明显。静乐藜麦对于3种盐的抗性：NaCl > NaHCO₃ > Na₂CO₃。

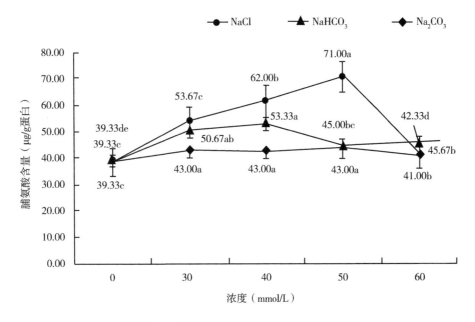

图14-2　3种盐对静乐藜麦脯氨酸含量的影响

14.2.4　3种盐对静乐藜麦CAT活性的影响

CAT是植物体内重要的保护酶之一，可通过清除代谢过程中产生的 H_2O_2，减少因 H_2O_2 积累而造成的细胞毒害作用。因而可通过测定其活性的高低判定植物的抗逆程度。由图14-3检测分析结果知，在所设置的浓度范围内，NaCl处理和NaHCO₃处理幼苗的CAT活性均与对照组差异显著，分别在30 mmol/L、50 mmol/L达到最高，NaCl处理为372 U/（g·min），NaHCO₃处理为352 U/（g·min）。处理浓度为40~60 mmol/L时，Na₂CO₃处理与

NaHCO₃处理间差异极显著。其中 Na₂CO₃处理的幼苗的 CAT 活性在 50 mmol/L 最低，比对照下降了 28%，达显著水平。

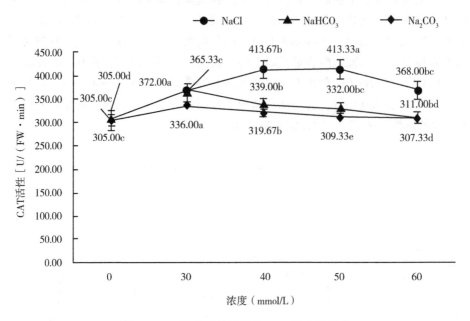

图 14-3　3 种盐对静乐藜麦 CAT 活性的影响

14.3　讨论与结论

　　藜麦作为一种兼性盐生植物，对于不同盐耐受程度不同，抗性不一。盐胁迫对于藜麦的影响表现在两个时期：芽期和苗期（Koyro et al.，2007）。通过预试验发现一定浓度 NaCl、NaHCO₃、Na₂CO₃ 三者对于静乐藜麦的生长均存在不同程度的胁迫作用，其中后两者的胁迫作用高于前者，其在种子萌发阶段没有明显的抑制作用，但在幼苗阶段即表现为使幼苗变黄，生长无力，后致幼苗死亡，种子变黑。其中 60 mmol/L Na₂CO₃ 对于静乐藜麦为最大耐受限度。为了缓解这种负面作用，试验方法经改进，进行发芽和栽培试验，并设置对照组，对试验数据进行分析整理，并对幼苗进行抗逆生理指标检测。

　　在静乐藜麦种子的萌发过程中，盐胁迫表现出延迟发芽，这一点在 3 种盐处理下的萌发情况都有所体现，如对照组在第 1 d 时，对照组的发芽率为 69.3%，30 mmol/L NaCl 为 66.7%、NaHCO₃ 为 58%、Na₂CO₃ 为 62.7%，而在以后的萌发中发芽率越来越接近于对照组。发芽率从第 4 d 开始趋于平稳，

NaCl 处理先对于对照组差异显著，通过对发芽率的计算及对发芽情况的观察，Na_2CO_3 较 NaCl、$NaHCO_3$ 有较明显的抑制作用。在设置的盐浓度范围内，NaCl 处理在 50 mmol/L 时发芽率最大，相比于对照组差异显著，在 60 mmol/L 时则表现出促进作用减弱，这与王晨静等（2014）的研究结果不同，可能是由于不同品种间存在差异。$NaHCO_3$ 和 Na_2CO_3 处理对发芽率的影响表现为随着钠离子浓度的增高抑制作用增强，其原因可能是由于在抗盐性上，钠氢反向泵的能力起重要作用，离子毒害作用增强（高海波 等，2008）。有研究表明（陈新红 等，2008）NaCl 处理能够促进小麦种子萌发，这与试验中出现发芽延迟现象有所不同，可能是由于材料不同所致。对比幼苗生长情况来说，静乐藜麦在芽期普遍表现出耐盐性，这与 Koyro 等（2005）的研究结果一致，其原因可能与毒性离子（Na^+、Cl^-）和必需离子从种皮到胚乳的梯度分布有关，这一点在 Na_2CO_3 胁迫的情况下体现最为明显；从幼苗长势、株高及鲜重各种数据来看，静乐藜麦对于试验中 3 种盐的抗性：NaCl > $NaHCO_3$ > Na_2CO_3，该试验结果在 3 种抗逆指标的检测结果上也得到了很好的验证。

3 种盐胁迫下静乐藜麦幼苗的 MDA 含量均有不同程度的增加，NaCl 处理与其他两种盐处理间差异显著，Na_2CO_3 处理下静乐藜麦植株的膜脂过氧化程度最高，说明其细胞受到的毒害作用最强。研究表明积累的自由基会氧化脂质，其终产物为 MDA，MDA 会引起大分子交联聚合（周建 等，2008），试验中苗长势不好可能与这些有害作用有关。逆境胁迫下，抗逆性强的作物 CAT 活性会升高，清除积累的 H_2O_2 维护膜的稳定性。试验中的 NaCl 与 $NaHCO_3$ 处理下幼苗有较好的长势，正是由于其高的 CAT 活性，降低了过氧化氢的毒害作用；而 Na_2CO_3 处理的幼苗在重度盐胁迫会使保护酶无法正常被激活。在逆境下，植物中脯氨酸含量会急剧上升用于提高植物抗逆性。研究表明积累的脯氨酸除了作为植物细胞质内渗透调节物质外，还能在能量库调节细胞氧化还原势等方面起作用，这些与 MDA 的细胞毒害作用相反。

藜麦是未来最具有潜力的农作物之一。目前国内对于藜麦的深入研究还存在不足，要扩大藜麦市场，需保证其良好的田间生产管理。通过试验探究不同盐胁迫下静乐藜麦的生长状态，反映其对于不同盐类的抗逆性，对于进一步丰富藜麦品种的耐盐机制及推进藜麦产品的开发具有重要意义。

15 低温胁迫对不同藜麦幼苗
生理生化特性的影响

2050年世界人口将突破90亿，全球范围内人们对于食物的需求量不断上升，全球农业生产将面临产量不足的严峻形势（刘敏国 等，2017）。适宜的温度是作物生长的基本条件之一，在植物生长至不同阶段均需要与之相适应的温度才能继续维持生命活动（王忠 等，1999）。低温胁迫对植物的危害根据温度的不同可以分为两种：冰点以上的低温对植物造成的危害称为冷害，冰点以下的低温对植物造成的危害称为冻害（彭筱娜 等，2009）。近几年来，在探究植物抗寒的生理生化基础，如何提高植物抵御冷冻害的能力，选育具有优良抗寒性状的品种，改良植株低温胁迫下栽培管理途径等方面的科研进程均取得了重要的突破和长足的进展。探索植物抗寒性机理不仅对基础理论丰富化具有重要意义，在解决实际生产过程的问题上也具有广泛的应用价值（赵福庚，2004）。

为此，本试验研究了3种藜麦在低温4℃环境下（采用智能气候箱人工模拟的方法），幼苗中的游离脯氨酸、MDA的含量，SOD和POD的活性，以期了解藜麦在低温环境的胁迫过程中，这些生理生化指标的变化及不同藜麦幼苗抗寒性之间的关系，为后续藜麦的相关低温胁迫研究提供参考。

15.1 材料处理与方法

15.1.1 试验材料

不同藜麦种子：黑藜、白藜、红藜，由山西省农业科学院玉米研究所提供。

15.1.2 试验方法

试验于2018年4月11日在山西大同大学生物工程系细胞工程试验室进行。在3月预试验的基础上，选取不同藜麦的种子，用黑方塑料小花盆采取每盆50粒种子随机播撒的方法用营养土培育，暗处理待其发芽。待种子出土发芽长至茎长4 cm，茎尖长出两片小叶时开始用营养液浇水，由于小花盆底部多小孔缝，故在下方垫培养皿以浇水和营养液，使其从下方吸水。在其长至4~6片叶片时开始放入人工智能气候箱进行低温胁迫。胁迫温度设为4 ℃，光照时间设为昼16 h，夜8 h，光强为昼120 μmol/（m²·s），夜0 μmol/（m²·s）。相对湿度设为昼60%，夜80%。在藜麦幼苗低温胁迫处理后的0 h、24 h、48 h、72 h以及恢复常温后的24 h（R）进行各项生理生化指标的测定。分别称取不同藜麦幼苗的叶片和茎0.5 g（测定POD活性时取1.0 g），用研钵研匀，进行各项生理指标的测定，每个指标做3次重复。

15.1.3　指标测定

同第12章。

15.1.4　数据处理

试验数据均做3次重复，用SPSS 20.0进行差异显著性分析，用Excel 2016作图。

15.2　结果与分析

15.2.1　低温胁迫对3种藜麦幼苗游离脯氨酸含量和MDA含量的影响

由图15-1可知：在低温胁迫0~72 h期间，白藜幼苗游离脯氨酸含量先下降再上升，红藜幼苗的脯氨酸含量持续下降。白藜在48 h降至最低，而红藜的最小值则出现在72 h。在低温72 h时白藜与对照相比下降了0.5%，差异不显著，红藜减小了27.3%。黑藜幼苗的脯氨酸含量稳定上升，低温72 h时显著大于对照（$P<0.05$）。3种藜麦幼苗恢复24 h时的脯氨酸含量均比低温处理72 h时高。

由图15-2可知：在低温胁迫0~72 h期间，不同藜麦幼苗的MDA含量均出现先上升再下降的趋势。白藜和黑藜的MDA含量在24 h时上升到最大，红藜的最大值在48 h。不同藜麦幼苗恢复24 h的MDA含量相比低温胁迫72 h时均有上升。白藜相比对照上升了2.6%，红藜和黑藜上升了11.11%和11.83%，差异不显著。低温胁迫72 h时不同藜麦的MDA含量与对照相比都出现上升趋势，上升的幅度分别为15.5%、45.78%和15.8%。

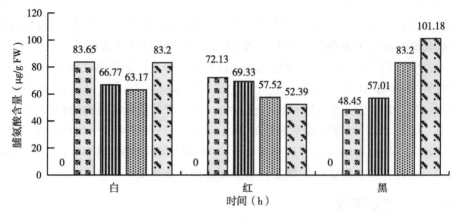

图 15-1　3 种藜麦幼苗在不同低温胁迫时间下脯氨酸含量　($P \leqslant 0.05$)

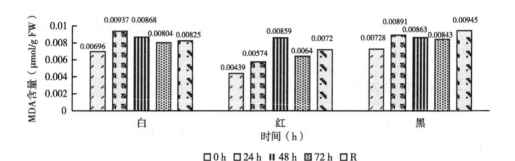

图 15-2　3 种藜麦幼苗在不同低温胁迫时间下 MDA 含量　($P \leqslant 0.05$)

15.2.2　低温胁迫对 3 种藜麦幼苗 POD 活性和 SOD 活性的影响

由图 15-3 可知：在低温胁迫 0~72 h 期间，不同藜麦幼苗的 POD 活性均出现稳定上升趋势，且最大值均出现在胁迫 72 h 时，此时的 POD 活性相比对照分别上升了 2.27 倍、2.36 倍和 3.02 倍。解除低温胁迫时的 POD 的活性相比胁迫 72 h 时均为下降，下降的幅度分别为 24.9%、10.73% 和 16.44%。

由图 15-4 可知：在低温胁迫 0~72 h 期间，不同藜麦幼苗的 SOD 活性均先上升后下降，且最大值均出现在 48 h 时。胁迫 72 h 时的不同藜麦幼苗的 SOD 活性相比对照分别上升了 3 倍、0.43 倍和 0.42 倍。恢复 24 h 之后的 SOD 活性相比胁迫 72 h，不同藜麦均出现下降的趋势，下降的幅度分别为 25%、25% 和 5.9%。

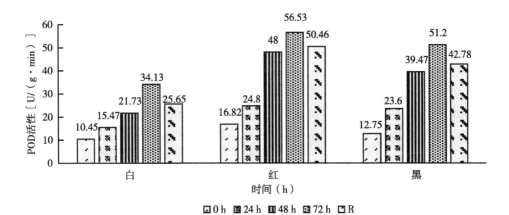

图 15-3　3 种藜麦幼苗在不同低温胁迫时间下 POD 活性（$P \le 0.05$）

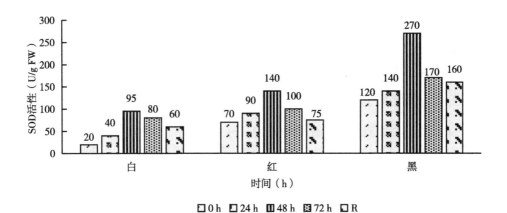

图 15-4　3 种藜麦幼苗在不同低温胁迫时间下 SOD 活性（$P \le 0.05$）

15.3　讨论与结论

15.3.1　低温胁迫对不同藜麦幼苗脯氨酸和 MDA 含量的影响

　　研究表明，逆境胁迫下引发植物体内游离脯氨酸的含量大幅增加。此外，正常环境下，抗逆性好的植物品种体内游离脯氨酸的含量高（邵怡若 等，2013）。由本试验可得：在低温胁迫 0~72 h 期间，白藜幼苗游离脯氨酸的含量先下降后上升，红藜幼苗的脯氨酸含量出现稳定下降的趋势，黑藜幼苗的脯氨酸含量趋于稳定上升，且与对照相比均有变化。这说明在低温胁迫期间，白藜和黑藜的游离脯氨酸含量均出现上升，这有利于缓解低温胁迫对这两种藜麦幼苗造成的伤害，增强了这两种藜麦幼苗的抗逆性。这与前人关于低温胁迫时间对不同植物体内脯氨酸含量变化的研究结果基本一致。且从脯氨酸含量的变化可分析出黑藜的抗寒性最强，白藜次之，红藜最弱。

低温胁迫严重影响植物细胞内有关 ROS 代谢反应的平衡，也会对植物细胞膜造成一定程度的损害，使胞内主要产物 MDA 的含量增加（吴海宁 等，2013）。由本试验可知：在低温胁迫 0~72 h 期间，3 种藜麦幼苗的 MDA 含量均出现先上升再下降的趋势。在上升阶段红藜幼苗的上升幅度最大且最大值出现在 48 h。说明红藜幼苗胁迫期间的膜脂过氧化程度强且持续时间长，呈现出较弱的抗寒性，这与以往低温胁迫对于木薯的研究中 MDA 含量变化结果基本一致（Liu et al.，2004）。从黑藜与白藜的上升幅度以及 MDA 含量的大小可以得出黑藜的抗寒性大于白藜。但是随着胁迫时间的延长，MDA 含量的下降，说明胁迫后期不同藜麦幼苗的细胞膜在一定程度上均起到了保护植物免受低温危害的作用。恢复 24 h 时与低温胁迫 72 h 时的 MDA 含量相比变化不大，表明低温胁迫恢复后，不同藜麦幼苗胞膜的过氧化程度并没有明显改善。从 MDA 含量的变化可以分析出在抗寒能力方面红藜小于白藜小于黑藜。

15.3.2 低温胁迫对不同藜麦幼苗 POD 和 SOD 活性的影响

SOD 是植物重要的耐冷保护酶系统（王小娟 等，2016）。SOD 和 POD 的活性与植物抗寒性密切相关，SOD、POD 等酶参与了清除 ROS 反应的过程，并在其中起着最主要的抗氧化作用，从而使植物在相当程度上增强了对低温胁迫的抗逆性，减弱其对植株自身造成的伤害。本试验表明：在低温处理 0~72 h 期间，3 种藜麦幼苗的 POD 活性均出现稳定上升的趋势，SOD 的活性虽然呈现先上升后下降的趋势，但均高于对照，这表明低温胁迫下藜麦幼苗细胞中 ROS 的含量比常温水平高，耐冷系统针对其含量变化开始发挥作用，使胞内的 POD 和 SOD 活性提高，进而使幼苗细胞清除自由基的能力增强，这与相关低温胁迫中两种保护酶的研究结果大致相符。随着低温胁迫时间的延长，黑藜 POD 活性的升幅高于红藜和白藜，说明长时间的低温处理对其细胞内清除自由基的能力影响不大，黑藜的抗寒能力高于红藜和白藜。不同藜麦幼苗 SOD 活性的最大值均出现在低温胁迫 48 h 时，且黑藜的 SOD 活性出现了不同藜麦中的最大值，差异均达到了显著水平，可以得出黑藜面对低温胁迫时具有更强的耐受能力。

在幼苗的萌发过程期间，也将不同藜麦的种子放入培养箱进行低温胁迫处理，与常温下进行对照，观察藜麦幼苗在低温下的发芽状况。结果发现常温下的藜麦种一天内全部发芽，培养箱中的种子持续观察了一周，一周内也全部发芽。这表明藜麦种子在萌发期间就有一定的抗寒性。

综上所述，低温胁迫处理不同的时间能使 3 种藜麦幼苗的生理生化指标发生变化，游离脯氨酸的含量出现了 3 种不同的变化，MDA 的含量先上升后下降，而 POD 和 SOD 活性均呈现稳定上升的趋势，并且随着低温时间的延长，指标的变化趋于稳定。同时本试验结果表明，黑藜的抗寒能力相比其他两种藜麦幼苗更强，白藜次之，红藜最弱。这将为后续关于低温胁迫对藜麦幼苗生理生化影响的研究提供一定的参考。

16 EMS 诱变对藜麦种子萌发及幼苗生理特性的影响

　　随着生物技术的发展，深入研究和保护利用农作物种质资源成了满足人类需求、国家需求、产业需求和农民需求的关键领域。突变对生物的进化研究有重要意义，而作物的自然突变率很低，人工诱变可将突变率大大提高。诱变育种已成为创建种质资源库的重要途径。最常见的诱变技术有化学法、物理法两种，物理法常用微波、射线等来诱导突变，化学法是用烷化剂、碱基类似物、叠氮化钠等化学药品来处理植物的种子、组织、器官等（安学丽 等，2003），使其遗传物质发生改变，进而选育出所需品种。用于作物育种最多的为 EMS（张文兴 等，2013），它主要作用于植物的核酸，同时在一定程度上钝化修复酶（降云峰 等，2012）。EMS 诱变具有突变率高、效果稳定，突变类型广，适用范围广等优点（刘翔 等，2014），目前，利用 EMS 诱变技术创建突变体库已成为获得突变体、育种和保护种质资源的有效手段（张晓勤 等，2011）。

　　藜麦（*Chenopodium quinoa* Willd.）作为利用及种植历史长达 5 000~7 000 年（袁俊杰 等，2015）的农作物，是印加土著的主要传统食物（Koziol et al.，1992），被称为"粮食之母"和"安第斯山的真金"（Vega-Gálvez et al.，2010）。藜麦是唯一一种高蛋白、低热量、活性物质丰富的全营养食物（申瑞玲 等，2016），而且具有很强的抗逆性，受到了越来越多的关注。但藜麦未经人工改良，产量低，因此短时间内获得较为优良的种质具有十分重要的意义。卢银等（2014）研究了 EMS 对大白菜种子萌发的影响；Chantreau 等（2013）利用 EMS 对亚麻进行了研究；孙加焱（2006）的 γ 射线诱变与 EMS 诱变复合处理技术，处理了甘蓝型油菜。虽然 EMS 诱变在其他作物上已有广泛应用，但 EMS 诱变藜麦报道较少。本试验用不同浓度和不同时间 EMS 诱变处理藜麦种子，以发芽率和出苗率的半致死量（LD_{50}）作为筛选标准（冯学金 等，2017），对诱变后藜麦幼苗叶片中的脯氨酸、MDA 含量及 SOD、POD 活性的变化进行分析，从而获得适宜的诱变条件，为藜麦种质资源的创新研究及后续突变体库的构建奠定基础。

16.1　材料与方法

16.1.1　试验材料

藜麦（*Chenopodium quinoa*）种子材料为'忻藜1号'，由山西农业大学玉米研究所提供。试验所用 EMS（甲基磺酸乙酯）购于上海潜度生物科技有限公司。

16.1.2　试验设计

试验在山西大同大学生物工程系细胞工程试验室进行。EMS 诱变处理试验设置4个浓度梯度为0（CK）、1.4%、1.6%、1.8%、2.0%（将 EMS 溶解于75%乙醇中，体积比为1∶5，然后用 pH=7.2，0.01 mol/L 的磷酸缓冲将其溶解）（云娜 等，2014），4个时间梯度为50 min、100 min、150 min、200 min，3次重复，以不添加 EMS 的磷酸缓冲液为对照（CK）。

16.1.3　种子处理

用分样筛精选籽粒饱满、大小均一的藜麦种子，用蒸馏水反复冲洗干净，配制浓度为0%（CK）、1.4%、1.6%、1.8%、2.0%的 EMS 溶液，用不同浓度的 EMS 溶液在常温下，120 r/min 的摇床中分别浸泡50 min、100 min、150 min、200 min，处理完后用5%硫代硫酸钠溶液浸泡种子10 min，终止诱变（EMS 废液倒入废液缸中做解毒处理）。最后用流水将其冲洗30 min，以去除种子上残留的硫代硫酸钠、EMS 溶液。

16.1.4　种子萌发

将 EMS 处理过的种子每个浓度分成6份（3份用于培养皿萌发，3份用于营养土育苗）。每培养皿内均匀摆放相应处理的100粒藜麦种子（培养皿中各铺两层蒸馏水浸透的滤纸）。在25 ℃培养箱中进行萌发试验，每天定时观察并统计发芽的种子数，调查7 d 的发芽率（如有个别发霉的种子及时清理并记录）。

16.1.5　育苗

将上述每个处理过的3份种子种植于盛有灭菌营养土的塑料花盆中，当胚芽长出，并且长出真叶为依据，统计出苗率。待其长到6叶期，进行幼苗相关生理指标的测定。

16.1.6 指标测定

发芽率（%）＝第 7 d 供试藜麦种子发芽数/供试藜麦种子数×100；出苗率（%）＝长出真叶藜麦幼苗数/供试藜麦种子数×100。

脯氨酸、MDA、SOD、POD 的测定方法具体参考蔡庆生《植物生理学试验》（蔡庆生，2015）。

16.1.7 数据处理

试验数据采用 Excel 软件进行均值和标准误差的计算及制图，SPSS 20.0 数据处理软件进行方差分析。

16.2 结果与分析

16.2.1 EMS 诱变对藜麦发芽及出苗的影响

与对照相比，藜麦的发芽率随着 EMS 浓度的升高和处理时间的增加而呈现出下降的趋势，且差异显著（表 16-1）。当 EMS 浓度为 1.8%、处理时间为 200 min 时，发芽率降至 53.89%；当浓度为 2.0%、处理时间为 150 min 时，发芽率降至 54.61%，而当 EMS 浓度为 2.0%、处理时间为 200 min 时，发芽率降至 46.55%。与对照相比，藜麦的出苗率随着 EMS 浓度的升高和处理时间的增加而呈现出下降的趋势，且差异显著（表 16-2）。当 EMS 浓度为 1.6%、处理时间为 200 min 时，出苗率降至 52.12%；当浓度为 2.0%、处理时间为 150 min 时，出苗率降至 47.35%。从发芽率和出苗率结果可以看出：当 EMS 处理浓度为 2.0%、处理时间为 150 min 时，最为接近半致死率。

表 16-1 不同浓度和时间 EMS 处理对藜麦发芽的影响

EMS 浓度（%）	发芽率（%）			
	50 min	100 min	150 min	200 min
CK	98.47±0.90[a]	98.47±0.90[a]	98.47±0.90[a]	98.47±0.90[a]
1.4	85.47±4.67[b]	85.66±3.71[b]	81.55±5.92[b]	74.07±11.80[b]
1.6	80.64±3.81[c]	80.05±5.16[c]	70.91±8.03[c]	64.18±10.17[c]
1.8	75.44±3.79[d]	73.74±4.84[d]	64.56±9.22[d]	53.89±6.63[d]
2.0	66.78±7.17[e]	63.91±3.86[e]	54.61±6.35[e]	46.55±4.53[e]

注：同列不同小写字母表示差异性达到显著水平（$P<0.05$），下同。

表 16-2　不同浓度和时间 EMS 处理对藜麦出苗的影响

EMS 浓度（%）	出苗率（%）			
	50 min	100 min	150 min	200 min
CK	97.07±1.36[a]	97.07±1.36[a]	97.07±1.36[a]	97.07±1.36[a]
1.4	77.92±1.32[b]	81.29±4.68[b]	77.96±3.49[b]	68.66±9.69[b]
1.6	72.57±2.13[c]	74.37±3.97[c]	68.3±7.09[c]	52.12±10.40[c]
1.8	66.13±3.38[d]	68.61±3.92[d]	56.52±9.24[d]	42.03±5.42[d]
2.0	60.79±3.31[e]	60.34±2.90[e]	47.35±7.28[e]	38.64±5.43[e]

16.2.2　EMS 诱变对藜麦幼苗形态的影响

利用形态学方法筛选突变体，具有简单、直观、成本低等优点（王瑾 等，2005）。本试验用形态学方法通过对照组幼苗和 EMS 诱变处理后生长幼苗比对，发现在 EMS 诱变条件下，适宜浓度和时间加快了藜麦的生长速度，同时 M_1 代藜麦幼苗在形态上也表现出了许多特殊性状，按照其变异性状可将突变植株分为：叶片异常株、矮小株，停滞生长株三大类。其中，叶片异常株主要表现为：叶片卷曲残缺、叶面积增大或缩小、形状改变或互生叶变为 3 片、4 片等；矮小株表现为：生长缓慢，植株矮小；停滞生长株表现为：植株长到四叶期停止生长，形成封闭端。

16.2.3　EMS 诱变对藜麦幼苗叶片中脯氨酸和 MDA 含量的影响

随着 EMS 浓度的升高，藜麦叶片中脯氨酸含量总体呈现出先升高后降低的趋势；随着处理时间的增加，藜麦叶片中脯氨酸含量也呈先升后降的趋势，且与对照相比差异显著（图 16-1）。当 EMS 浓度与时间组合为 1.8%、100 min，2.0%、50 min 和 1.8%、150 min 时，藜麦叶片中脯氨酸含量达最高，分别为对照组的 2.91 倍、2.84 倍、2.73 倍，且差异显著。

随着 EMS 浓度的增加与处理时间的延长，藜麦叶片中 MDA 含量总体上均有不同程度的增加，当 EMS 浓度为 2.0% 时，藜麦叶片中 MDA 含量随时间的增加而呈现出先升后降的趋势，且显著高于对照（图 16-2）。当 EMS 浓度为 2.0%、处理时间为 150 min 时，藜麦叶片中 MDA 含量最高，为 0.008 8 μmol/g FW，是对照组的 5.18 倍。

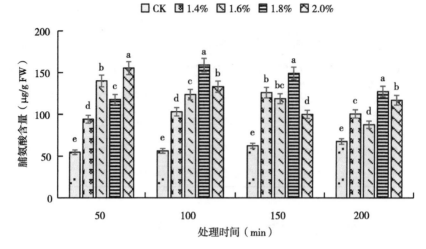

图 16-1　不同浓度 EMS 处理不同时间后藜麦叶片中脯氨酸的含量

注：不同小写字母表示处理间差异性达到显著水平（$P<0.05$）。

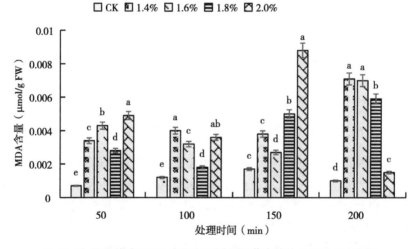

图 16-2　不同浓度 EMS 处理不同时间后藜麦叶片中 MDA 的含量

注：不同小写字母表示处理间差异性达到显著水平（$P<0.05$）。

16. 2. 4　EMS 诱变对藜麦幼苗 SOD、POD 活性的影响

随着 EMS 浓度的增加和处理时间的延长，藜麦叶片中 SOD 活性整体呈现不同程度的先升高后降低的趋势，且均显著高于对照组（图 16-3）。在同一处理时间下，随 EMS 浓度梯度的上升，藜麦叶片中 SOD 活性先升后降；在同一 EMS 浓

度下，藜麦在低浓度 EMS 处理时，叶片中 SOD 活性随着处理时间的增加而增加，高浓度时，SOD 活性随着时间的增加呈现先增加后降低的趋势。当 EMS 浓度为 1.6%、处理时间为 100 min 和 150 min 时，藜麦叶片中 SOD 活性达最高，分别为 62.45 U/g FW、62.13 U/g FW，且分别为对照的 1.89 倍、1.86 倍。

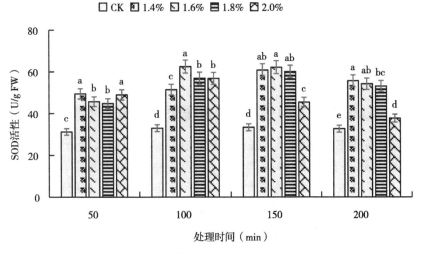

图 16-3　不同浓度 EMS 处理不同时间后藜麦叶片中 SOD 活性变化

注：不同小写字母表示处理间差异性达到显著水平（$P<0.05$）。

随着 EMS 浓度的增加及处理时间的延长，藜麦叶片中 POD 活性整体呈现出不同程度的升高，且均显著比对照高（图 16-4）。在处理时间为 200 min

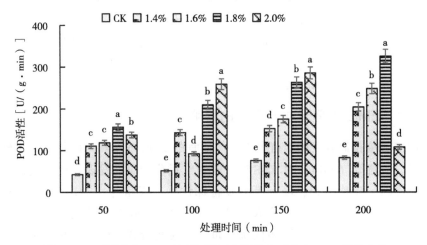

图 16-4　不同浓度 EMS 处理不同时间后藜麦叶片中 POD 活性变化

注：不同小写字母表示处理间差异性达到显著水平（$P<0.05$）。

时，随 EMS 浓度的上升，藜麦叶片中 POD 活性呈先升后降的趋势；当 EMS 浓度为 2.0% 时，随 EMS 处理时间的增加，藜麦叶片中 POD 活性呈先升后降的趋势。当 EMS 浓度等于或低于 1.8% 时，叶片中 POD 活性随着处理时间的增加而增加；当处理时间低于 200 min 时，叶片中 POD 活性随 EMS 浓度的增加而增加。当 EMS 浓度为 1.8%、处理时间为 200 min 时，藜麦叶片中 POD 活性最高为 325.33 U/（g·min）。

16.3 讨论与结论

16.3.1 EMS 对藜麦种子萌发的最佳诱变浓度及时间

化学诱变剂 EMS 对种子萌发的影响，在国内外已有大量研究。EMS 作为应用最广、效果最好的诱变剂，被用于多种作物的诱变育种。卢银等（2014）对不同浓度 EMS 诱变大白菜种子萌发及幼苗生长的研究，得出用 EMS 诱变大白菜种子的最佳浓度为 0.4% ~ 0.6%；王瑾等（2005）进行了 EMS 诱变小麦愈伤组织的研究，发现用 0.20% 的 EMS 溶液处理花药愈伤组织 2~6 h，相对分化率近 50%，用 0.20% ~ 0.40% 的 EMS 处理幼胚愈伤组织 2~4 h，相对分化率约为 50%；曲高平等（2014）用 EMS 处理甘蓝油菜种子得出，随着 EMS 浓度的增大，发芽率降低，发芽时间延长。从 EMS 对藜麦种子的发芽率和出苗率结果可知：EMS 对藜麦萌发的影响为抑制，且随着 EMS 浓度的增加，其发芽率和出苗率均降低，浓度越高、处理时间越长，抑制效果越显著，同时其生长力受损，使得出苗率远低于相对发芽率。EMS 诱变最佳浓度与时间组合为：1.8%、200 min，此时藜麦发芽率与出苗率都最接近半致死率。EMS 诱变藜麦与其他作物的诱变相比，其最佳诱变剂量和处理时间都存在较大差异。藜麦很强的抗逆性对诱变剂量与处理时间起着关键性的作用。

16.3.2 EMS 对藜麦幼苗形态的影响

EMS 诱变抑制藜麦的幼苗生长，但适宜的 EMS 浓度和时间可以促进幼苗的生长。云娜等（2014）对 EMS 诱变蒙农红豆草的研究发现，M_1 代幼苗表现出生长停滞，叶片黄花、斑点等诸多特殊性状。佟星等（2010）研究发现，0.9% EMS 处理 24 h 时，'京农 6 号'小豆 M_1 代叶形变异突出。本试验中 EMS 诱变后藜麦也表现出诸多性状，如叶片卷曲残缺、植株矮小、生长缓慢等，在对照组中也发现有极少数的异常叶片。丰富的变异类型可能是因为 EMS 的诱变效应所致，但 EMS 并不是影响变异的唯一因素。

16.3.3　EMS 对不同藜麦幼苗生理指标的影响

正常生长条件下，藜麦体内的脯氨酸含量较低，但经 EMS 处理后脯氨酸含量显著增加。结果表明：相同 EMS 浓度下，藜麦叶片脯氨酸含量随处理时间的增加而先升后降；相同处理时间下，其含量随浓度的增加先升后降。逆境中，植物器官发生膜脂过氧化作用，产生大量 MDA，对植物有很大的毒害作用（温日宇 等，2019）。本研究结果表明：EMS 浓度一定时，MDA 含量随处理时间增加而增加；时间一定时，随 EMS 浓度的增加而增加，但过高的 EMS 浓度和过长的处理时间作用下，藜麦叶片 MDA 含量会下降。说明藜麦能承受适宜浓度和处理时间的 EMS 的损害，但过高浓度和过长的处理时间会给藜麦幼苗造成不可逆的损伤。

EMS 处理后使藜麦幼苗种子细胞产生许多生理生化反应，生成了大量有害自由基及其他分子。而 SOD、POD 等酶的协调作用能防御 ROS 或过氧化物自由基对细胞膜系统的伤害（Kharkwal et al.，2004）。本研究结果说明：高浓度 EMS 长时间的处理抑制了藜麦的抗氧化能力，使 SOD、POD 活性下降，而低浓度 EMS 可增强植物体内抗氧化能力，因此 SOD、POD 活性均呈现上升趋势。

综上所述，藜麦在不同浓度 EMS、不同时间处理下产生不同的效应。EMS 诱变最佳浓度与处理时间为：1.8%、200 min。在此条件下，藜麦种子发芽率和出苗率接近半致死量，且藜麦幼苗能适应 EMS 的损害。本研究只针对 EMS 诱变的浓度和时间组合对藜麦种子萌发和幼苗生理特性的影响做了研究，初步探索出适合诱变藜麦种子的 EMS 浓度和时间组合，可为今后建立藜麦突变体库、丰富育种材料及加快育种进程提供参考。但对诱变后的植株如何进行鉴定分析，如何筛选具有目的性状的变异植株，需要进一步研究。

17 晋藜 1 号种子及幼苗对
叠氮化钠诱变的响应

21 世纪以来，随着发达国家藜麦主食化和多样化的发展，藜麦的国际市场需求日益强烈，极大地促进了藜麦的生产加工。目前，藜麦在我国陕西西安、山西、青海、四川等地区多有种植，由于我国藜麦产业发展历史较短，藜麦生产加工企业数量不多，缺乏专业的生产加工设备和技术，加工产品种类少，加之，藜麦的种植技术还不成熟、产量低、质量差，所以提高藜麦质量、产量与品种的抗逆性，是我国农业育种研究的主要课题之一。

叠氮化钠（NaN_3）作为一种化学诱变剂，具有效率高、无毒、价格便宜及使用安全等特点。在 pH=3 的溶液中产生 NH_3 分子，表现为中性，由于细胞膜不能将其截留，能透过细胞膜进入到细胞质中，从而通过碱基替换的方式影响 DNA 的正常合成，导致了点突变的产生。

目前有关叠氮化钠在作物诱变方面研究实例较多。曹欣等（1991）指出，不同种类的大麦在叠氮化钠的诱变作用下，结果有明显的差异，初步阐述了叠氮化钠诱变育种的机理，为育种工作提供了理论依据。Awan 等（1980）研究结果表明，在水稻遗传学和育种诱变中，叠氮化钠不仅是诱发叶绿体缺失的强诱变剂，而且能有效诱发出水稻利于存活的生理和形态突变体。李明飞等（2015）对小麦进行了叠氮化钠诱变，结果表明，普通小麦在 10 mmol/L 的叠氮化钠的诱变作用下，可产生良好的诱变效果，并且通过 M_2 代性状的田间鉴定，取得 58 个可遗传突变体系。但这些研究大多集中于构建 M_1 代、M_2 代突变体库，针对在苗期，叠氮化钠诱变对藜麦幼苗抗氧化系统的影响以及抗逆性的研究鲜有报道。

本试验以适宜山西静乐种植，生物性状比较优异的晋藜 1 号种子为材料，通过叠氮化钠诱变，探寻时间与浓度的适宜诱变组合，以及晋藜 1 号幼苗抗氧化系统对叠氮化钠诱变的响应，为藜麦种质创新和突变体库的构建奠定基础。

17.1　材料与方法

17.1.1　材料

17.1.1.1　植物材料

试验材料为大小均匀、颗粒饱满的晋藜 1 号种子（由山西省农业科学院玉米研究所提供）。

17.1.1.2　化学诱变剂

叠氮化钠购买自天津市登峰化学试剂厂，诱变液为含有叠氮化钠的磷酸缓冲液（0.1 mol/L，pH＝3）。

17.1.2　试验方法

17.1.2.1　种子处理

用 10%次氯酸钠处理晋藜 1 号种子 10 min 后，以清水浸泡 1 h，然后将其表面水分沥干，待用。试验设置 4 个诱变时间：0 h、2.5 h、5 h、7.5 h，6 个诱变浓度：0 mmol/L、5 mmol/L、10 mmol/L、15 mmol/L、20 mmol/L、25 mmol/L，每组 3 次重复。按要求进行诱变，每个烧杯中放入 150 粒晋藜 1 号种子，加入 15 mL 各浓度的叠氮化钠，放入全温振荡培养箱中培养（设 25 ℃，188 r/h）到规定时间取出。用硫代硫酸钠（0.1 mol/L）溶液终止反应，并清洗 3~5 遍，之后用无菌水冲洗 3 遍，沥干种子，转入玻璃培养皿中，在每个培养皿中加入等量的无菌水，以将滤纸润湿不会有多余的浸出为标准，然后用镊子将种子均匀摆放，防止种子粘连在一起影响种子萌发，置于恒温培养箱中培养（设为 25 ℃），每天加入一定量的蒸馏水，记录每天的发芽率。

17.1.2.2　砂土混合培养

将发芽后的种子移入花盆中，砂和土的比例为 1∶1，待植株长出后进入 4 叶期，对相关生理指标进行测定。

17.1.3　指标测定

同第 12 章。

17.1.4　数据处理

采用 SPSS 22.0 对数据进行分析。对不同处理的发芽率、相对发芽率、SOD、CAT、MDA、脯氨酸等指标的变化做单因素方差分析。采用 Excel 作图。

17.2　结果与分析

17.2.1　不同时间、不同浓度叠氮化钠处理对晋藜 1 号种子发芽率的影响

由表 17-1 可知：在相同诱变时间内，随着诱变剂浓度的增加，种子发芽率呈降低趋势，说明种子萌发受到抑制；在同一诱变浓度下，诱变时间的增加也会导致发芽率的降低，说明诱变时间越长，晋藜 1 号种子受损坏越严重。原因可能是高浓度诱变剂抑制了抗氧化酶系统的活力，也有少一部分叠氮化钠的诱变使植物细胞中产生点突变，合成氨基酸类似物，干扰机体正常功能导致种子发芽率降低（程志锋，2008）。由数据可知：用 10 mmol/L 的诱变剂对藜麦种子处理 7.5 h，发芽率为 53%，接近半致死率。

表 17-1　叠氮化钠处理晋藜 1 号种子 7 d 的发芽率、相对发芽率

时间（h）	浓度（mmol/L）	发芽率（%）	相对发芽率（%）
2.5	CK_1	99^{aA}	100.00^{aA}
	5	80.33^{bB}	81.14^{bB}
	10	74.33^{cB}	75.08^{cC}
	15	65^{dC}	65.66^{dD}
	20	62.33^{dC}	62.96^{dD}
	25	52.33^{eD}	52.86^{eE}
5	CK_2	98^{aA}	100.00^{aA}
	5	70^{bB}	71.43^{bB}
	10	64^{bBC}	65.31^{cC}
	15	57^{bBC}	58.16^{dD}
	20	45^{cC}	45.92^{dD}
	25	33^{dD}	33.67^{eE}
7.5	CK_3	95.67^{aA}	100.00^{aA}
	5	66.67^{bB}	55.40^{cC}
	10	53^{cB}	33.10^{dD}
	15	31.67^{dC}	33.10^{dD}
	20	10.67^{dC}	11.15^{eE}
	25	3.33^{fF}	3.48^{fF}

17.2.2 不同时间、不同浓度叠氮化钠处理对晋藜 1 号幼苗中 MDA 含量的影响

由图 17-1 可知：同一处理时间，随着叠氮化钠处理浓度的增加，晋藜 1 号幼苗中 MDA 含量均呈升高的趋势。当处理时间为 2.5 h 时，诱变浓度低于 10 mmol/L 的叠氮化钠对 MDA 的含量影响无显著差异。诱变时间为 5 h、7.5 h 时，各处理浓度对 MDA 含量都有显著性差异。同一处理浓度时，诱变时间的延长，幼苗中 MDA 含量也会有所升高，且长时间诱变与短时间诱变相比幼苗 MDA 含量变化增幅较大。

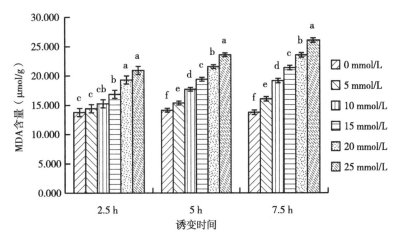

图 17-1 不同时间、不同浓度叠氮化钠处理对晋藜 1 号幼苗中 MDA 含量的影响
注：不同小写字母表示差异显著（$P<0.05$），下同。

17.2.3 不同时间、不同叠氮化钠浓度处理对晋藜 1 号幼苗叶片 SOD 活性的影响

由图 17-2 可知：相同诱变时间，不同浓度的叠氮化钠对晋藜 1 号叶片 SOD 活性相对于对照均有显著的提高。诱变时间为 2.5 h 时，SOD 活性随着诱变浓度的增加而升高。当诱变时间为 5 h、7.5 h 时，SOD 活性呈先升高后降低的趋势。从图 17-2 可以看出，随着诱变时间的延长，叶片 SOD 活性的最大值会向低浓度偏移。在相同诱变浓度下，诱变时间越长，SOD 活性越高。

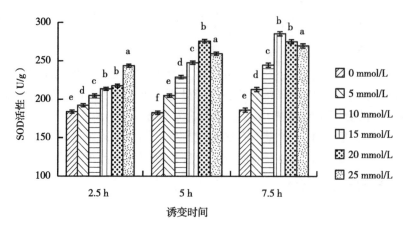

图 17-2　不同时间、不同叠氮化钠浓度处理对晋藜 1 号幼苗叶片 SOD 活性的影响

17.2.4　不同时间、不同叠氮化钠浓度处理对晋藜 1 号幼苗叶片 CAT 活性的影响

如图 17-3 所示，相同诱变时间，叠氮化钠诱变浓度越大，晋藜 1 号叶片中 CAT 活性越高。有所不同的是，诱变时间为 2.5 h 时，叶片 CAT 活性升高与诱变浓度增加呈线性关系。当诱变时间为 5 h 时，CAT 活性的增幅随叠氮化钠浓度的增加而降低。诱变时间为 7.5 h 时，CAT 活性的增幅则随叠氮化钠浓度的增加而升高。同一叠氮化钠浓度，诱变时间越长，叶片 CAT 活性越高。

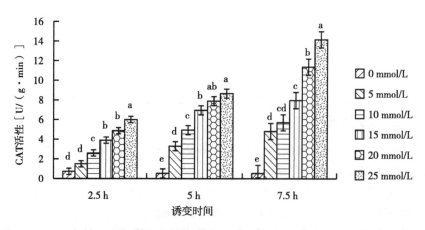

图 17-3　不同时间、不同叠氮化钠浓度处理对晋藜 1 号幼苗叶片 CAT 活性的影响

17.2.5　不同时间、不同叠氮化钠浓度处理晋藜 1 号幼苗叶片脯氨酸含量的变化

由图 17-4 可知：在相同诱变时间下，诱变剂浓度的升高导致脯氨酸的含量上升；在同一处理浓度下，诱变时间的增加也导致脯氨酸的含量增加；当诱变时间较短（<5 h），处理浓度较低（≤10 mmol/L）时，脯氨酸增长趋势较为平缓，当处理时间较长（≥5 h），处理浓度较高（>10 mmol/L）时，脯氨酸含量则急剧增加，说明叠氮化钠诱变剂干扰藜麦内部代谢较为严重。由叠氮化钠诱变机理可知：NH_3 分子进入植物细胞，造成植物细胞氨中毒，而脯氨酸从一定程度上可以缓解氨中毒，所以脯氨酸含量相对增加。所以，在处理时间较短，诱变浓度较低时脯氨酸的含量增加得很缓慢，诱变时间越长，浓度越大，脯氨酸增长的幅度也越大。

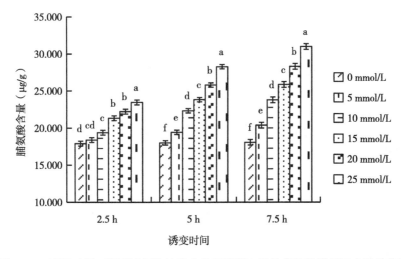

图 17-4　不同时间、不同叠氮化钠浓度处理晋藜 1 号幼苗叶片脯氨酸含量的变化

17.3　讨论与结论

叠氮化钠对种子发芽及幼苗生长的影响与逆境环境对种子的影响相似，抗氧化酶活性的变化与幼苗在逆境条件下的应对反应也相一致。植物器官在受逆境胁迫时机体内自由基含量会增加，致使细胞膜不饱和脂肪酸发生氧化，其中 MDA 为脂肪酸氧化分解的主要产物，MDA 能与膜中蛋白质和酶发生聚合作用，产生不溶物，并不断沉积，从而对机体造成损伤。植物在正常生长情况下，可以清除体内自由基，而经叠氮化钠处理后，机体内 ROS 自由基产生较

多且不断累积，抗氧化系统无法将其全部清除，导致机体受到损伤。抗氧化系统包括抗氧化剂如脯氨酸等，以及抗氧化酶类如 CAT 和 SOD 等。经短时间、低浓度叠氮化钠诱变处理，植物体内抗氧化系统受到刺激，大量酶和相关物质被合成，清除自由基，避免机体损伤，表现为 SOD、CAT 活性均升高。随着叠氮化钠浓度的增加、浸种时间的延长，抗氧化系统的功能受到损伤，多种酶之间活性比不平衡，人们通过在试验模拟现实存在的各种逆境，测定植物体内的保护酶活性变化，来确定植物对该逆境胁迫的承受上限和耐受范围，同时这些酶活性的变化也可以作为植物抗逆性强弱的指标。

本试验以晋藜 1 号为材料，通过叠氮化钠诱变，探寻时间和浓度的适宜诱变组合，以及晋藜 1 号幼苗抗氧化系统对叠氮化钠诱变的响应。结果表明，叠氮化钠浓度增加、诱变时间延长导致晋藜 1 号种子发芽率降低，浓度过高会使种子致死，不易发芽。当用 10 mmol/L 的诱变剂对晋藜 1 号种子处理 7.5 h，发芽率为 50%，接近半致死浓度。通过 MDA 含量的测定结果可知，相比于对照组 MDA 含量总体在上升，诱变浓度越大，MDA 含量上升幅度越大，趋势越明显，表明植物细胞膜脂受到损伤程度越大。而从抗氧化酶 CAT、SOD 的活性测定可以看出，在低浓度（<15 mmol/L），短时间（≤5 h）时含量明显升高，之后 CAT 活性变化趋于平缓，原因可能是晋藜 1 号对低浓度叠氮化钠的适应，长时间（>5 h），高浓度（≥15 mmol/L）的叠氮化钠诱变时 CAT 活性持续升高，这说明高浓度的叠氮化钠对晋藜 1 号植株的毒害作用已经超出其自身抗氧化系统的清除范围；在低浓度的叠氮化钠处理时，SOD 活性上升，高浓度处理时出现下降，说明低浓度的叠氮化钠刺激了 SOD 酶系统，使 SOD 产量增多，活性增强。高浓度的叠氮化钠使晋藜 1 号抗氧化系统受到抑制，SOD 的活性降低。经诱变后，脯氨酸含量呈上升趋势，低浓度时增加平缓，高浓度时急剧上升。

藜麦营养全面且对多种非生物逆境胁迫具有抗性，被认为是尚未被充分开发且具有高应用潜力的作物，深受育种学家的关注。近年来，随着人们对健康的关注和高品质生活的追求，对藜麦的需求量急剧增加，加之藜麦能有效缓解全球粮食安全，对其栽培与育种等研究已成为热点。基于藜麦对非生物逆境的强适应力，在我国发展藜麦产业可实现干旱半干旱、盐碱等撂荒地重新利用，使藜麦种植成为主粮生产的有效补充，助力贫困山区人群的增收。

18　正交试验优化藜麦离体再生体系

近年来，我国对藜麦的研究仍处于初级阶段，主要集中在营养价值、种植方式、抗性研究等方面（黄杰 等，2015），对藜麦组织培养离体再生体系也进行过一些研究。俞涵译等（2015）对 9 种藜麦茎段的愈伤组织诱导及增殖体系进行了优化研究，曹宁等（2018）对影响台湾红藜（*Chenopodium formosanum* Koidz.）茎段愈伤组织分化和不定芽增殖的影响因素进行了研究。利用正交试验设计优化藜麦离体再生体系的研究尚未见报道。

正交试验具有在短时间内可以把最佳配方应用到生产中的优势，用较少的试验次数获得较多信息节省经费，且所得最佳组合是试验条件综合的最优选择（杜荣骞，1989；盖钧镒，2000），所以本试验通过正交试验设计比较不同激素浓度配比及不同光照强度对不定芽分化率的影响，从而筛选出最适的不定芽培养条件，以优化忻藜 1 号离体再生体系，进一步为藜麦的遗传转化和新品种选育奠定基础（陈毅，2013）。

18.1　材料与方法

18.1.1　材料

试验所用藜麦种子为忻藜 1 号（来源于山西农业大学玉米研究所自命名材料）。自配不同浓度的萘乙酸（NAA）、6-苄基腺嘌呤（6-BA）、2,4-D、乙醇、琼脂、NaOH 溶液、过氧化氢、次氯酸钠溶液、蔗糖。

试验以 MS 和 1/2 MS 作为基本培养基。

18.1.2　藜麦无菌苗的培育

准备好试验用具后，挑选出颗粒饱满、无损伤的藜麦种子浸泡于 75% 的乙醇中，所需时间为 1 min。再置于 20% 次氯酸钠溶液中进行漂洗，所需时间为 5 min。至此，种子处理完毕，随后开始无菌苗的制备步骤：于超净工作台上小心地将种子接种至配置好的未加任何激素的 MS 培养基上，在 24 ℃左右，光周期 16 h/8 h，白光条件下培养 7 d 后可获得无菌苗。

18.1.3　藜麦愈伤组织的诱导

随即新配置一批 MS 培养基，加入不同激素配比，获得 8 组处理组合（表 18-1），再置于灭菌锅中进行高压灭菌，于超净工作台上接种，每个处理茎段和子叶均半，各 20 瓶，3 个重复。置于白光条件下诱导愈伤组织，15 d 后，分别统计藜麦茎段和子叶愈伤组织的出愈率及生长状况。

表 18-1　藜麦愈伤组织诱导处理试验设计

处理	6-BA 浓度（mg/L）	2,4-D 浓度（mg/L）	NAA 浓度（mg/L）
I	0.5	0	0
II	1.0	0	0.2
III	1.5	0	0.4
IV	2.0	0	0.6
V	0.5	0.1	0
VI	1.0	0.3	0.2
VII	1.5	0.5	0.4
VIII	2.0	0.7	0.6

18.1.4　分化藜麦不定芽

18.1.4.1　试验方案

以 6-BA（A），NAA（B）及光强（C）为因素，设 3 水平，最终确定各参试的因素和水平（表 18-2），采用 L9（34）正交试验设计优选不定芽分化培养基（表 18-3）。将其按照每瓶 5 块均匀放置的要求，接种 20 瓶，子叶做相同处理，则每组培养基共接种 40 瓶，3 个重复，并且由表 18-3 正交设计可以得出培养基为 9 种（表 18-4）。

表 18-2　藜麦愈伤组织诱导芽分化的参试因素及水平

因素	水平		
A（mg/L）	A_1（1.0）	A_2（1.5）	A_3（2.0）
B（mg/L）	B_1（0.1）	B_2（0.2）	B_3（0.3）
C（lx）	C_1（2 000）	C_2（3 000）	C_3（4 000）

表 18-3　藜麦愈伤组织诱导芽分化的正交试验设计

处理	试验因素			
	A	B	C	D
1	1	1	1	1
2	1	2	2	2
3	1	3	3	3
4	2	1	2	3
5	2	2	3	1
6	2	3	1	2
7	3	1	3	2
8	3	2	1	3
9	3	3	2	1

表 18-4　培养基配置情况

序号	培养基配比
1	MS+1.0 mg/L 6-BA +0.1 mg/L NAA
2	MS+1.0 mg/L 6-BA +0.2 mg/L NAA
3	MS+1.0 mg/L 6-BA +0.3 mg/L NAA
4	MS+1.5 mg/L 6-BA +0.1 mg/L NAA
5	MS+1.5 mg/L 6-BA +0.2 mg/L NAA
6	MS+1.5 mg/L 6-BA +0.3 mg/L NAA
7	MS+2.0 mg/L 6-BA +0.1 mg/L NAA
8	MS+2.0 mg/L 6-BA +0.2 mg/L NAA
9	MS+2.0 mg/L 6-BA +0.3 mg/L NAA

18.1.4.2　试验步骤

　　将疏松且长势良好的藜麦愈伤组织转接到经高压灭菌处理后的培养基中，同样按照每瓶 5 块均匀放置的要求进行接种，3 个重复。设置培养温度为 23~25 ℃、空气相对湿度为 50%~60%，调节光周期为 16 h/8 h，在光照培养架上诱导芽的分化。30 d 后统计藜麦的出芽率，并通过观察芽的长势判断出最适合出芽的激素配比。

18.1.5 藜麦生根培养

发芽后每 10~15 d 继代 1 次，当藜麦的不定芽长至 3 cm 高左右时，在无菌环境下转入加有 1/2 MS+0.2 mg/L NAA 的培养基中，诱导生根。

18.1.6 数据分析

数据的多因素显著性差异分析使用 SPSS 软件进行。

18.2 结果与分析

18.2.1 外植体的选择

以藜麦茎段和子叶为外植体，在无菌培养条件下，3 d 后经观察发现藜麦外植体伤口处变黏稠，且颜色由绿变褐；15 d 后，愈伤组织变疏松，增殖为 2 倍；30 d 培养后发现愈伤组织不再继续增长。由图 18-1 可以看出，藜麦茎段和子叶在诱导过程中均可达到较好的效果，通过比较二者的诱导率（77.2% 和 60.9%），发现选用茎段最为合适。

图 18-1 藜麦愈伤组织的诱导分化培养

注：A：子叶诱导；B：茎段诱导；C：正交分化培养；D：生根苗。

18.2.2 藜麦愈伤组织诱导优化分析

在诱导过程中，不同的激素配比处理后结果有明显差异。通过对出愈率的统计（表 18-5）可看出，在不同的激素配比处理下藜麦愈伤组织出愈率不同，其中 6-BA 对愈伤组织的诱导是至关重要的，其与 2,4-D、NAA 配合使用产生不同的诱导效果，在处理Ⅲ中愈伤组织诱导率最高，体积增大，生长速度快，具有高度的胚性且质地均匀，适合进行藜麦不定芽的诱导。

表18-5 不同激素组合处理下藜麦的出愈率

外植体	出愈率（%）								
	Ⅰ	Ⅱ	Ⅲ	Ⅳ	Ⅴ	Ⅵ	Ⅶ	Ⅷ	平均值
茎段	70.1	75.2	83.5	79.3	71.3	78.6	80.3	79.4	77.2
子叶	55.4	60.3	65.4	61.1	57.2	62.5	63.3	61.8	60.9

注：Ⅰ~Ⅷ为不同激素组合。

18.2.3　不同因素对藜麦不定芽诱导的影响

由于藜麦茎段愈伤组织出愈率较高，则选用茎段为外植体。将愈伤组织接种 30 d 后，统计藜麦不定芽的分化率，每隔 10 d 统计 1 次，共统计 3 次，然后取 3 次数据的平均值，观测不定芽的生长情况并进行极差分析（表18-6）。从 K 值大小可知，6-BA 1.5 mg/L+NAA 0.2 mg/L 是诱导藜麦不定芽分化的最佳激素配制组合。从 3 个因素的极差值大小可知，各因素对藜麦不定芽分化率影响程度为：6-BA>光强>NAA。

表18-6 正交试验结果及其直观分析（30 d）

处理序号	因子种类及其代号			不定芽的分化率（%）	生长情况
	A：6-BA（mg/L）	B：NAA（mg/L）	C：光强（lx）		
1	1 (1.0)	1 (0.1)	1 (2 000)	60	+
2	1 (1.0)	2 (0.2)	2 (3 000)	64	+
3	1 (1.0)	3 (0.3)	3 (4 000)	70	++
4	2 (1.5)	1 (0.1)	2 (3 000)	82	++
5	2 (1.5)	2 (0.2)	3 (4 000)	96	+++
6	2 (1.5)	3 (0.3)	1 (2 000)	86	++
7	3 (2.0)	1 (0.1)	3 (4 000)	74	+
8	3 (2.0)	2 (0.2)	1 (2 000)	72	+
9	3 (2.0)	3 (0.3)	2 (3 000)	70	+
K_1	64.67	72.00	74		
K_2	88.00	77.33	72		
K_3	72.00	75.33	80		
极差（R）	23.33	5.33	8.00		
最优水平	2	2	3		
主次因素	A（6-BA）>C（NAA）>B（光强）				

注：+++：生长情况良好；++：生长情况一般；+：生长情况较差。

通过正交试验方法，在不同的光强下，研究不同配制组合的激素（6-BA，NAA）对出芽率的作用，结果为了更好地反映各个因素对藜麦愈伤组织诱导不定芽分化影响作用的差异，以便寻求最佳诱导芽分化的培养基，对试验数据进一步处理。经极差分析与方差分析后发现，NAA、6-BA、光强这 3 个因素均对藜麦愈伤组织不定芽的分化率有作用（$P<0.05$）（表18-7），但其影响程度的大小有较大差异，表现为6-BA>光强>NAA，则不定芽的分化率主要受6-BA浓度的影响。

表18-7　L9（34）试验结果的方差分析

来源	第Ⅲ类平方和	Df	平均值平方	F 值	显著性	非中心参数	观察的检定能力[b]
修正的模型	1 016.000[a]	6	169.333	381.000	0.003	2 286.000	1.000
截距	50 475.111	1	50 475.111	113 569.000	0.000	113 569.000	1.000
A	854.222	2	427.111	961.000	0.001	1 922.000	1.000
B	43.556	2	21.778	49.000	0.020	98.000	0.918
C	118.222	2	59.111	133.000	0.007	266.000	0.999
错误	0.889	2	0.444				
总计	51 492.000	9					
校正后系数	1 016.889	8					

注：因变量，不定芽的分化率；a：$R^2=0.999$（调整的 $R^2=0.997$）；b：使用 Alpha 计算 $=0.05$。

18.2.3.1　不同 6-BA 浓度对藜麦不定芽分化率的影响

单因素方差分析结果（表18-8）显示，1.0 mg/L、1.5 mg/L 和 2.0 mg/L 6-BA 处理之间的藜麦不定芽的分化率存在显著差异，其中诱导作用大小表现为 1.5 mg/L 6-BA>2.0 mg/L 6-BA>1.0 mg/L 6-BA，可见 6-BA 对诱导藜麦不定芽的分化具有一定作用，以 1.5 mg/L 最适。

18.2.3.2　不同 NAA 浓度对藜麦不定芽分化率的影响

从方差分析（表18-4）可知，NAA 对藜麦不定芽的分化率影响效果表现为 0.2 mg/L NAA>0.3 mg/L NAA>0.1 mg/L NAA，其中 0.1 mg/L NAA 与 0.2 mg/L NAA、0.3 mg/L NAA 处理诱导藜麦不定芽的分化率差异显著，而 0.2 mg/L NAA 与 0.3 mg/L NAA 处理之间藜麦不定芽分化率差异不显著，说明培养基中 NAA 浓度以 0.2~0.3 mg/L 为宜，但以 0.2 mg/L 为最佳，高于 0.2 mg/L 藜麦不定芽的分化率有所下降，NAA 浓度太高则不利于诱导藜麦不定芽的分化，则表明添加适当浓度的生长素有利于不定芽的分化。

18.2.3.3 不同光照强度对藜麦不定芽分化率的影响

光强是影响植物组织培养过程光合作用的重要参数之一，不同植物组织培养需要采用不同大小数值的光强（闫新房 等，2009）。从方差分析（表18-8）可知，光强对藜麦不定芽的分化率影响效果表现为4 000 lx>2 000 lx>3 000 lx，其中4 000 lx光照与2 000 lx、3 000 lx光照处理诱导藜麦不定芽的分化率存在显著差异，而2 000 lx与3 000 lx光照处理之间藜麦不定芽分化率差异不显著，说明光照强度以4 000 lx为宜。

表18-8 藜麦不定芽分化率单因素方差分析结果

因素	梯度	均值	显著性（a=0.05）	95%置信区间	
				下限	上限
6-BA（mg/L）	1.0	64.667	a	63.011	66.323
	1.5	88.000	e	86.344	89.656
	2.0	72.000	b	70.344	73.656
NAA（mg/L）	0.1	72.000	b	70.344	73.656
	0.2	77.333	c	75.677	78.989
	0.3	75.333	c	73.677	76.989
光强（lx）	2 000	72.667	b	71.011	74.323
	3 000	72.000	b	70.344	73.656
	4 000	80.000	d	78.344	81.656

注：在同列同因素内a，b，c，d，e表示在0.05水平差异显著。

18.2.4 藜麦组培苗生根率

在无菌条件下，向1/2 MS培养基移栽生长至3 cm左右高的幼芽，观察20 d左右发现已生根，生根率为85%（图18-1）。

18.3 讨论与结论

正交试验设计是一种高效经济、科学快速的试验方法，可以减少试验次数并避免繁杂的试验过程，在组织培养中能快速确定最佳培养条件。有研究人员采用正交设计对长俊木瓜（*Changjun Chaenomeles*）（朱海兰，2005）、楸树（*Catalpa bungei*）（于永明 等，2011）、番木瓜（*Carica papaya*）（唐文忠 等，2012）、大扁杏（*Prunus armeniaca*）（齐高强 等，2006）的培养基进行优选，皆取得较好效果。本试验采用3因素3水平正交试验设计，筛选出了诱导不定芽的最佳培养条件，达到了优化藜麦离体再生体系的目的。

本研究以忻藜 1 号为材料，进行藜麦离体再生体系的建立时，其子叶和茎段作为外植体均可成功诱导出愈伤组织，相比而言，茎段的出愈率更高，且后期只需较短时间就可以经脱分化形成再生植株，说明茎段是最理想的外植体。这与在盾叶薯蓣（*Dioscorea zingiberensis*）（莫英 等，2004）、蓝莓"比洛克西"（Blueberry 'Biloxi'）（王小敏 等，2020）、网纹草（*Fittonia albivenis*）（王燕 等，2015）、藜麦（*Chenopodium quinoa*）（俞涵译 等，2015）的研究结果一致。

在植物组织培养过程中，植物激素的种类及配比对愈伤组织的诱导及分化形成再生植株有重要影响（周宜君 等，2007）。其中，2,4-D 是组培中常用的生长素，当其浓度适宜时有利于愈伤组织的诱导，可促使细胞分裂增殖；当其浓度较高时，活性高，会抑制愈伤组织分化（唐宗祥 等，2004）。林娅等（2006）研究表明，NAA 与其他细胞分裂素类物质结合使用，诱导愈伤组织的效果优于 2,4-D，因此选用 NAA 与 6-BA 配比使用，发现在 MS+6-BA 1.5 mg/L+NAA 0.4 mg/L 中诱导愈伤组织最好，王玉珍等（2005）对霍霍巴（*Simmodsia chinensis* L. Schneider）的研究以及本试验藜麦茎段和子叶的愈伤组织诱导结果均表明，这两者的配比使用效果最佳。

配比使用 NAA 和 6-BA 时，6-BA 的相对浓度较高会促进愈伤组织的分化，同一植物 6-BA 不同含量、不同植物 6-BA 配比的愈伤分化率皆不相同（崔凯荣 等，2002；李浚明，2002）。本研究通过正交法，筛选出了诱导藜麦不定芽分化的各参试因素的最佳水平组合，结果发现在 24～26 ℃，光强 4 000 lx 下，MS+6-BA 1.5 mg/L+NAA 0.2 mg/L 培养基中分化形成的不定芽长势良好且数量较多。由此可以看出，在藜麦离体再生体系的建立过程中，不同浓度的 6-BA 和 NAA 激素组合可以决定愈伤组织的形成和分化状态，在合适的浓度配比下，可以成功获得藜麦的愈伤组织并使其分化出不定芽，可见选择最优的激素配比是决定藜麦再生体系成功建立的关键因素（沈海龙，2005）。另外，环境条件也是藜麦组织培养成功的一个重要因素，本研究在温度为 24～26 ℃，湿度为 50%～60% 的条件下进行，通过正交试验发现在光强为 4 000 lx 时，愈伤组织的分化率较高。许多研究已证明温度条件和光照条件对植物外植体的脱分化和分化有影响，如王晓玲和彭定祥（2004）对苎麻（*Boehmeria nivea*）研究结果表明光温条件均影响愈伤组织的生长和分化。

综上所述，本试验运用正交试验法优化藜麦离体再生体系，能避免单一因素的片面性，从而可以较为客观地反映环境和激素配比对藜麦出芽率的影响，采用方差分析和显著性检验等统计方法（黄志伟 等，2019），筛选出最佳培养条件，优化藜麦离体再生体系，为加快选育出适宜山西地区种植的优良藜麦品种、后期构建藜麦遗传转化体系及开展基因编辑技术提供了理论基础和技术支撑。

19 不同浓度石墨烯对藜麦幼苗
形态和生理特性的影响

石墨烯是一种由碳原子组成的二维炭纳米材料，具有优异的光学、电学、力学特性，被广泛应用于材料学、微纳加工、能源、环境、生物医学和药物传递等领域（闫绍村 等，2020；丁贤荣 等，2020；杨小刚 等，2020；邹卫武 等，2020）。近年来，随着石墨烯制备技术的发展和生产规模的扩大，它被应用于农林业领域，研究石墨烯对植物生长的影响以及植物的响应成为新的研究热点。如，乔俊等（2017）发现不同质量浓度的氧化石墨烯（200 mg/L、600 mg/L）对红豆种子的发芽具有显著的促进作用。氧化石墨烯处理提高了紫花苜蓿种子萌发指数，但是抑制幼苗生长、降低了株高（王伟 等，2020）。相类似，Zhang 等（2015）研究表明，较低浓度的石墨烯能够促进水稻种子萌发和根茎生长，但生物量较低。也有研究表明，0.1~1 mg/L 氧化石墨烯促进组织培养的苹果植株的生根率和不定根数量的增加（Li et al.，2018）。胡晓飞等（2019）研究表明，随着石墨烯浓度的增加，树莓的苗高、根长、根尖数、根系比表面积均表现为先增加后减小的趋势，对于树莓的生长，2 mg/L 石墨烯为最佳浓度（胡晓飞 等，2019）。另外，有研究表明，高浓度（>25 mg/L）的氧化石墨烯处理显著抑制甘蓝型油菜的根长，但增加了茎长和地上部分鲜质量，而超过 50 mg/L 的氧化石墨烯处理则显著抑制根的鲜质量（Cheng et al.，2016；吴金海 等，2015）。

综上所述，石墨烯对植物种子萌发、幼苗根茎生长以及生物量都产生重要影响（包括积极影响和消极影响），这种影响机制是复杂的，依赖于石墨烯的剂量、浓度、暴露时间以及物种差异等。本研究基于不同质量浓度石墨烯（0 mg/L、4 mg/L、8 mg/L、12 mg/L）处理，探索石墨烯对藜麦形态（茎长、根尖形态、根尖细胞形态）以及生理指标（地上部分鲜质量、叶绿素相对含量、相对电导率）的影响，以期筛选对藜麦生长发育具有明显促进作用的石墨烯浓度，为将纳米碳材料石墨烯应用于农业领域，改进栽培和种植技术提供新的思路和理论指导。

19.1 材料和方法

19.1.1 试验材料

本研究采用的藜麦种子和石墨烯材料分别由山西农业大学玉米研究所和山西大同大学炭材料研究所提供。在石墨烯制备过程中，引入亲水基团 COOH和 C-OH，使其在水相中具备更好的分散性。原始石墨烯溶液的 pH 较小，呈偏酸性。

19.1.2 试验设计

分别配制含有 0（对照）、4 mg/L、8 mg/L、12 mg/L 石墨烯的 MS 培养基，将已消毒的藜麦种子分别播种在含有不同浓度石墨烯的 MS 培养基上，每个组培瓶播种 6~7 粒种子，每个浓度重复 3 瓶，放置人工智能气候箱［温度24 ℃，湿度 60%，光照强度 250 μmol/（m² · s）］培养 14 d。

19.1.3 测定项目及方法

19.1.3.1 茎长及地上部分鲜质量测量

采集生长 14 d 的幼苗，用直尺（20 cm）测量茎长，再用剪刀将藜麦幼苗的地上部分从 MS 培养基中轻轻剪下，采用分析天平（万分之一）称量其鲜质量。

19.1.3.2 叶绿素相对含量测定

采用便捷式叶绿素测定仪（SPAD-502 Pluse）测定生长 14 d 幼苗叶片（以 SPAD 为计量单位）。由于测定部位对 SPAD 值读数影响较大，测定时保持基本相同位置（较大的藜麦叶片）并避开叶脉（孙玉婷 等，2018）。

19.1.3.3 相对电导率测定

采用微机型 DDS-22C 电导率仪（杭州陆恒生物科技有限公司）测定藜麦叶片相对电导率，叶片取自生长 14 d 的幼苗。利用直径为 0.5 cm 的打孔器收集相同数目的藜麦叶片，加入 25 mL 蒸馏水，在 20~25 ℃下放置 3 h，测其电导率（C1）。然后煮沸 30 min，冷却至室温，再测其电导率（C2）。每组重复3 次试验，取平均值。相对电导率=C1/C2×100%（马明杰 等，2020）。

19.1.3.4 根尖整体形态观察

用镊子从 MS 培养基中取出藜麦幼苗，用蒸馏水将藜麦幼苗根尖部分轻轻冲洗干净，然后用刀片切取 1 cm 长的根尖放在载玻片上，盖上盖玻片，使用倒置荧光显微镜（德国 LEICA DMi8）进行观察并收集图像。

19.1.3.5 根尖细胞微观形态观察

采集对照组和经石墨烯（8 mg/L 和 12 mg/L）处理后的藜麦幼苗根尖。将根尖样品在 2.5%戊二醛中固定 2 h，然后在临界点干燥器中脱水。解剖后，将样品喷金 30 s。参考以前发表论文的方法（Irish et al.，1990），采用扫描电子显微镜（日本，HITACHI SU8100）观察和收集图像信息。

19.1.4 数据处理

采用 SPSS 22.0 和 Origin 8.0 软件进行数据分析和作图，图中每个数值采用平均值±标准差表示。

19.2 结果和分析

19.2.1 不同质量浓度石墨烯对藜麦幼茎长度和地上部分鲜质量的影响

由图 19-1A 可知，在石墨烯质量浓度为 8 mg/L 和 12 mg/L 的 MS 培养基上生长的藜麦幼苗茎长都显著大于对照组。如图 19-1B 所示，在石墨烯质量浓度为 4 mg/L、8 mg/L 的 MS 培养基上生长的藜麦地上部分鲜质量与对照组差异不显著，但石墨烯质量浓度为 12 mg/L 时，藜麦地上部分鲜质量明显低于对照组。

19.2.2 不同质量浓度石墨烯对藜麦叶绿素相对含量的影响

叶绿素含量是表征植物生长状况的重要指标，对植物光合效率、营养状况等具有重要的指示作用（张沛健 等，2020）。如图 19-2 所示，在石墨烯质量浓度为 4 mg/L、8 mg/L、12 mg/L 的 MS 培养基上生长的藜麦叶绿素相对含量均显著高于对照组，其中石墨烯质量浓度为 4 mg/L 时效果最明显，叶绿素相对含量约为对照组的 1.6 倍。

19.2.3 不同质量浓度石墨烯对藜麦叶片相对电导率的影响

相对电导率可以反映植物体内生物膜透性变化的情况，是反映植物细胞膜受胁迫的重要指标之一（孙阳 等，2019；郝晓华 等，2018）。如图 19-3 所示，在石墨烯质量浓度为 4 mg/L 和 8 mg/L 时，藜麦叶片相对电导率无明显变化，而石墨烯质量浓度为 12 mg/L 时，其相对电导率显著高于对照组，说明细

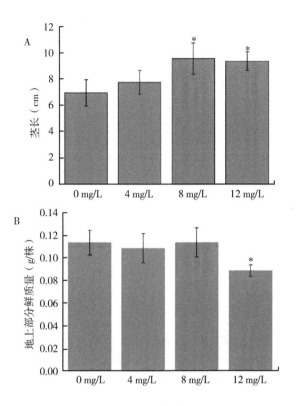

图 19-1　不同质量浓度石墨烯处理下藜麦幼苗茎长及地上部分鲜质量

＊表示 0.05 水平上差异显著。下同。

胞质膜受到损伤，细胞进行正常生理代谢活动的内环境受到威胁。

19.2.4　不同浓度石墨烯对藜麦根系形态的影响

根系作为影响植物生长的重要器官，其主要功能是吸收水分、营养物质以及其他的溶质溶液，它的分布特征和发育情况与作物地上部分的生长状况和作物的生产能力及水平有相当密切的关系。本研究配制了含有不同浓度石墨烯（0 mg/L、4 mg/L、8 mg/L 和 12 mg/L）的 MS 培养基，研究了石墨烯对藜麦幼苗根系形态的影响（图 19-4）。结果发现，在石墨烯浓度为 4 mg/L 和 8 mg/L 的 MS 培养基上生长的藜麦幼苗根系发达，说明浓度为 4 mg/L 和 8 mg/L 的石墨烯能够促进藜麦根系生长和形态发育，进一步验证了作者前期研究结果。

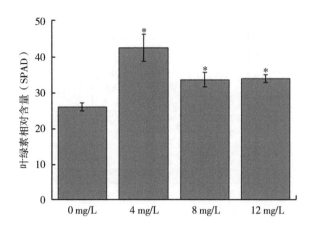

图 19-2　不同质量浓度石墨烯处理下藜麦叶绿素相对含量

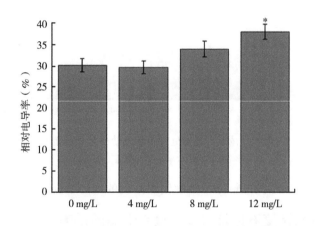

图 19-3　不同质量浓度石墨烯处理下藜麦叶片相对电导率

19.2.5　不同质量浓度石墨烯对藜麦幼苗根尖形态的影响

根系中生命活动最活跃的根尖和根毛是吸收水分和无机盐的主要部分。为进一步说明石墨烯对藜麦幼苗根系生长具有促进作用，本研究通过光学显微镜对经过不同质量浓度石墨烯处理的藜麦幼苗根尖进行形态学观察，发现在石墨烯的参与下，藜麦幼苗均出现不同程度根尖膨大、根毛增加的现象，其中石墨烯质量浓度为 8 mg/L 时最为明显（图 19-5）。

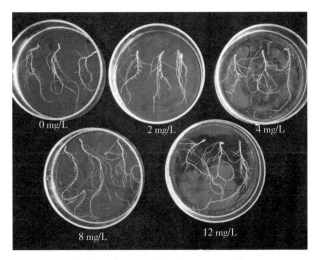

图 19-4　不同质量浓度石墨烯处理 14 d 后藜麦幼苗根系形态变化

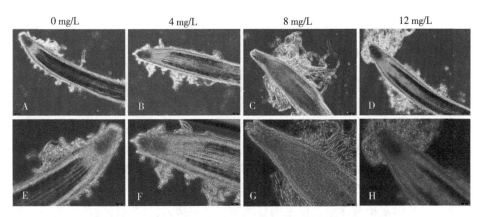

图 19-5　不同质量浓度石墨烯处理下藜麦幼苗根尖形态变化

倍数：A~D 为 10×，E~F 为 20×。

19.2.6　不同质量浓度石墨烯对藜麦根尖细胞微观形态的影响

通过扫描电子显微镜观察藜麦幼苗的根尖细胞形态，由图 19-6 可知，添加石墨烯的藜麦根尖细胞形态发生不规则变化，细胞膨大，并且随着石墨烯质量浓度的增加其变化更加明显。

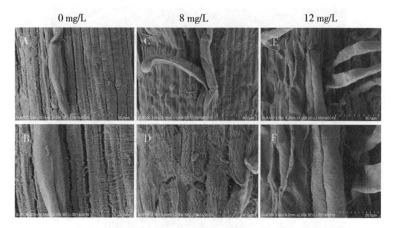

图 19-6　不同质量浓度石墨烯处理下藜麦幼苗根尖细胞形态变化

（A，B）、（C，D）和（E，F）分别为对照组、8 mg/L 石墨烯、12 mg/L
石墨烯处理的藜麦幼苗根尖不同放大倍数下的扫描电镜照片（A、C、E 标尺为
50 μm；B、D、F 标尺为 20 μm）。

19.3　讨论与结论

纳米碳材料石墨烯应用研究的快速发展，使其在越来越多的领域中，展现
出广泛的应用价值和良好的特性。在本研究中，作者探索了不同质量浓度石墨
烯对藜麦幼苗形态特征（茎长、地上部分鲜质量、根尖形态、根尖细胞形
态）和生理指标（叶绿素相对含量、相对电导率）的影响，结果发现，在特
定浓度下石墨烯对藜麦幼苗茎、根形态和生理特性产生重要的积极影响。

本研究发现在石墨烯质量浓度为 8 mg/L 的 MS 培养基上生长的藜麦幼苗
其茎长、叶绿素相对含量、根毛明显增加、根尖膨大，说明特定浓度的石墨烯
能够促进藜麦幼苗根茎的生长。Zhang 等（2015）研究表明，较低浓度的石墨
烯处理过的水稻种子萌发更快、表现出明显的长茎和长根现象。胡晓飞等
（2019）通过扫描电子显微镜发现添加了石墨烯的树莓组培苗的不定根根毛更
加发达。另外，20 mg/L 氧化石墨烯通过 ABA 和 IAA 途径促进了野生番茄根
系生长（Jiao et al.，2016）。上述发现与本研究结果具有一定的相似性。其可
能原因是石墨烯诱导了作物体内水通道蛋白基因的表达，从而促进根系对水分
和营养元素的吸收，纳米碳材料可以吸附营养离子（如 NH_4^+ 和 NO_3^-），起到缓
释作用（Lahiani et al.，2016；Saxena et al.，2014）。氧化石墨烯作为石墨烯重
要的衍生物，其表面因含氧基团的修饰而较石墨烯具有更强的亲水性（翁轶

能 等，2020）。因此可以推测石墨烯的存在提高了基质中水和营养物质的存储能力，从而促进了植物生长。此外，在本研究中我们发现石墨烯质量浓度为 12 mg/L 时，藜麦幼苗地上部分鲜质量显著下降，其相对电导率显著升高，细胞形态发生不规则变化，说明细胞质膜受到损伤。相关研究也表明 50 mg/L 氧化石墨烯对甘蓝型油菜根系生长产生抑制作用（Cheng et al.，2016；吴金海等，2015）；氧化石墨烯富集在小麦根部，引起根的显微结构、超微结构变化，诱发了根部的氧化应激（陈凌云，2018）。经石墨烯处理卷心菜的根系表面积显著增加，可能是石墨烯过量导致的膨胀。在较高的石墨烯浓度（1 000 mg/L）下，与对照相比，白菜和红色菠菜的根毛生长降低（Begum et al.，2011），其原因可能与氧化石墨烯浓度有关。

综上所述，石墨烯对藜麦幼苗根系生长、部分形态特征及生理指标具有重要的影响，其作用关系取决于石墨烯剂量或浓度以及物种差异，应用特定浓度石墨烯能够有效地促进藜麦根茎生长，增强光合效率。在本试验中，促进藜麦幼苗生长的最适石墨烯浓度为 8 mg/L。本研究为进一步探索石墨烯对作物生长的影响提供了重要信息，对藜麦的引种种植具有重要指导意义。

参考文献

阿图尔·博汗格瓦，等，2014. 藜麦生产与应用 [M]. 任贵兴，等译. 北京：科学出版社.

安学丽，蔡一林，王久光，等，2003. 化学诱变及其在农作物育种上的应用 [J]. 核农学报，17 (3)：239-242.

蔡庆生，2006. 植物生理学实验指导 [M]. 北京：中国农业大学出版社.

蔡卓山，2013. 水分胁迫下外源 NO 对苜蓿种子萌发和幼苗抗旱生理的影响 [D]. 兰州：甘肃农业大学.

曹宁，高旭，丁延庆，等，2018. 藜麦组织培养快速繁殖体系建立研究 [J]. 种子，37 (10)：110-112+115.

陈凌云，2018. 石墨烯纳米材料在植物体内的分布、毒性及其环境生态效应研究 [D]. 重庆：西南民族大学.

陈明君，蒙柳贝，李玥，等，2021. PEG 6000 模拟干旱胁迫对藜麦种子萌发的影响 [J]. 贵州农业科学，49 (11)：34-40.

陈新红，叶玉秀，黄吉，等，2008. 盐胁迫对小麦幼苗形态和生理特性的影响 [J]. 安徽农业科学 (10)：234-287.

陈毓荃，高爱丽，贡布扎西，1996. 南美藜种子蛋白质研究 [J]. 西北农业学报，5 (3)：43-48.

丁贤荣，关迎东，李文博，等，2020. 石墨烯/氟碳涂料在某海洋装备上的应用 [J]. 电镀与涂饰，39 (6)：311-315.

董晶，张焱，曹赵茹，等，2015. 藜麦总黄酮的超声波法提取及抗氧化活性 [J]. 江苏农业科学，43 (4)：267-269.

董艳辉，王育川，温鑫，等，2020. 藜麦育种技术研究进展 [J]. 中国种业 (1)：8-13.

范玉贞，2009. 菠菜抗寒性生理机制的研究 [J]. 北方园艺 (11)：63-65.

冯学金，郭秀娟，杨建春，等，2017. 诱变技术在亚麻育种中的应用

[J]. 核农学报，31（7）：1310-1316.

高海波，张富春，2008. 藜科盐生植物的形态特征与耐盐分子研究进展
　　[J]. 生物技术通报（4）：114-215.

高俊凤，2008. 植物生理学实验指导 [M]. 北京：高等教育出版社.

高亚宁，张凯浩，杨鸿基，等，2023. 芜菁苗期抗旱性鉴定及抗旱指标的
　　评价 [J]. 西北农业学报（2）：310-319.

贡布扎西，旺姆，1995. 南美藜生物学特性及栽培技术 [J]. 西藏科技
　　（4）：19-22.

郭子武，李宪利，高东升，等，2004. 植物低温胁迫响应的生化与分子生
　　物学机制研究进展 [J]. 中国生态农业学报，12（2）：54-57.

郝晓华，任美艳，2018. Cu^{2+} 单独污染对藜麦种子萌发及部分生理指标的
　　影响 [J]. 安徽农学通报，24（11）：16-20.

胡晓飞，赵建国，高利岩，等，2019. 石墨烯对树莓组培苗生长发育影响
　　[J]. 新型炭材料，34（5）：447-454.

胡一波，杨修仕，陆平，等，2017. 中国北部藜麦品质性状的多样性和相
　　关性分析 [J]. 作物学报（3）：464-470.

胡一晨，赵钢，秦培友，等，2018. 藜麦活性成分研究进展 [J]. 作物学
　　报，44（11）：1579-1591.

胡子瑛，周俊菊，张利利，等，2018. 中国北方不同干湿区气候干湿变化
　　及干旱演变特征 [J]. 生态学报，38（6）：1-12.

黄杰，刘文瑜，魏玉明，等，2017. 4 个藜麦品种在陇东旱作区幼苗生长
　　量及生理生化指标分析 [J]. 甘肃农业科技（10）：35-38.

黄志伟，曹剑，张凤龙，等，2019. 多指标正交试验优化中山杉组培无菌
　　体系的建立 [J]. 西部林业科学，48（4）：33-38.

贾双杰，李红伟，江艳平，等，2020. 干旱胁迫对玉米叶片光合特性和穗
　　发育特征的影响 [J]. 生态学报，40（3）：854-863.

降云峰，刘永忠，李万星，等，2012. 甲基磺酸乙酯诱变技术在大豆育种
　　上的应用 [J]. 园艺与种苗（6）：12-15.

金茜，杨发荣，黄杰，等，2018. 我国藜麦籽实的研究与开发利用进展
　　[J]. 农业科技与信息（10）：36-41.

李畅，苏家乐，刘晓青，等，2015. 干旱胁迫对鹿角杜鹃种子萌发和幼苗
　　生理特性的影响 [J]. 西北植物学报，35（7）：1421-1427.

李翠，梁燕，张纪涛，等，2011. 渗透胁迫对番茄种子萌发特性的影响
　　[J]. 干旱地区农业研究，29（2）：173-178.

李丽丽，姜奇彦，牛风娟，等，2016. 藜麦耐盐机制研究进展 [J]. 中国农业科技导报，18（2）：31-40.

李荣波，李昌远，李长亮，等，2017. 藜麦-小杂粮作物的后起之秀 [J]. 中国农技推广，33（10）：14-17.

李王胜，王雪倩，尹希龙，等，2022. 甜菜苗期抗旱性鉴定及指标筛选 [J]. 中国农学通报，38（21）：17-23.

李想，朱丽丽，李小飞，等，2020. 青海柴达木盆地藜麦品质表现及营养成分聚类分析 [J]. 华北农学报，35（S1）：209-219.

林春，刘正杰，董玉梅，等，2019. 藜麦的驯化栽培与遗传育种 [J]. 遗传，41（11）：1009-1022.

林娅，郑玉梅，刘青林，2006. 影响月季愈伤组织诱导和分化的因素 [J]. 分子植物育种，4（2）：223-227.

刘畅，李雪妹，谭佳缘，等，2017. 聚乙二醇（PEG）模拟水分胁迫对水稻幼苗矿质离子含量的影响 [J]. 作物杂志（5）：162-167.

刘建霞，温日宇，张晴雯，等，2018. 3 种盐胁迫下静乐藜麦种子与幼苗抗逆指标的检测 [J]. 种子，37（2）：82-85.

刘建霞，张晓丹，王润梅，等，2018. 6-BA 浸种对盐胁迫下绿豆萌发及幼苗生理特性的影响 [J]. 作物杂志（1）：166-172.

刘敏国，杨倩，杨梅，等，2017. 藜麦的饲用潜力及适应性 [J]. 草业科学，34（6）：1264-1271.

刘文瑜，杨宏伟，魏小红，等，2015. 外源 NO 调控盐胁迫下蒺藜苜蓿种子萌发生理特性及抗氧化酶的研究 [J]. 草业学报，24（2）：85-95.

刘翔. 2014. EMS 诱变技术在植物育种中的研究进展 [J]. 激光生物学报，23（3）：197-201.

刘洋，熊国富，闫殿海，等，2014. "粮食之母""超级食物"-藜麦"落户"青海 [J]. 青海农林科技，4：95-98.

刘月瑶，路飞，高雨晴，等，2020. 藜麦的营养价值、功能特性及其制品研究进展 [J]. 包装工程，41（5）：56-65.

卢银，刘梦洋，王彦华，等，2014. EMS 处理对大白菜种子萌发及主要生化指标的影响 [J]. 中国蔬菜，2（11）：20-24.

吕亚慈，郭晓丽，时丽冉，等，2018. 不同藜麦品种萌发期抗旱性研究 [J]. 种子，37（6）：86-89.

马明杰，程顺昌，纪淑娟，等，2020. 低温胁迫对青椒膜脂代谢的影响 [J]. 包装工程，41（3）：21-27.

马文彪，2015. 吕梁山北段高寒山区藜麦高产栽培技术［J］. 中国农业信息（8）：76-77.

莫英，兰利琼，卿人韦，等，2004. 盾叶薯蓣种子萌发条件及诱导外植体愈伤的研究［J］. 四川大学学报（自然科学版）（4）：837-841.

墨菲 K，马坦吉翰 J，2018. 藜麦研究进展和课持续生产［M］. 任贵兴，赵刚，等译. 北京：科学出版社.

彭筱娜，易自力，蒋建雄，2007. 植物抗寒性研究进展［J］. 生物技术通报，4：15-18.

戚维聪，张体付，陈曦，等，2017. 藜麦的耐盐性评价及在滨海盐土的试种表现［J］. 核农学报，31（1）：0145-0155.

齐高强，许秋萍，赵忠，等，2006. 大扁杏组培苗生根培养的正交试验［J］. 西部林业科学（3）：101-103.

乔俊，赵建国，解谦，等，2017. 纳米碳材料对作物生长影响的研究进展［J］. 农业工程学报，33（2）：162-170.

秦大河，2004. 气候变化的事实、影响及我国的对策［J］. 外交学院学报（3）：14-22.

曲高平，孙妍妍，庞红喜，等，2014. 甘蓝型油菜 EMS 突变体库构建及抗除草剂突变体筛选［J］. 中国油料作物学报，36（1）：25-31.

任贵兴，杨修仕，么杨 .2015. 中国藜麦产业现状［J］. 作物杂志（5）：1-5.

邵怡若，许建新，薛立，等，2013. 低温胁迫时间对 4 种幼苗生理生化及光合特性的影响［J］. 生态学报，33（14）：4237-4247.

单云鹏，陈新慧，万平，等，2019. 小豆种质资源苗期抗旱性评价及抗旱资源筛选［J］. 植物遗传资源学报（5）：1151-1159.

申瑞玲，张文杰，董吉林，等，2016. 藜麦的营养成分健康促进作用及其在食品工业中的应用［J］. 中国粮油学报，31（9）：150-155.

宋丽华，周月君，2008. PEG 胁迫对几个臭椿种源种子萌发的影响［J］. 种子，27（10）：10-13.

孙渭，李斌，杨建雄，等，2003. 聚乙二醇浸种对烟草种子萌发的影响［J］. 种子，22（3）：10-14.

孙阳，师建银，马楠，等，2019. 模拟叶片损伤条件下密胡杨幼苗的生理适应［J］. 塔里木大学学报，31（4）：41-46.

孙玉洁，王国槐，2009. 植物抗寒生理的研究进展［J］. 作物研究，5：293-297.

孙玉婷，王映龙，杨红云，等，2018. RGB 与 HSI 色彩空间下预测叶绿素
　　相对含量的研究 [J]. 浙江农业学报，30（10）：1782-1789.

覃志豪，唐华俊，李文娟，2015. 气候变化对我国粮食生产系统影响的研
　　究前沿 [J]. 中国农业资源与区划，2（1）：1-8.

谭月园，2016. 方便藜麦饭加工工艺及品质研究 [D]. 广州：华南农业
　　大学.

唐利华，樊华，李阳阳，等，2019. 甜菜叶片、根系含水量及根系活力对
　　干旱胁迫的反应 [J]. 新疆农垦科技，42（1）：8-10.

唐墨莲，袁蕙芸，2018. 藜麦——餐桌上的新宠 [J]. 健康报，4：1.

唐文忠，王小媚，黄伟雄，等，2012. 应用正交试验设计优选番木瓜组培
　　苗生根培养基研究 [J]. 南方农业学报，43（11）：1672-1675.

唐宗祥，张怀琼，张怀渝，等，2004. 2,4-D、KT 对小麦成熟胚愈伤组织
　　形成、分化的影响 [J]. 四川农业大学学报（3）：203-205.

田鑫，钟程，李性苑，等，2015. 盐胁迫对薏苡种子萌发及幼苗生长的影
　　响 [J]. 作物杂志（2）：140-143.

佟星，赵波，金文林，等，2010. 理化诱变小豆京农 6 号突变体的鉴定
　　[J]. 作物学报，36（4）：565-573.

王晨静，陆国权，毛前，等，2014. 藜麦特性及开发利用研究进展 [J].
　　浙江农林大学学报，31（2）：296-301.

王瑾，刘桂茹，杨学举，2005. EMS 诱变小麦愈伤组织选择抗旱突变体的
　　研究 [J]. 中国农学通报（12）：190-193.

王黎明，马宁，李颂，等，2014. 藜麦的营养价值及其应用前景 [J]. 食
　　品工业科技，35（1）：381-384+389.

王谧，王芳，王舰，2014. 应用隶属函数法对马铃薯进行抗旱性综合评价
　　[J]. 云南农业大学学报（自然科学），29（4）：476-481.

王伟，多立安，赵树兰，2020. 氧化石墨烯对紫花苜蓿种子萌发与幼苗生
　　长的影响 [J]. 种子，39（2）：1-4，10.

王小媚，任惠，刘业强，等，2016. 低温胁迫对杨桃品种抗寒生理生化指
　　标的影响 [J]. 西南农业学报，11（2）：270-275.

王小敏，樊苏帆，吴文龙，等，2020. 利用正交实验优选蓝莓"比洛克
　　西"组织培养条件 [J]. 北方园艺，44（3）：28-35.

王晓玲，彭定祥，2004. 光温条件及碳源对苎麻愈伤生长和分化的影响
　　[J]. 中国农学通报（2）：1-4.

王燕，汪一婷，吕永平，等，2015. 组培增殖方式对网纹草嵌合性状稳定

性的影响 [J]. 植物学报, 50 (3): 372-377.

王洋坤, 胡艳, 张天真, 2014. RAD-seq 技术在基因组研究中的现状及展望 [J]. 遗传, 36 (1): 41-49.

王玉珍, 董玉惠, 史印山, 等, 2005. 霍霍巴的组织培养与快速繁殖 [J]. 植物生理学通讯 (6): 835-840.

王志恒, 徐中伟, 周吴艳, 等, 2020. 藜麦种子萌发阶段响应干旱和盐胁迫变化的综合评价 [J]. 中国生态农业学报, 28 (7): 1033-1042.

王忠, 2000. 植物生理学 [M]. 北京: 中国农业出版社.

魏玉明, 黄杰, 顾娴, 等, 2015. 藜麦规范化栽培技术规程 [J]. 甘肃农业科技, 12: 77-80.

温日宇, 刘建霞, 李顺, 等, 2019. 低温胁迫对不同藜麦幼苗生理生化特性的影响 [J]. 种子, 38 (5): 53-56.

温日宇, 刘建霞, 张珍华, 等, 2019. 干旱胁迫对不同藜麦种子萌发及生理特性的影响 [J]. 作物杂志 (1): 121-126.

翁轶能, 蒋楠, 李佳欣, 2020. 石墨烯对植物的生理毒性效应研究进展 [J]. 应用生态学报, 31 (6): 349-358.

吴海宁, 罗兴录, 樊吴静, 2013. 低温胁迫对不同木薯品种幼苗生理特性的影响 [J]. 南方农业学报, 44 (11): 1791-1799.

吴金海, 焦靖芝, 谢伶俐, 等, 2015. 氧化石墨烯处理对甘蓝型油菜生长发育的影响 [J]. 基因组学与应用生物学, 34 (12): 2738-2742.

吴晓珍, 傅家瑞, 1997. 衬质渗调对菜心种子的引发效果 [J]. 中山大学学报: 自然科学版, 36 (1): 69-73.

武冲, 仲崇禄, 牟振强, 等, 2012. 模拟水分胁迫对不同种源麻楝种子萌发能力的影响 [J]. 西北植物学报, 32 (4): 774-780.

项玉英, 杨祥田, 张光华, 2006. 设施栽培土壤次生盐渍化的点差及防治措施 [J]. 浙江农业科学 (1): 17-19.

徐骋, 2019. 基于藜麦的种植技术与营养价值分析 [J]. 农家参谋, 634 (20): 65.

许英, 陈建华, 朱爱国, 等, 2015. 低温胁迫下植物响应机理的研究进展 [J]. 中国麻业科学, 40 (1): 40-49.

闫绍村, 李哲, 郭旭虹, 等, 2020. 石墨烯基微结构应力应变传感器的制备及应用 [J]. 石河子大学学报 (自然科学版), 38 (2): 141-145.

闫新房, 丁林波, 丁义, 等, 2009. LED 光源在植物组织培养中的应用 [J]. 中国农学通报, 25 (12): 42-45.

杨发荣，黄杰，魏玉明，等，2017. 藜麦生物学特性及应用［J］. 草业科学，34（3）：607-613.

杨发荣，刘文瑜，黄杰，等，2017. 不同藜麦品种对盐胁迫的生理响应及耐盐性评价［J］. 草业学报，26（12）：77-88.

杨利艳，杨雅舒，杨小兰，等，2020. 藜麦DAPB基因丰度及生物信息学分析［J］. 分子植物育种，5：1-8.

杨柳，周瑞阳，金声杨，2011. PEG模拟干旱胁迫对11份黄麻种子萌发的效应［J］. 南方农业学报，42（7）：715-718.

杨瑞萍，2021. 旱作条件下不同藜麦品种的生长发育及生理特性研究［D］. 呼和浩特：内蒙古农业大学.

杨小刚，王传洁，李斌，2020. 石墨烯/聚苯胺纳米复合材料的制备及防腐应用研究进展［J］. 微纳电子技术，57（4）：282-291.

杨月欣，2018. 中国食物成分表（第一册）［M］. 6版. 北京：北京大学医学出版社.

于凤玲，支庆祥，2009. 低温对植物的危害以及植物的抗寒性［J］. 畜牧与饲料科学，30（9）：190.

于永明，王军辉，张宋智，等，2011. 二次回归正交设计在楸树离体生根培养中的应用［J］. 南京林业大学学报：（自然科学版），35（4）：47-50.

于跃，顾音佳，2019. 藜麦的营养物质及生物活性成分研究进展［J］. 粮食与油脂，32（5）：4-6.

袁俊杰，蒋玉荣，陆国权，等，2015. 不同盐胁迫对藜麦种子发芽及幼苗生长的影响［J］. 种子（8）：9-13.

云娜，石凤翎，王晓龙，等，2014. EMS诱变对蒙农红豆草出苗和幼苗生长的影响［J］. 中国草地学报，36（3）：5-9.

张海旺，芦翠乔，吴丁，等，1989. 聚乙二醇（PEG）渗透处理对老化油菜种子过氧化及细胞膜透性的影响［J］. 华北农业学报，4（2）：56-62.

张利利，周俊菊，张恒玮，等，2017. 基于SPI的石羊河流域气候干湿变化及干旱事件的时空格局特征研究［J］. 生态学报，37（3）：996-1007.

张南，秦智伟，2007. 低温处理对菠菜生理生化指标的影响［J］. 中国蔬菜（11）：22-24.

张沛健，尚秀华，吴志华，2020. 基于图像处理技术的5种红树林叶片形态特征及叶绿素相对含量的估测 [J]. 热带作物学报 (3)：496-503.

张弢，2012. PEG6000 模拟干旱胁迫对油菜幼苗生理生化指标的影响 [J]. 安徽农业科学，40 (20)：10363-10364，10379.

张文兴，赵晋锋，2013. 谷子诱变育种研究现状 [J]. 生物技术进展，3 (4)：243-247.

张晓勤，薛大伟，周伟辉，等，2011. 用甲基磺酸乙酯（EMS）诱变的大麦浙农大 3 号突变体的筛选和鉴定 [J]. 浙江大学学报：农业与生命科学版，37 (2)：169-174.

张秀玲，李瑞利，石福臣，2007. 盐胁迫对罗布麻种子萌发的影响 [J]. 南开大学学报（自然科学版）(8)：234-256.

张毅，杨轲，汪军成，等，2022. 100 份大麦种质资源成株期抗旱性鉴定及抗旱指标筛选 [J]. 麦类作物学报，42 (4)：441-45.

张圆，张雄，2023. 陕北地区耐密玉米新品种抗旱性评价及筛选 [J]. 安徽农业科学，51 (7)：29-32+40.

张紫薇，庞春花，张永清，等，2017. 等渗 NaCl 和 PEG 胁迫及复水处理对藜麦种子萌发及幼苗生长的影响 [J]. 作物杂志 (1)：119-126.

章芳，苏炳凯，2002. 我国北方干旱化趋势的预测 [J]. 高原气象，21 (5)：479-487.

赵福庚，2004. 植物逆境生理生态学 [M]. 北京：化学工业出版社.

周建，杨立峰，张琳，等，2008. 碱胁迫对合欢种子萌发及幼苗生理指标的影响 [J]. 浙江大学学报 (4)：51-58.

周晋红，李丽平，秦爱民，2010. 山西气象干旱指标的确定及干旱气候变化研究 [J]. 干旱地区农业研究，28 (3)：240-247+264.

周宜君，周生闯，刘玉，等，2007. 植物生长调节剂对植物愈伤组织的诱导与分化的影响 [J]. 中央民族大学学报：自然科学版，16 (1)：23-28.

邹卫武，顾宝珊，孙世清，等，2020. 石墨烯及其复合材料在空气净化领域的应用研究进展 [J]. 炭素技术，39 (1)：6-11.

Abascal F, Zardoya R, Posada D, et al., 2005. ProtTest：selection of best-fit models of protein evolution [J]. Bioinformatics, 21：2104-2105.

Adams K L, Wendel J F, 2005. Polyploidy and genome evolution in plants [J]. Current Opinion in Plant Biology, 8：135-141.

Aguilar P C, Jacobsen S E, 2003. Cultivation of quinoa on the peruvian altiplano [J]. Food Reviews International (19)：31-41.

Asish K P, Anath B D, 2005. Salt tolerance and salinity effects on plants: a review [J]. Ecotoxicology and Environmental Safety, 60: 324-349.

Bailey T L, Boden M, Buske F A, et al., 2009. MEME suite: tools for motif discovery and searching [J]. Nucleic Acids Research, 37: W202-W208.

Begum P, Ikhtiari R, Fugrtsu B, 2011. Graphene phytotoxicity in the seedling stage of cabbage, tomato, red spinach, and lettuce [J]. Carbon, 49: 3907-3919.

Canahua M A, 1977. Observaciones del comportamiento de la quinua a la sequia [C] //Proc. I Congreso Internacional de Cultivos Andinos. Ayacucho: Universidad Nacional San Cristobal de Huamanga, Instituto Interamericano de Ciencias Agricolas, 390-392.

Chantreau M, Grec S, Gutierrez L, et al., 2013. PT-Flax (phenotyping and TILLinG of flax): development of a flax (*Linum usitatissimum* L.) mutant population and TILLinG platform for forward and reverse genetics [J]. BMC Plant Biology, 13 (1): 159-168.

Chen S Y, 1991. Injury of membrane lipid peroxidation to plant cell [J]. Plant Physiology Communications, 27 (2): 84-90.

Cheng F, Liu Y F, Lu G Y, et al., 2016. Graphene oxide modulates root growth of *Brassica napus* L. and regulates ABA and IAA concentration [J]. Journal of Plant Physiology, 193: 57-63.

Christensen S A, Pratt D B, Pratt C, et al., 2007. Assessment of genetic diversity in the USDA and CIP-FAO international nursery collections of quinoa (*Chenopodium quinoa* Willd.) using microsatellite markers [J]. Plant Genetic Resources, 5: 82-95.

De Maio A, Vazquez D, 2013. Extracellular heat shock proteins: a new location, a new function [J]. Shock, 40: 239-246.

Easton D P, Kaneko Y, Subjeck J R, 2000. The Hsp110 and Grp1 70 stress proteins: Newly recognized relatives of the Hsp70s [J]. Cell Stress Chaperones, 5: 276-290.

Eguiluz A, Maugham P J, Jellen E, et al., 2010. Determinación de la diversidad fenotipica de accesiones dequinua (*Chenopodium quinoa* Willd) provenientes de valles interandinos y del altiplano peruano [J/OL]. Available from: http: //www. infoquinua. bo/fileponencias/.

Engman D M, Kirchhoff L V, Donelson J E, 1989. Molecular cloning of mtp70, a mitochondrial member of the hsp70 family Mol [J]. Cell Biology, 9: 5163-5168.

Flaherty K M, Delucaflaherty C, Mckay D B, 1990. Three-dimensional structure of the ATPase fragment of a 70k heat-shock cognate protein [J]. Nature, 346: 623-628.

Fuenres F F, Martinez E A, Hinrichsen P V, et al., 2009. Assessment of genetic diversity patterns in Chilean quinoa (*Chenopodium quinoa* Willd.) germplasm using multiplex fluorescent microsatellite markers [J]. Conservation Genetics, 10 (2): 369-377.

Garcia M, 2003. Agroclimatic study and drought resistance analysis of an irrigation strategy in the *Bolivian Altiplano* [J]. Dissertationes de Agricultura Faculty of Applied Biological Sciences (6): 184.

Guindon S, Gascuel O, 2003. A simple, fast, and accurate algorithm to estimate large phylogenies by maxium likelihood [J]. Systematic Bioogyl, 52: 696-704.

Gupta R S, Golding G B, 1993. Evolution of HSP70 gene and its implications regarding relationships between archaebacteria, eubacteria, and eukaryotes [J]. Journal of Molecular Evolution, 37: 573-582.

Hartl F U, Hayer-Hartl M, 2002. Molecular chaperones in the cytosol: From nascent chain to folded protein [J]. Science, 295: 1852-1858.

Hu B, Jin J P, Guo A Y, et al., 2015. GSDS 2.0: An upgraded gene feature visualization server [J]. Bioinformatics, 31: 1296-1297.

IPCC, 2012. Managing the risks of extreme events and disasters to advance climate change adaptation: special report of the intergovernmental panel on climate change [M]. New York: Cambridge University Press.

Irish V F, Sussex I M, 1990. Function of the apetala - 1 gene during *Arabidopsis* floral development [J]. The Plant Cell, 2 (8): 741-753.

Jarvis D E, Ho Y S, Lightfoot D J, et al., 2017. The genome of Chenopodium quinoa [J]. Nature, 542 (7641): 307-327.

Jarvis D E, Ho Y S, Lightfoot D J, et al., 2017. The genome of Chenopodium quinoa [J]. Nature, 542: 307-312.

Jiao J Z, Cheng F, Zhang X K, et al., 2016. Preparation of graphene oxide and its mechanism in promoting tomato roots growth [J]. Journal of Nanoscience and Nanotechnology, 16 (4): 4216-4223.

Jungkunz I, Link K, Vogel F, et al., 2011. AtHsp70 - 15 - deficient Arabidopsis plants are characterized by reduced growth, a constitutive cytosolic protein response and enhanced resistance to TuMV [J]. Plant Journal, 66: 983-995.

Katoh K, Misawa K, Kuma K, et al., 2002. MAFFT: a novel method for rapid multiple sequence alignment based on fast fourier transform [J]. Nucleic Acids Research, 30: 3059-3066.

Keshavarz M, Maleksaeidi H, Karami E, 2017. Livelihood vulnerability to drought: a case of rural Iran [J]. International Journal of Disaster Risk Reduction, 21: 223-230.

Kharkwal M C, Pandey R N, Pawar S E, 2004. Mutation breeding for crop improvement [J]. Plant breeding, Springer, Dordrecht, Netherlands, 601 - 645.

Koyro H W, Eisa S S, 2005. Effect of salinity on composition, viability and salinity effects on plants: a review [J]. Ecotoxicology and Environmental Safety, 60: 324-349.

Koziol M J, 1992. Chemical composition and nutritional evaluation of quinoa (*Chenopodium quinoa* Willd.) [J]. Journal of Food Composition and Analysis, 5 (1): 35-68.

Krzywinski M, Schein J, Birol I, et al., 2009. Circos: an information aesthetic for comparative genomics [J]. Genome Research, 19: 1639 - 1645.

Kumar S, Stecher G, Tamura K, 2016. MEGA7: molecular evolutionary genetics analysis version 7. 0 for bigger datasets [J]. Molecular Biology and Evoutionl, 33: 1870-1874.

Lahiani M H, Dervishi E, Ivanov I, et al., 2016. Comparative study of plant responses to carbon - based nanomaterials with different morphologies [J]. Nanotechnology, 27 (26): 265102.

Lee J H, Yun H S, Kwon C, 2012. Molecular communications between plant heat shock responses and disease resistance [J]. Molecules and Cells, 34: 109-116.

Leustek T, Dalie B, Amirshapira D, et al., 1989. A member of the hsp70 family is localized in mitochondria and resembles Escherichia coli DnaK [J]. Proceedings of the National Academy of Sciences of the United States of America, 86: 7805-7808.

Li F H, Sun C, Li X H, et al., 2018. The effect of graphene oxide on adventitious root formation and growth in apple [J]. Plant Physiology and Biochemistry, 129: 122-129.

Lin B L, Wang J S, Liu H C, et al., 2001. Genomic analysis of the Hsp70 superfamily in *Arabidopsis thaliana* [J]. Cell Stress Chaperones, 6: 201-208.

Lindquist S, 1986. The heat-shock response [J]. Annual Review of Biochemistry, 55: 1151-1191.

Liu H Y, Zhu Z J, Lu G H, 2004. Effect of low temperature stress on chilling tolerance and protective system against active oxygen of grafted watermelon [J]. Chinese Journal of Applied Ecology, 15 (4): 659-662.

Liu J X, Wang R M, Liu W Y, et al., 2018. Genome-wide characterization of heat-shock protein 70s from chenopodium quinoa and expression analyses of Cqhsp70s in response to drought stress [J]. Genes, 9 (2): 35.

Lynch M, Conery J S, 2000. The evolutionary fate and consequences of duplicate genes [J]. Science, 290: 1151-1155.

Maughan P J, Bonifacio A, Jellen E N, et al., 2004. A genetic linkage map of quinoa (*Chenopodium quinoa*) based on AFLP, RAPD, and SSR markers [J]. Theoretical Applied Genetics, 109 (6): 1188-1195.

Maughan P J, Smith S M, Rojas-Beltrán J A, et al., 2012. Single nucleotide polymorphism identification, characterization, and linkage mapping in quinoa [J]. Plant Genome, 5: 114-125.

Mayer M P, Bukau B, 2005. Hsp70 chaperones: cellular functions and molecular mechanism [J]. Cellular and Molecular Life Sciences, 62: 670-684.

Merchant S S, Prochnik S E, Vallon O, et al., 2007. The Chlamydomonas genome reveals the evolution of key animal and plant functions [J]. Science, 318: 245-250.

Molina-Montenegro M A, Oses R, Torres-Díaz, et al., 2016. Root-endophytes improve the ecophysiological performance and production of an agricultural species under drought condition [J]. AoB Plants, 8: plw062.

Morales A, Zurita-Silva A, Maldonado J, et al., 2017. Transcriptional responses of Chilean quinoa (*Chenopodium quinoa* Willd.) under water deficit conditions uncovers ABA-independent expression patterns [J]. Frontiers in

Plant Science, 8: 216.

Moser D, Doumbo O, Klinkert M Q, 1990. The humoral response to heat — shock protein70 in human and Murine schistosomiasis — mansoni [J]. Parasite Immunol, 12: 341–352.

Munro S, Pelham H R B, 1986. An hsp70–like protein in the ER identity with the 78kd glucose — regulated protein and immunoglobulin heavy — chain binding–protein [J]. Cell, 46: 291–300.

Ogungbenle H N, 2003. Nutritional evaluation and functional properties of quinoa (*Chenopodium quinoa*) flour [J]. Internal Journal of Food Sciences and Nutrition, 54 (2): 153–158.

Olsen J L, Rouze P, Verhelst B, et al., 2016. The genome of the seagrass Zostera marina reveals angiosperm adaptation to the sea [J]. Nature, 530: 331–335.

Paterson A H, Kolata A L, 2017. Genomics: keen insights from quinoa [J]. Nature, 542 (7641): 300–302.

Pratt W B, Toft D O, 2003. Regulation of signaling protein function and trafficking by the Hsp90/Hsp70–based chaperone machinery [J]. Experimental Biology and Medicine, 228: 111–133.

Rensing S A, Lang D, Zimmer A D, et al., 2008. The Physcomitrella genome reveals evolutionary insights into the conquest of land by plants [J]. Science, 319: 64–69.

Repo–Carrasco R, Espinoza C, Jacobsen S E, et al., 2003. Nutritional value and use of the Andean crops quinoa (*Chenopodium quinoa*) and kaiwa (*Chenopodium pallidicaule*) [J]. Food Reviews International, 19: 179–189.

Risi J C, Galwey N W, 1984. The Chenopodium grains of the andes: inca crops for modern agriculture [J]. Advances in Applied Biology, 10: 145–216.

Ruales J, Nair B, 1994. Properties of starch and dietary fibre en quinoa (*Chenopodium quinoa* Willd) seeds [J]. Plant Foods for Human Nutrition, 45: 223–246.

Ruiz–Carrasco K, Antognoni F, Coulibaly A K, et al., 2011. Variation in salinity tolerance of four lowland genotypes of quinoa (*Chenopodium quinoa* Willd.) as assessed by growth, physiological traits, and sodium transporter gene expression [J]. Plant Physiology and Biochemistry, 49: 1333-1341.

Ryan M T, Pfanner N, 2001. Hsp70 proteins in protein translocation [J]. Advances in Protein Chemistry, 59: 223-242.

Sarkar N K, Kundnani P, Grover A, 2013. Functional analysis of Hsp70 superfamily proteins of rice (*Oryza sativa*) [J]. Cell Stress Chaperones, 18: 427-437.

Saxena M, Maity S, Sarkar S, 2014. Carbon nanoparticles in 'biochar' boost wheat (*Triticumaestivum*) plant growth [J]. RSC Advances, 4 (75): 39948-39954.

Schmutz J, Cannon S B, Schlueter J, et al., 2010. Genome sequence of the palaeopolyploid soybean [J]. Nature, 463: 178-183.

Shi L X, Theg S M, 2010. A stromal heat shock protein 70 system functions in protein import into chloroplasts in the moss *Physcomitrella patens* [J]. Plant Cell, 22: 205-220.

Small I, Peeters N, Legeai F, et al., 2004. Predotar: a tool for rapidly screening proteomes for N-terminal targeting sequences [J]. Proteomics, 4: 1581-1590.

Stikic R, Glamoclija D, Demin M, et al., 2012. Agronomical and nurtional evaluation of quinoa seed (*Chenopodium quinoa* Willd.) as an ingredient in bread formulations [J]. Journal of Cereal Science, 55 (2): 132-138.

Sun Y, Liu F, Bendevis M, et al., 2014. Sensitivity of two quinoa (*Chenopodium quinoa* Willd.) varieties to progressive drought stress [J]. Journal of Agronomy and Crop Science, 200 (1): 12-23.

Tang T, Yu A M, Li P, et al., 2016. Sequence analysis of the Hsp70 family in moss and evaluation of their functions in abiotic stress responses [J]. Scientific Reports, 6: 33650.

Tripp J, Mishra S K, Scharf K D, 2009. Functional dissection of the cytosolic chaperone network in tomato mesophyll protoplasts [J]. Plant Cell Environment, 32: 123-133.

Tropa-Castillo S J, 2010. Inducción de mutaciones en quínoa (*Chenopodium quinoa* Willd) y selección de líneas tolerantes a imidazolinonas [M]. Los Ríos: Universidad Austral de Chile, Facultad de Ciencias Agrarias, Escuela de Agronomia.

Vega-Gálvez A, Miranda M, Vergara J, et al., 2010. Nutrition facts and functional potential (*Chenopodium quinoa* Willd.) an ancient Andean grain: a review [J]. Journal of the Science of Food and Agriculture, 90 (15): 2541–2547.

Vierling E, 1991. The roles of heat–shock proteins in plants [J]. Annual Review of Plant Physiology and Plant Molecular Biology, 42: 579–620.

Wang H J, Chen Y N, Pan Y P, 2015. Characteristics of drought in the arid region of northwestern China [J]. Climate Research, 62 (2): 99–113.

Wang W X, Vinocur B, Altman A, 2003. Plant responses to drought, salinity and extreme temperatures: towards genetic engineering for stress tolerance [J]. Planta, 218: 1–14.

Wang W, Haberer G, Gundlach H, et al., 2014. The Spirodela polyrhiza genome reveals insights into its neotenous reduction fast growth and aquatic lifestyle [J]. Nature Communication, 5: 3311.

Wang Y H, Sun G R, Wang J B, et al., 2006. Relationships among MDA content, plasma permeability and the chlorophyll fluorescence parameters of *Puccinellia tenuiflora* seedling under NaCl stress [J]. Acta Ecologica Sinica, 26 (1): 122–129.

Wang Y P, Tang H B, DeBarry J D, et al., 2012. MCScanX: a toolkit for detection and evolutionary analysis of gene synteny and collinearity [J]. Nucleic Acids Research, 40 (7): e49.

Zhang M, Gao B, Chen J J, et al., 2015. Effect of graphene on seed germination and seedling growth [J]. Journal of Nanoparticle Research, 17 (2): 78–85.

Zhu X T, Zhao X, Burkholder W F, et al., 1996. Structural analysis of substrate binding by the molecular chaperone DnaK [J]. Science, 272: 16.

Zou C S, Chen A J, Xiao L H, et al., 2017. A high – quality genome assembly of quinoa provides insights into the molecular basis of salt bladder–based salinity tolerance and the exceptional nutritional value [J]. Cell Research, 27: 1327–1340.

第六篇

绿豆种质资源研究

20 6-BA 浸种对盐胁迫下绿豆萌发及幼苗生理特性的影响

随着工业现代化进程和现代农业不合理灌溉，土壤次生盐渍化日趋严重。根据联合国粮食及农业组织（FAO）公布的统计数据，全球盐碱地面积已达 $9.5 \times 10^8 \ hm^2$（Kovda et al.，1983）。土壤盐渍化也造成了生态危机（王遵亲，1993），在引起土地荒漠化的生态因素中土壤盐渍化位列第三（赵福庚，2004）。我国是受土壤盐渍化影响最大的国家之一，盐碱地面积约达到 $3.5 \times 10^7 \ hm^2$（Kovda et al.，1983）。因此，针对目前我国约 80%未得到开发利用的盐渍土进行治理和利用，具有重大研究意义（谢承陶，1992）。

利用灌溉淋洗和排水携盐的传统方法治理盐渍土，不仅耗费大量的人力、物力、财力，而且易引起局部土壤盐分聚集（李彦 等，2008）。目前越来越多的研究采用生物措施来减少土壤盐渍化对农业造成的危害，其中浸种或喷施外源物质不仅方法简便有效，而且还能提高植物的抗逆性，降低盐胁迫造成的损失（王森 等，2005）。6-BA 是一种人工合成的较活跃的细胞分裂素，其主要是打破植物休眠、促进种子发芽、延缓花卉和果实衰老、调节养分运输和分配（王忠，2000）。近年来，6-BA 也应用于一些作物抗逆性的研究。已有研究表明，6-BA 能缓解低温（吕俊 等，2005；Wang et al.，2009；王三根 等，1995；Lukatkin et al.，2009；任旭琴，2008）、水分胁迫（赵九洲 等，2004）、重金属（周红卫 等，2003；徐莉莉 等，2010）、渍害（吴进东 等，2012；柳道明 等，2015）和盐害（郭彦 等，2006）等多种逆境对作物种子萌发和幼苗生长的抑制作用。其中，针对 6-BA 对盐胁迫下植物种子或幼苗的影响，Mshra 等（1998）研究表明叶面喷施一定浓度 6-BA 可以提高小麦 SOD、POD 和 CAT 等酶的活性。在 6-BA 处理提高葡萄抗盐性研究结果中发现，外源 6-BA 可以诱导植物叶片出现 POD 特异带（廖祥儒 等，1999）。

绿豆（*Vigna radiata* L.）是我国主要食用豆类作物和传统出口物资，其出口量居世界首位（程须珍，2002）。近年来，随着种植结构调整和饮食文化的改变，人们对绿豆的需求量不断加大。中国土地盐渍化日趋严重，盐胁迫会严重影响绿豆种子萌发及幼苗的生长，进而影响绿豆的产量（张秀玲，2008）。目前，关于 6-BA 缓解绿豆盐胁迫未见相关报道，因此，本研究通过对绿豆种子进行不同浓度的 6-BA 浸种处理，分析 6-BA 对盐胁迫下绿豆种子萌发及幼苗生理特性的影响，以期通过合理、有效地施用生长激素，缓解盐胁迫对绿豆生长的有害影响，促进绿豆增产增收。

20.1　材料与方法

20.1.1　材料

绿豆种子为晋绿 9 号，由山西省农业科学院高寒区作物研究所提供（自行培育）。

20.1.2　试验设计

正式试验于 2017 年 4 月在山西大同大学植物生理试验室进行。6-BA 使用浓度为 0 mg/L、1 mg/L、10 mg/L、20 mg/L、30 mg/L、40 mg/L。先用少量 1 mol/L NaOH 溶液溶解 6-BA，然后加双蒸水配制成 100 mg/L 的母液，再分别稀释成所设浓度，溶液现配现用。

20.1.2.1　浸种处理

精选均匀饱满的绿豆种子，用 10% NaClO 消毒 15 min，用蒸馏水反复冲洗干净并晾干，然后分别用 0 mg/L、1 mg/L、10 mg/L、20 mg/L、30 mg/L、40 mg/L 的 6-BA 溶液置于常温环境中浸泡 6 h，将浸泡过的种子每个浓度分成 3 份，用含有 0 mmol/L、50 mmol/L、100 mmol/L NaCl 的模拟盐胁迫，共计 18 个处理，其中 0 mg/L 6-BA+0 mmol/L NaCl 处理为对照，0 mg/L 6-BA+50（或 100）mmol/L NaCl 为单独盐胁迫处理。每个处理 3 次重复，相应处理的 50 粒绿豆种子均匀摆放在培养皿中（培养皿各铺两层滤纸，添加 5 mL 的相应含盐营养液使滤纸湿润）。在 25 ℃ 培养箱中黑暗萌发，并且每天定时通气 40 min。用称重法每天补充相应的营养液（如有个别发霉的种子及时清理），记录每天的发芽数。第 4 d 每个培养皿的发芽数已经基本稳定（每皿中有一半以上露出子叶的种子可用于第 2 d 的移栽），每皿随机抽取 25 粒绿豆种子，用毫米尺测量并记录其根长和下胚轴长。

20.1.2.2　砂培育苗

第 5 d 将每个培养皿中发芽长度一致的绿豆幼苗移栽到塑料花盆中进行砂培育苗（砂土经过高压灭菌）。每天浇 30 mL 相应浓度的盐溶液。幼苗生长至第 30 d 分别进行脯氨酸含量、MDA 含量、SOD 活性及 POD 活性的测定。

20.1.3　试验方法

20.1.3.1　种子萌发指标测定（李彦 等，2008）

发芽势＝第 2 d 供试种子发芽数/供试种子数×100%；

发芽率＝第 4 d 供试种子发芽数/供试种子数×100%；

根长：根和芽接点处到最长尖的长度；

下胚轴长：子叶与根之间的长度。

20.1.3.2　幼苗生理生化指标的测定

同第 12 章。

20.1.4　数据处理

试验指标的测定均为 3 次重复，用 SPSS 23.0 进行差异显著性分析，用 Excel 2016 进行绘图。

20.2　结果与分析

20.2.1　6-BA 浸种对盐胁迫下绿豆发芽势、发芽率、根长、下胚轴长的影响

如图 20-1 所示，与 0 mg/L 6-BA＋0 mmol/L NaCl 盐胁迫的对照相比，50 mmol/L 和 100 mmol/L NaCl 单独盐胁迫处理均会引起发芽势与发芽率降低，并且 NaCl 浓度越高，发芽率与发芽势越低。单独 6-BA 浸种处理随 6-BA 浓度的增加发芽势呈稍升高再降低趋势，而发芽率呈现先升高后降低的趋势。与 50 mmol/L 和 100 mmol/L NaCl 单独盐胁迫处理相比，6-BA 浸种后再进行盐胁迫处理，发现低浓度 6-BA（1 mg/L 或 10 mg/L）浸种引起种子发芽势与发芽率升高，但高 6-BA 浓度（≥20 mg/L）处理种子发芽势与发芽率下降并明显低于单独盐胁迫处理组。其中用 1 mg/L 6-BA 浸种后进行 100 mmol/L NaCl 处理，种子的发芽势比单独盐胁迫处理提高了 1.08 倍，10 mg/L 6-BA 浸种后再进行 100 mmol/L NaCl 处理，发芽率比单独盐胁迫处理提高了 1.07 倍。这表明低浓度 6-BA 可以缓解盐胁迫对种子萌发的抑制作用，但 6-BA 浓度过高同样会对种子萌发产生抑制作用。

与对照相比，低浓度盐（50 mmol/L NaCl）处理促进幼苗根和下胚轴的伸长，但高浓度盐（100 mmol/L NaCl）处理会抑制幼苗根和下胚轴伸长（图

20-1）。单独 6-BA 浸种处理时，6-BA 浓度越高对根长和下胚轴伸长的抑制作用亦越强。6-BA 浸种后再进行盐胁迫处理，随着 6-BA 浓度的提高，根和下胚轴的长度明显低于单独盐胁迫处理组。可见，单独高盐胁迫和单独 6-BA 均会抑制根和下胚轴的伸长。若 6-BA 浸种后再进行盐胁迫处理，则 6-BA 会加剧盐胁迫对幼苗根和下胚轴伸长的抑制作用。

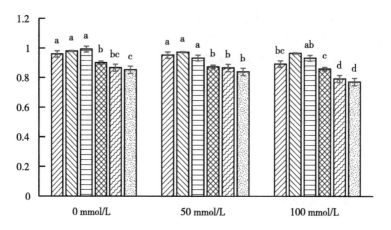

发芽势

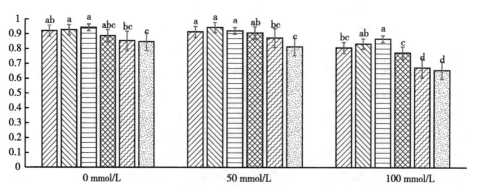

发芽率

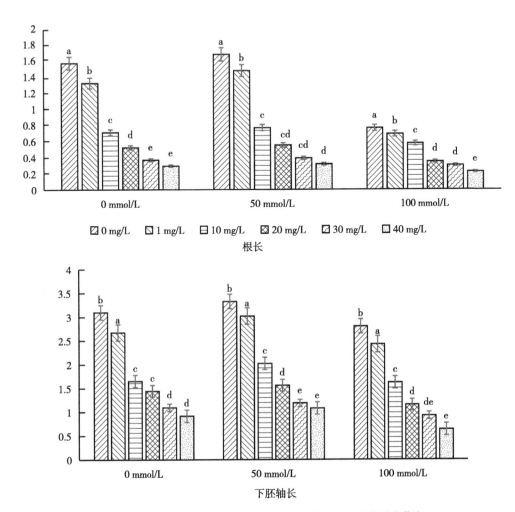

图 20-1　绿豆种子经不同浓度 6-BA 浸种在 NaCl 胁迫时发芽率、
发芽势、根长、下胚轴长

注：图中不同小写字母表示相同盐胁迫下不同浓度 6-BA 处理间差异在 0.05 水平达
到显著，下同。

20.2.2　6-BA 浸种对盐胁迫下绿豆幼苗主要生理生化指标的影响

20.2.2.1　6-BA 浸种对盐胁迫下绿豆幼苗脯氨酸和 MDA 含量的影响

与对照相比，单独盐胁迫会引起绿豆幼苗脯氨酸含量的升高，单独 6-BA 浸种也可引起绿豆幼苗脯氨酸含量升高，差异达到显著水平（图 20-2）。30 mg/L 及其以下浓度的 6-BA 浸种后再进行 50 mmol/L 盐胁迫处理，绿豆幼苗叶片中脯氨酸含量显著低于单独 50 mmol/L 盐胁迫处理组；但 6-BA 浓度为 40 mg/L 时，脯氨酸含量显著高于单独盐胁迫组。20 mg/L 及其以下的 6-BA 浸种后再进行 100 mmol/L 盐胁迫处理，相对单独 100 mmol/L 盐胁迫处理，绿豆幼苗叶片中脯氨酸含量显著下降。在 50 mmol/L 盐处理组，使用 10 mg/L、20 mg/L 6-BA 浸种可使脯氨酸含量分别比单独盐处理的脯氨酸含量降低 1.92 倍、2.72 倍，下降幅度最大；在 100 mmol/L 盐处理组，使用 10 mg/L 6-BA 浸种，可使脯氨酸含量显著下降 1.83 倍。这表明当幼苗受到盐胁迫时，浓度低于 20 mg/L 6-BA 浸种可使盐胁迫下叶片中脯氨酸含量降低；当 6-BA 浓度继续升高，其抑制盐胁迫作用减弱，导致盐胁迫下叶片脯氨酸含量进一步增高。

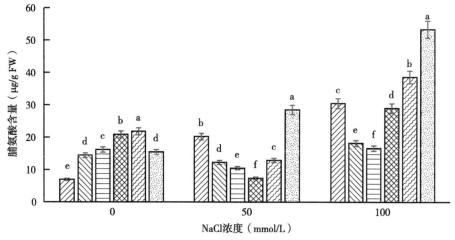

图 20-2　6-BA 浸种对盐胁迫下绿豆幼苗脯氨酸含量的影响

由图 20-3 可知，与对照相比，单独盐胁迫处理会引起幼苗叶片中 MDA 含量升高；单独使用 6-BA 浸种后，绿豆幼苗中产生的 MDA 含量随 6-BA 浓度的增加出现先降后升的趋势。这表明低浓度 6-BA（≤10 mg/L）会降低 MDA 含量，而高浓度 6-BA（≥40mg/L）会使 MDA 含量增多。单独盐胁迫处理会引起幼苗叶片中 MDA 含量的升高，并明显高于对照组；6-BA 浸种后再进行盐胁迫处理，叶片中 MDA 含量均显著低于单独盐胁迫处理，其中 MDA 含量降低最显著的是 20 mg/L 6-BA 浸种后进行 50 mmol/L 盐胁迫处理组和 10 mg/L 6-BA 浸种后进行 100 mmol/L 盐胁迫处理组，其 MDA 含量比单独盐处理时下降了 2.434 倍和 1.811 倍。结果表明：盐处理使幼苗中 MDA 含量升高；适宜浓度 6-BA 浸种可使盐胁迫下的幼苗叶片 MDA 含量降低，在一定程度上缓解盐胁迫形成的伤害。

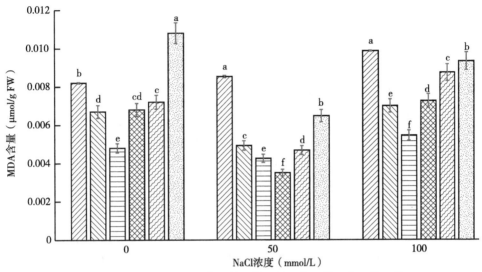

图 20-3　6-BA 浸种对盐胁迫下绿豆幼苗 MDA 含量的影响

20.2.2.2　6-BA 浸种对盐胁迫下绿豆幼苗 SOD 和 POD 活性的影响

由图 20-4 可知，与对照相比，单独盐胁迫处理会引起 SOD 活性的改变，其中 50 mmol/L NaCl 处理引起幼苗 SOD 活性升高，而 100 mmol/L NaCl 处理则引起 SOD 活性降低。6-BA 浸种后再进行盐胁迫处理，与单独盐胁迫相比，绿豆叶片中 SOD 活性有显著升高，10 mg/L 6-BA 浸种后叶片 SOD 活性最高，之后随 6-BA 浓度升高 SOD 活性有所下降，但仍高于单独盐处理时的 SOD 活性。这表明 6-BA 浸种能够提高盐胁迫下幼苗 SOD 活性，提高幼苗的抗氧化能力。

由图 20-5 可知，单独盐胁迫处理使 POD 活性下降，明显低于对照组；单独 6-BA 浸种，POD 活性与对照无显著变化。6-BA 浸种后再进行盐胁迫处理，随 6-BA 浓度增加绿豆叶片中 POD 活性出现先升高后降低的趋势，且 POD 活性均大于单独盐处理组。50 mmol/L NaCl 处理组，10 mg/L 6-BA 浸种后叶片中 POD 活性最高，是单独盐胁迫处理的 1.435 倍；100 mmol/L NaCl 处理组，20 mg/L 6-BA 浸种叶片中 POD 活性最高，是单独盐胁迫处理的 1.423 倍。这些结果表明盐胁迫会降低 POD 活性，而 6-BA 浸种可以提高盐胁迫绿豆幼苗叶片中 POD 活性，提高幼苗的抗盐和抗氧化能力。

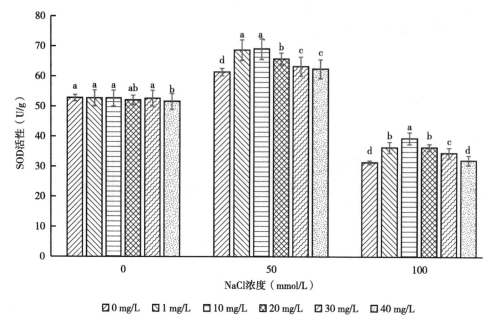

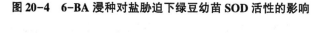

图 20-4 6-BA 浸种对盐胁迫下绿豆幼苗 SOD 活性的影响

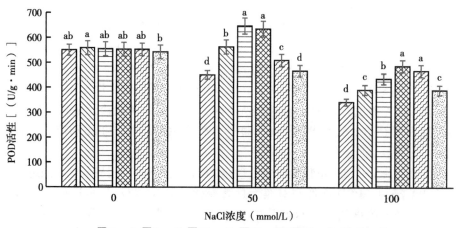

图 20-5 6-BA 浸种对盐胁迫下绿豆幼苗 POD 活性的影响

20.3 讨论与结论

土地盐碱化是影响作物生长、降低作物产量的主要逆境因素之一。盐碱化对作物的主要影响表现在抑制种子萌发和幼苗的生长，而盐胁迫下种子能否萌发是植物生长的前提（杨少辉 等，2006）。针对土地盐碱化对植物产生的制约影响，目前常用的解决方式是通过施加一些外源物质如赤霉素（温福平 等，2009）、水杨酸（尹相博 等，2006）来缓解逆境对植物的抑制作用，促进植物的生长。具体操作方式有前期浸种处理或后期幼苗喷施，其中前期浸种不仅省时方便而且经济，成为生产过程中一种常用的方法。6-BA 是一种细胞分裂素，具有促进种子发芽的作用，如一定浓度 6-BA 浸种可以缓解 $HgCl_2$ 胁迫对小麦种子萌发的抑制作用（尚宏芹 等，2015）。本试验采用 6-BA 浸种处理，研究 6-BA 对盐胁迫下绿豆种子萌发和幼苗生长的影响。

发芽率和发芽势是评价种子优良与否及检测逆境对植物影响强弱的 2 个重要指标。发芽势是种子从发芽开始到发芽高峰时段内发芽种子数占种子总数的百分比，表示种子的发芽速度和整齐度。发芽率指最终种子发芽数占测试种子总数的百分比，表示种子的成活率。李娜等（2014）研究证实，细胞分裂素合成突变体受到盐胁迫时，种子萌发和幼苗的生长都受到抑制，而外施 6-BA 促进了种子的萌发和幼苗的生长，可见 6-BA 与种子萌发和幼苗生长有关。在本试验中，低浓度 6-BA（1 mg/L、10 mg/L）浸种均可以提高盐胁迫下绿豆种子的发芽势与发芽率；但当 6-BA 浓度继续增大（>10 mg/L）时，绿豆种子发芽率与发芽势则会降低。这个现象表明 6-BA 作为一种人工合成细胞分裂素类（CTKs）物质，只需要较低的量就可发挥作用，促进种子萌发。因此，外施少量的 6-BA 在一定程度上减缓盐胁迫对种子萌发的影响，促进绿豆种子萌发。

6-BA 不仅影响种子萌发，同时对幼苗生长过程中根茎生长也会产生影响。有研究表明，6-BA 处理可使萝卜芽苗菜茎显著增粗（杨秀坚 等，2006）；又可以使向日葵下胚轴的鲜重明显增加（王桂芹 等，2002）。本试验中，6-BA 浸种会抑制绿豆幼苗根及下胚轴的伸长，但同时也观察到一个有趣的现象，即 6-BA 处理后的绿豆幼苗根与茎有明显的增粗现象（数据未在本书列出）。作者推测 6-BA 浸种可能通过降低根、茎纵向伸长，促进根、茎横向增粗，使幼苗生长更加强壮，进而提高幼苗的抗逆性。

盐胁迫同时会伴随水分胁迫反应，渗透调节是植物防御水分胁迫的一种重要方式。植物体内会通过合成渗透调节物质和抗氧化物质，增加细胞渗透势和清除细胞内 ROS 以抵御胁迫反应。脯氨酸是一种重要的渗透调节物，在盐胁迫处理时，植物会通过调节细胞脯氨酸含量提高植物的抗性，正常环境条件下抗逆性好的植物品种体内游离脯氨酸含量高（赵福庚，2004）。在本试验中，单独盐处理时，脯氨酸含量升高，这一结果与以上结论相符。单独 6-BA 处理时，随着 6-BA 浓度的升高，幼苗叶片中游离脯氨酸含量表现为先升高后下降，推测脯氨酸含量增加的原因可能是少量的 6-BA 促进了脯氨酸的合成，引起脯氨酸含量的积累，但 6-BA 浓度继续升高则会作为一种有害物质引起脯氨酸含量下降。当 6-BA 浸种后再进行盐胁迫，幼苗叶片中游离脯氨酸含量先下降后升高，其下降的原因为适宜浓度 6-BA 浸种在一定程度上缓解了盐胁迫，使幼苗脯氨酸水平降低。郭月玲（2007）通过 6-BA 浸种缓解油菜寒胁迫的研究表明，单独 6-BA 处理时，随 6-BA 浓度的增加游离脯氨酸含量先上升后下降，本试验结果与此一致；当 6-BA 浸种后进行低温胁迫时，6-BA 浓度高于 5 mg/L 会降低油菜叶片中脯氨酸的含量。这表明适宜浓度的 6-BA 可以增加脯氨酸的含量，而游离脯氨酸含量的增加，对细胞内渗透调节及维持质膜稳定性起着重要的作用，能促进蛋白水合作用，蛋白质胶体亲水面积增大，能使种子具有一定的抗性，对种子具有保护作用。逆境条件会引起细胞中 ROS 水平上升，进而引起膜脂过氧化，破坏膜的完整性。而 MDA 作为脂质过氧化作用的产物，其含量大小可以代表膜损伤程度的大小。大量研究表明，随胁迫强度的增加，植物叶片中 MDA 含量随之增加（Dhindsa et al.，1981）。在本试验中，绿豆幼苗在受到盐胁迫时，叶片中 MDA 含量与对照相比出现明显上升。这一现象表明盐胁迫已对幼苗产生了一定的损伤。除最高浓度即 6-BA 40 mg/L 外，其他浓度的 6-BA 浸种处理，可降低盐胁迫引起的 MDA 含量的上升幅度，且均低于相应的单独盐胁迫处理组。这些结果都显示，适宜浓度 6-BA 浸种缓解盐胁迫，使绿豆幼苗叶片中 MDA 含量降低，对细胞膜起到保护作用，一定程度上对盐胁迫有缓解作用。这与郭彦等（2006）研究结果一致，即外源 6-BA 会降低 MDA 含量，增强幼苗对盐渍环境的抵抗能力。

植物在逆境中会积累过量有毒自由基（王忠，2000）。POD 和 SOD 作为植物体内清除自由基的 2 种重要抗氧化酶，其活性能够反映植物抗逆性的强弱（高俊凤，2006）。6-BA 浸种后进行盐胁迫处理，与单独盐胁迫处理相比，POD 和 SOD 活性均显著提高并高于无 6-BA 处理的对照组。这表明 6-BA 浸种处理可以提高盐胁迫下植物叶片 POD 和 SOD 活性，从而缓解盐胁迫对植物的损伤，增强植物抗盐性。这一结果与前人（吕俊 等，2005；Wang et al.，2009；王三根 等，1995；Lukatkin et al.，2009；任旭琴，2008；赵九洲 等，2004；周红卫 等，2003；徐莉莉 等，2010；吴进东 等，2012；柳道明 等，2015；郭彦 等，2006；Mshra et al.，1998）关于 6-BA 浸种或喷施处理增强作物抗逆性研究结果大致相符。

综上所述，盐胁迫会影响绿豆种子的萌发，抑制幼苗的生长。6-BA 作为人工合成的细胞分裂素，通过 6-BA 浸种处理使其参与调节种子萌发及幼苗生长的生理过程，缓解盐胁迫对作物生长的影响，从而增强植物的抗盐能力。但浸种调控种子萌发和幼苗生长对 6-BA 浓度的要求不同，其中 6-BA 浓度小于 10 mg/L 时浸种，有促进盐胁迫条件下种子萌发的作用，在 6-BA 浓度扩大到 20 mg/L 时浸种仍有明显的缓解盐胁迫促进幼苗生长的作用。本次试验的结论是：用低于 10 mg/L 6-BA 浸泡绿豆种子可缓解盐胁迫的不利影响，促进种子的萌发和幼苗的生长。在实际生产中，可能作物不同，不同地区土壤盐含量不同，使用 6-BA 浸种的浓度也应相应改变。因此，在生产时应进行预试验，因地制宜确定 6-BA 使用浓度，达到最佳生产实践效果。

参考文献

程须珍，2002. 中国绿豆产业发展与科技应用论文集［M］. 北京：中国农业科学技术出版社.

高俊凤，2006. 植物生理学实验指导［M］. 北京：高等教育出版社.

郭彦，张文会，魏秀俭，2006. 6-BA 对盐胁迫下大豆幼苗生理指标的影响［J］. 作物杂志（1）：13-15.

郭月玲，2007. 6-BA 对晚直播油菜生长和抗寒性的影响及其作用机理［D］. 南京：南京农业大学.

刘建霞，钟文星，王润梅，等，2008. 萘乙酸喷施对盐胁迫下黄芪幼苗的缓解作用［J］. 中药材（Journal of Chinese Medical Materials），41（1）：28-32.

刘建霞，张晓丹，王润梅，等，2018. 6-BA 浸种对盐胁迫下绿豆萌发及幼苗生理特性的影响［J］. 作物杂志（1）：166-172.

李娜，王琳丹，2014. 6-BA 拮抗脱落酸缓解渗透胁迫对种子萌发的抑制［J］. 植物生理学报，50（4）：389-394.

李彦，张英鹏，孙明，等，2008. 盐胁迫对植物的影响及植物耐盐机理研究进展［J］. 植物生理科学，24（1）：258-265.

连兆煌，2002. 无土栽培原理与技术［M］. 北京：中国农业出版社.

廖祥儒，朱新产，万怡震，等，1999. 6-BA 诱导的带正电荷的葡萄叶过氧化物酶［J］. 植物生理学报，25（1）：87-92.

柳道明，贾文婕，王小燕，等，2015. 喷施外源 6-BA 对小麦孕穗期渍害的调控效应［J］. 作物杂志（2）：84-88.

吕俊，朱利泉，沈福，等，2005. 6-BA 诱导的过氧化氢酶及其在提高水稻抗寒力中的作用研究［J］. 中国农学通报，21（12）：64-66.

任旭琴，2008. 辣椒耐冷性鉴定与冷适应生理机制研究［D］. 扬州：扬州大学.

尚宏芹，刘兴坦，2015. 6-BA 浸种对 HgCl₂ 胁迫下小麦种子萌发和幼苗生

长的影响 [J]. 麦类作物学报, 35 (10): 1438-1444.

王桂芹, 段亚军, 2002. 向日葵不同品种耐盐碱性与解剖结构比较研究 [J]. 昭乌达蒙族师专学报, 23 (6): 34-36.

王淼, 李秋荣, 付士磊, 等, 2005. 外源一氧化氮对干旱胁迫下杨树光合作用的影响 [J]. 应用生态学报, 16 (2): 218-222.

王三根, 梁颖, 1995. 6-BA 对低温下水稻细胞膜系统保护作用的研究 [J]. 中国水稻科学, 9 (4): 223-229.

王忠, 2000. 植物生理学 [M]. 北京: 中国农业出版社.

王遵亲, 1993. 中国盐渍土 [M]. 北京: 科学出版社.

温福平, 张檀, 张朝晖, 等, 2009. 赤霉素对盐胁迫抑制水稻种子萌发的缓解作用的蛋白质组分析 [J]. 作物学报, 35 (3): 483-489.

吴进东, 李金才, 魏凤珍, 等, 2012. 氮肥和 6-BA 对花后受渍冬小麦抗渍性的调控效应 [J]. 西北植物学报, 32 (12): 2512-2517.

谢承陶, 1992. 盐渍土改良原理与作物抗性 [M]. 北京: 中国农业科技出版社.

徐莉莉, 李萍, 王玉林, 等, 2010. 细胞分裂素类物质对镉胁迫下玉米幼苗生长和抗氧化酶活性及脯氨酸含量的影响 [J]. 环境科学学报, 30 (11): 2256-2263.

杨少辉, 季静, 王罡, 2006. 盐胁迫对植物的影响及植物的抗盐机理 [J]. 世界科技研究与发展, 28 (4): 70-76.

杨秀坚, 罗富英, 2006. 不同浓度 GA_3、6-BA 对萝卜芽苗菜产量影响的研究 [J]. 北方园艺 (4): 22-23.

尹相博, 李青, 王绍武, 2013. 外源物质缓解盐胁迫下植物幼苗生长的研究进展 [J]. 黑龙江农业科学 (11): 147-150.

张秀玲, 2008. 盐胁迫对绿豆种子萌发的影响 [J]. 研究简报 (4): 52-53.

赵福庚, 2004. 植物逆境生理生态学 [M]. 北京: 化学工业出版社.

赵九洲, 汤庚国, 童丽丽, 2004. 水分亏缺下 SA 和 6-BA 对大花蕙兰的生理调控效应 [J]. 南京林业大学学报: 自然科学版, 28 (3): 27-30.

周红卫, 施国新, 陈景耀, 等, 2003. 6-BA 对水花生抗氧化酶系 Hg^{2+} 毒害的缓解作用 [J]. 生态学报, 23 (2): 387-392.

Dhindsa R S, Matowe W, 1988. Droght tolerance in two mosses: correlated with enzymatic defence against lipid peroxidation [J]. Journal of

Experimental Botany, 32: 79-71.

Lukatkin A S, Zauralov O A, 2009. Exogenous growth regulators as a means of increasing the cold resistance of chilling sensitive plants [J]. Plant Industry, 35 (6): 384-386.

Mshra A, Choudhmri M A, 1998. Amelioration of lead and mercury affection crmination and rice seed growth by antioxldants [J]. Boilgia Plantarum, 41: 469-473.

Kovda V A, 1983. Loss of productive land due to salinazation [J]. Ambio, 2: 91-93.

Wang Y, Yang Z M, Zhang Q F, et al., 2009. Enhanced chilling tolerance in *Zoysia matrella* by pretreatment with salicylic acid, calcium chloride, hydrogen peroxide or 6-benzylaminopurine [J]. Biologia Plantarum, 53 (1): 179-182.

第七篇

小豆种质资源研究

21　重金属胁迫下小豆种子萌发特性及幼苗期富集效应

重金属污染是目前最为严峻的土壤污染问题。第一次土壤调查显示，我国土壤污染超标率高达 16.1%，污染类型以重金属污染为主，占全部超标点位的 82.8%，其污染物包括 Cd、Cr 等植物非必需的元素，以及 Cu、Zn 等植物需要的微量元素，但在 Cu、Zn 过量时也会对植物产生危害（全国土壤污染状况调查公报，2014；赵弢，2014）。重金属污染不容易被消除，只能在其存在形式转化后经植物吸收进入食物链，最终富集产生放大作用，严重危害农产品质量安全和人类健康（柴民伟，2014）。因此，修复土壤重金属污染势在必行。

小豆［*Vigna angularis*（Willd.）Ohwi & Ohashi］属豆科草本植物，生育期短、抗逆性强、易栽培、生长快、生物量高，具有良好的固氮功能，常被用于改良土壤。小豆根系对许多植物非必需和一些必需微量重金属元素都有很高的富集作用（周相娟，2007），通过自然轮作让小豆吸收土壤中的重金属，待成熟后对其根等残体进行回收，最终减少土壤内的重金属含量，利于修复土壤。重金属对植物生长的影响国内外有大量的报道。植物对环境胁迫敏感的时期是种子萌发和幼苗生长期，因此讨论胁迫条件下植物在该时期的特征可以反映其某些特性。刘拥海等（2007）研究表明，重金属胁迫会抑制绿豆种子萌发和幼苗生长；王红星等（2016）研究表明，铅、镉及二者复合胁迫抑制小麦种子萌发，降低了其叶绿素含量，却明显增加了游离脯氨酸、MDA 和可溶性蛋白的含量；刘爱玉等（2014）研究表明，重金属对小豆的萌发具有低浓度促进高浓度抑制的效果，但是关于重金属胁迫下小豆对土壤修复的相关研究鲜有报道。本研究拟通过对小豆种子在不同浓度的 Cu^{2+}、Zn^{2+}、Cr^{6+} 处理下，分析小豆萌发特性的变化，并测定其根、茎、叶中重金属元素的含量，为重金属复合污染土壤的修复开拓更多道路，并为后续相关研究奠定理论基础。

21.1 材料与方法

21.1.1 试验材料

小豆种子为晋小豆 6 号，由山西省农业科学院高寒区作物研究所提供。

21.1.2 试验设计

试验于 2017 年 12 月在山西大同大学生物工程系细胞工程试验室进行。试验所用重金属试剂分别为 $CuCl_2$、$K_2Cr_2O_7$、$ZnSO_4$，浓度分别设置为 5 mg/L、10 mg/L、50 mg/L、100 mg/L、200 mg/L、300 mg/L、400 mg/L，3 次重复，以清水处理为对照（CK）。

21.1.2.1 种子处理

选用大小均匀、颗粒饱满的小豆种子，经沸水瞬间热激后立即加入冷水，调节水温至 25 ℃左右，浸泡 24 h，然后用 75%的酒精处理 30 s，再用蒸馏水反复冲洗；最后用 2%的氯化汞处理 10~12 min，蒸馏水冲洗 2~3 次后保存待用。

21.1.2.2 培养皿萌发

挑选处理后的种子 30 粒，置于铺有两层滤纸的培养皿中，加入 5 mL 的重金属溶液后，于 25 ℃培养箱中萌发，每天定时通气 40 min。用称重法每天补充相应的重金属溶液，并记录发芽籽粒数，及时清理并记录发霉的种子数量。第 4 d 时，统计发芽势；第 7 d 时，统计发芽率，每个处理随机抽取 15 粒小豆种子，测量其根长和下胚轴长。

21.1.2.3 砂培育苗

将砂用清水清洗 3 次后，用蒸馏水冲洗 1 次，高压灭菌后装入花盆中。第 8 d 时，将每个培养皿中发芽长势一致的 16 粒小豆移栽到花盆中。待每组处理叶片足够 2 g 时进行幼苗相关指标的测定。

21.1.2.4 水培方法

将经过处理的小豆种子固定在体积为 4 m³、经高温煮沸消毒后的海绵块中，培养盘中分别加入重金属溶液 500 mL，每 2 d 更换一次溶液。培养 7 d 后，测定其根、茎、叶中重金属含量。

21.1.3　指标测定

21.1.3.1　幼苗生长指标的测定

测定发芽势、发芽率、下胚轴长、根长，具体方法参考吉雯雯（2017）。

21.1.3.2　重金属元素含量的测定

分别消解样品的根、茎、叶（陶迎梅，2018），用原子火焰吸收法测 Cu^{2+}、Zn^{2+}、Cr^{6+} 含量。测定流程为使用原子吸收分析仪建立 Cu^{2+}、Zn^{2+}、Cr^{6+} 的标准曲线 →对消化处理后的样品进行定容 → 测定样品吸光度 → 计算样品中 Cu^{2+}、Zn^{2+}、Cr^{6+} 的含量。

21.1.4　数据处理

用 SPSS 20.0 进行方差分析，用 Excel 2016 进行绘图。

21.2　结果与分析

21.2.1　重金属胁迫对小豆发芽的影响

根据图 21-1A 可知，Cu^{2+} 胁迫下的发芽势呈现先升、后降、再升的趋势，浓度 5 mg/L 时达到最高值，浓度 10～200 mg/L 时发芽势与对照无明显差异，浓度 300～400 mg/L 时又高于对照。Zn^{2+}、Cr^{6+} 胁迫下，小豆发芽势随浓度增加呈现先降低、后上升、再下降的趋势。其中，浓度 50～200 mg/L 的 Zn^{2+} 胁迫使发芽势升高，200 mg/L 时达到最高发芽势。Cr^{6+} 胁迫对发芽势总体来看有抑制作用，100 mg/L 时达到最高发芽势且与对照一致。

3 种重金属对发芽率的影响均随浓度增加呈现先升后降的趋势（图 21-1B）。Cu^{2+}、Cr^{6+} 在浓度 100 mg/L 时发芽率最高；Zn^{2+} 在浓度 200 mg/L 发芽率最高。与对照相比，Cu^{2+} 浓度大于 300 mg/L 时发芽率低于对照；Zn^{2+} 胁迫下 5～400 mg/L 发芽率均高于对照，400 mg/L 时发芽率与对照差异不显著；Cr^{6+} 胁迫下 50～100 mg/L 时发芽率高于对照。

3 种重金属胁迫下，根长随着溶液浓度增加也呈先升后降的趋势（图 21-1C），且均在 50 mg/L 时根长最长。相比对照，Cu^{2+} 和 Cr^{6+} 胁迫对根长的影响程度基本一致，50 mg/L 时根长高于对照，其余均表现抑制作用。Zn^{2+} 胁迫对根有显著促进作用，处理组根长均高于对照组。

随着浓度的增加，3 种重金属胁迫下的下胚轴长均出现先上升后下降的趋势（图 21-1D）。与对照相比，浓度 5 mg/L 的 Cu^{2+} 有利于下胚轴的增长；10～

200 mg/L 时与对照差异不显著，大于 300 mg/L 时则表现抑制作用。5 ~ 400 mg/L Zn^{2+} 胁迫时，下胚轴长均高于对照。Cr^{6+} 除在 100 mg/L 时下胚轴最长，且显著长于对照。

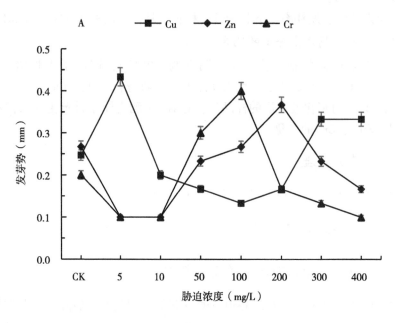

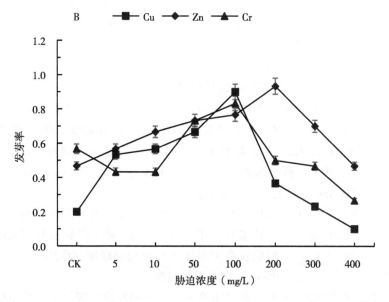

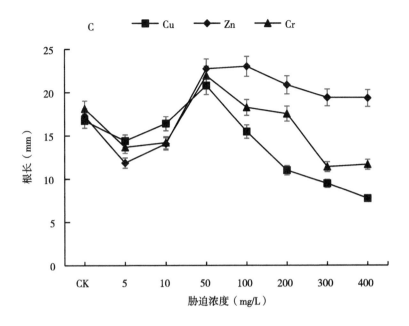

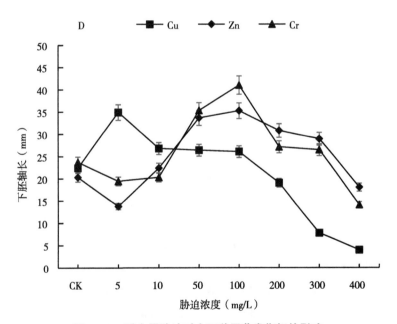

图 21-1　重金属胁迫对小豆种子萌发指标的影响

21.2.2 重金属胁迫下小豆幼苗的富集效应

21.2.2.1 重金属胁迫下小豆幼苗各组织对 Cu^{2+} 的积累

从图 21 - 2 可以看出，对照组中 Cu^{2+} 元素含量极低，分别为根（25.20 μg/g）、茎（6.75 μg/g）、叶（6.15 μg/g）。随着处理浓度的升高，根中 Cu^{2+} 元素含量逐渐增大，茎和叶中 Cu^{2+} 元素积累量差异不显著。结果表明小豆对铜有较好的吸收作用，累积部位主要存在根部，茎和叶的含量都较少。

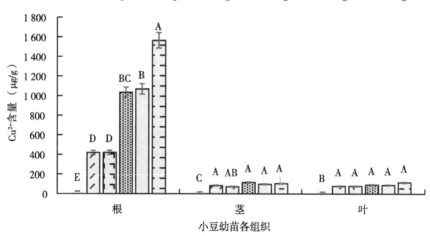

图 21-2　小豆根、茎、叶在铜胁迫下对铜的富集情况

注：大写字母不同表示处理间差异显著（$P<0.01$），下同。

21.2.2.2 Zn^{2+} 胁迫下小豆幼苗各器官对 Zn^{2+} 的积累

图 21-3 可见，3 组对照中 Zn^{2+} 元素含量极低，分别为根（56.10 μg/g）、茎（27.30 μg/g）、叶（54.15 μg/g）。升高重金属的胁迫浓度，根中 Zn^{2+} 元素含量逐渐增大，根中积累量显著高于茎，结果表明，小豆对锌是有很好的吸收作用的，并且各组织中 Zn^{2+} 元素含量从大到小为：根 > 茎 > 叶。

21.2.2.3 重金属胁迫下小豆幼苗各组织对 Cr^{6+} 的积累情况

由图 21-4 可得，对照组中 Cr^{6+} 元素含量都极低，分别为根（0.15 μg/g）、茎（0.15 μg/g）、叶（0 μg/g）。在根的累积量对比中，200 mg/L 胁迫时 Cr^{6+} 元素含量最高。10 mg/L 胁迫时，Cr^{6+} 元素含量在茎部最高；Cr^{6+} 元素在叶中随浓度升高而增多。试验表明，小豆对铬有较好的吸收作用，并且累积部位主

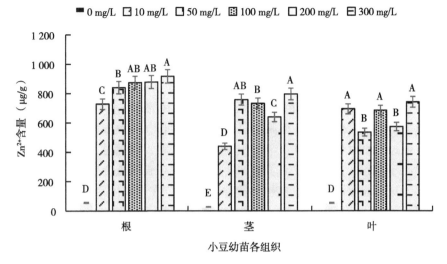

图 21-3　小豆根、茎、叶在锌胁迫下对锌的富集情况

要存在根部，茎和叶中含量极少。

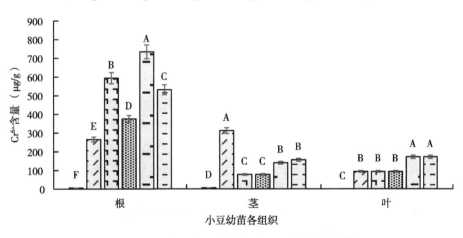

图 21-4　小豆根、茎、叶在铬胁迫下对铬的富集情况

21.3　讨论与结论

从整体来看，在不同浓度的 Cu^{2+}、Zn^{2+}、Cr^{6+} 胁迫下小豆发芽势、发芽率、根长和下胚轴长均出现先升后降的趋势，说明重金属对小豆种子萌发表现为低浓度时促进，而高浓度时显著抑制，这与刘爱玉（2014）对小豆种子萌发进行铜和锌胁迫的研究结果一致。Cr^{6+}是植物非必需元素，根系吸收后积累在植物体内会影响种子萌发，进而对植株生长发育产生一定作用（Li et al.，2006）。作为植物的必需元素，Cu^{2+}、Zn^{2+}在一定浓度范围内对植物有利，但超过其浓度范围则会产生危害作用，即"低促高抑"（Zhang et al.，2012；Tao et al.，2007）。重金属对幼苗根的毒害很强，对芽的毒害作用明显低于对幼苗根的毒害。高浓度的胁迫会抑制小豆幼苗根的生长，导致根长明显短于下胚轴长，且通过对小豆各组织对重金属积累的结果来看，根部对 3 种重金属的积累量明显高于茎和叶，同样说明了植株幼苗期根的生长对重金属胁迫比芽的生长更敏感。这可能是因为根直接接触重金属溶液，在根对水和养分的吸收过程中，不可避免地有重金属进入到植物体内（陈燕 等，2006）。杜天庆等（2010）用镉、铬、铅 3 种重金属元素对水培小麦幼苗进行研究时也得到了相似的研究结果，发现萌芽期根的生长对重金属污染胁迫比芽的生长更敏感。芮海云等（2017）研究报道，大多数植物吸收的重金属主要分布在根系，植物能把从土壤中吸收的镉保留在根部，从而阻止过多的镉积累于地上部和种子中。在 3 种重金属进入根部细胞后，为了避免其继续向植物叶片运输，细胞中的蛋白质等生物分子与重金属形成稳定的络合物，从而沉积在了根部（陈俊任 等，2014）。

　　寻找高生物量、抗性强、富集重金属能力强的植物已成为土壤修复的热点（王硕，2018）。从整体来看，不同浓度重金属（Cu^{2+}、Zn^{2+}、Cr^{6+}）胁迫对小豆生长指标有不同程度的影响，且不同重金属之间差异显著。小豆在 3 种重金属胁迫下均表现出良好的抗逆性，其对重金属的富集主要集中在根部，只有少量富集在茎和叶片中。小豆幼苗对各重金属元素具有不同的富集能力，Cu^{2+}累积量较高，Zn^{2+}次之，Cr^{6+}含量最低，但对各重金属元素均有很好的吸收能力，即说明在修复重金属污染土壤方面，小豆这一作物具有很大潜力。本研究揭示了小豆在重金属胁迫下的种子萌发特性及富集效应，对重金属污染土壤与小豆生长的毒害作用的研究有一定帮助，但对于不同重金属在小豆中富集能力的生理机制还有待进一步研究。

22 叠氮化钠诱变对赤小豆种子萌发与幼苗抗氧化系统的影响

赤小豆［*Vigna angularis*（Willd.）Ohwi Ohashi］又名赤豆、蛋白豆、赤山豆，豆科（Leguminosae）豇豆属（*Vigna*），一年生双子叶草本植物，外形呈椭圆或长椭圆状，多为赤褐色。赤小豆对土壤要求低，在微酸、微碱、微贫瘠中均能生长，在我国各地均普遍栽培。赤小豆具有广泛的药用价值和食用价值。目前，赤小豆在中药材领域应用广泛，它含有其他豆科植物缺乏或含量低的三萜皂苷等成分，具有抗癌、调节免疫系统、护肝及减肥等多重生理功能（张波，2012；梁丽雅，2004）。

化学诱变可快速改良物种，提高作物产量、质量等性状。叠氮化钠作为化学诱变常用的诱变剂之一，早期研究者采用的处理溶液 pH 值为 7，而无法显示出叠氮化钠的诱变效果。后来，选用不同 pH 值进行试验发现，叠氮化钠溶液在 pH 值为 3 时，可诱发高频率的突变（王钦南，2010）。其诱变机理为：叠氮化钠等电点在 pH=4.18，当用磷酸缓冲液（pH=3，现用现配）溶解叠氮化钠时，在溶液中会产生一种呈中性的 HN_3 分子，它能够以自由扩散的方式透过细胞膜进入到细胞中，以碱基替换的方式影响 DNA 的正常合成，导致处理种子发生点突变（钮力亚，2010；李明飞，2015）。叠氮化钠是一种强烈的呼吸抑制剂，抑制了电子传递链中的细胞色素氧化酶和过氧化物酶。相比于其他诱变剂，叠氮化钠具有高效、无毒、价格便宜等优点。

目前，关于叠氮化钠在其他物种方面的诱变实例较多（曹欣，1991），但是针对赤小豆叠氮化钠诱变却鲜有报道。赤小豆与其他豆科植物类似，农杆菌转化较为困难，不易构建插入突变体库（张超美，1994）。本试验通过叠氮化钠处理赤小豆，研究种子萌发及抗氧化系统的变化，为赤小豆化学诱变育种及反向遗传学等研究提供参考依据。

22.1 材料与方法

22.1.1 材料

赤小豆（由山西省农业科学院玉米研究所提供）。

22.1.2 方法

选取颗粒饱满、无褶皱、大小均匀的赤小豆种子。先用沸水烫种 30 s 后，加入清水冷却，浸种 6 h，沥干表面水分。将浸好的种子以每组 90 粒置于三角瓶中，共 18 组（以每粒种子 1 mL 处理液，按设定的叠氮化钠浓和时间梯度处理）。置于摇床培养箱（温度 37 ℃，120 r/min），按设计的时间梯度培养。培养完成后，用硫代硫酸钠溶液处理 15 min，终止反应，最后用清水冲洗 5 min，洗去残留液。将处理好的种子放置在铺有双层滤纸的培养皿中，每个培养皿均匀地放置 30 粒种子，并使滤纸保持湿润状态，置于恒温培养箱（温度 25 ℃）中，光照培养，统计 7 d 中赤小豆种子每天的发芽情况。将采用不同浓度，不同时间叠氮化钠诱变剂处理的赤小豆发芽种子分别移栽花盆中，每盆均匀放置 5 粒，培养成植株。

由于赤小豆发芽时间较长，所以在记录赤小豆发芽过程中，每天对赤小豆种子进行清洗，以防染菌对统计结果造成干扰。

22.1.3 指标测定

同第 12 章。

22.1.4 数据处理

采用 Excel 和 SPSS23 对数据进行分析。

22.2 结果与分析

22.2.1 叠氮化钠诱变对赤小豆种子发芽的影响

由表 22-1 得出结论：同一时间处理，磷酸缓冲液（pH = 3）处理的赤小豆发芽率大于蒸馏水处理的发芽率，且差异水平极显著；采用较低浓度的叠氮化钠溶液（≤0.2 mmol/L）处理赤小豆种子后，赤小豆的发芽率及相对发芽率有平缓的增大趋势，而后随着叠氮化钠处理浓度的增大，赤小豆种子的发芽率和相对发芽率表现为下降。说明磷酸缓冲溶液（pH＝3）和低浓度的叠氮化钠（≤0.2 mmol/L）对赤小豆种子萌发都有促进作用，而高浓度的叠氮化钠溶液会抑制种子萌发。相同浓度下（≤1.4 mmol/L）赤小豆种子发芽率随处理时间的延长而增大。表明适当的延长处理时间，会促进赤小豆种子萌发。由数据可知：诱变时间为20 h时，叠氮化钠对赤小豆的半致死浓度1.0 mmol/L。

表22-1　不同浓度和时间的叠氮化钠对赤小豆发芽的影响

时间（h）	浓度（mmol/L）	发芽率（%）	相对发芽率（%）
16	CK_1	84.44^{cC}	92.68^{bB}
	CK_2	91.11^{bB}	100.00^{cC}
	0.2	97.78^{aA}	107.32^{aA}
	0.6	75.56^{dD}	82.93^{dD}
	1.0	36.67^{eE}	40.25^{eE}
	1.4	24.44^{fF}	26.82^{fF}
	1.8	13.33^{gG}	14.63^{gG}
20	CK_3	91.11^{bB}	93.96^{bB}
	CK_4	96.97^{aA}	100.00^{aA}
	0.2	97.78^{aA}	100.84^{aA}
	0.6	77.78^{cC}	80.21^{cC}
	1.0	48.89^{dD}	50.41^{dD}
	1.4	7.78^{eE}	38.96^{eE}
	1.8	27.78^{fF}	28.65^{fF}
24	CK_5	94.44^{aA}	97.70^{aA}
	CK_6	96.67^{aA}	100.00^{aA}
	0.2	96.97^{aA}	100.00^{aA}
	0.6	80.00^{bB}	81.91^{bB}
	1.0	51.11^{cC}	52.87^{cC}
	1.4	50.00^{cC}	51.72^{dD}
	1.8	27.78^{dD}	28.73^{eE}

注：CK_1、CK_3、CK_5处理液为蒸馏水；CK_2、CK_4、CK_6处理液为pH＝3的磷酸缓冲液。表中同系列不同字母代表存在差异，小写字母代表平均值差值的显著性水平为0.05，大写字母代表平均值差异的显著性水平为0.01，下同。

22.2.2 叠氮化钠对赤小豆 M_1 代叶片 SOD 活性的影响

如图 22-1 所示。相同处理时间下，磷酸缓冲溶液（pH = 3）对赤小豆 M_1 代叶片中的 SOD 活性影响较大，显著高于蒸馏水对照组；较低浓度叠氮化钠溶液（≤1.0 mmol/L）处理后，赤小豆 M_1 代叶片中的 SOD 活性增大，但叠氮化钠浓度小于 0.2 mmol/L 时，赤小豆 SOD 活性增大不明显；随着叠氮化钠浓度继续增大，赤小豆叶片中 SOD 活性下降。说明磷酸缓冲溶液（pH = 3）和较低浓度的叠氮化钠溶液（≤1.0 mmol/L）对赤小豆 M_1 代叶片中的 SOD 活性有促进作用，较高浓度的叠氮化钠溶液（≥1.4 mmol/L）对赤小豆 SOD 活性有抑制作用。处理液浓度较低时（≤1.0 mmol/L），随着处理时间的延长，赤小豆 M_1 代叶片 SOD 活性有平缓的增大趋势；随着处理液浓度增大，活性先平缓增大，后平缓减小。说明适宜的处理时间也能提高赤小豆 SOD 活性，但影响程度没有浓度梯度显著。

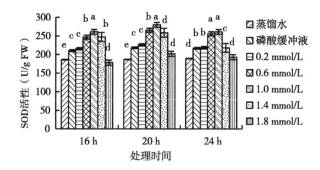

图 22-1 叠氮化钠处理对赤小豆 M_1 代叶片 SOD 活性的影响

22.2.3 叠氮化钠对赤小豆 M_1 代幼苗 POD 活性的影响

如图 22-2 所示，磷酸缓冲溶液（pH = 3）和较低浓度的叠氮化钠溶液（≤0.6 mmol/L）均能使赤小豆 M_1 代组织中的 POD 活性增大，但低浓度的叠氮化钠（≤0.2 mmol/L）使赤小豆 POD 活性增大不明显；而后随着处理液浓度增大，POD 活性降低。说明磷酸缓冲溶液（pH = 3）和较低浓度的叠氮化钠（≤0.6 mmol/L）对赤小豆 M_1 代组织中的 POD 活性有促进作用，高浓度的叠氮化钠溶液（≥1.0 mmol/L）对赤小豆 M_1 代组织的 POD 活性有抑制作用。相同处理液浓度下（≤0.2 mmol/L），赤小豆 M_1 代 POD 活性随处理时间延长平缓增大，当处理液浓度大于 0.6 mmol/L，赤小豆 POD 活性随处理时间延长而降低。说明适宜的处理时间对赤小豆 M_1 代组织中的 POD 活性也有一定的促进作用，但时间过长则会抑制赤小豆的 POD 活性。

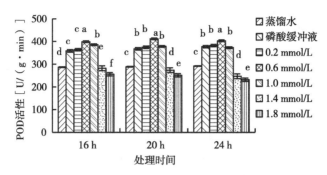

图 22-2　叠氮化钠处理对赤小豆 M_1 代幼苗 POD 活性的影响

22.2.4　叠氮化钠对赤小豆 M_1 代叶片 CAT 活性的影响

如图 22-3 所示，相同处理时间，磷酸缓冲溶液（pH＝3）和叠氮化钠溶液都能使赤小豆 M_1 代叶片中 CAT 活性增大，但在较低叠氮化钠浓度（≤0.6 mmol/L）诱变下，CAT 活性增大不明显；叠氮化钠浓度继续升高，其活性显著增强。说明磷酸缓冲液（pH＝3）和高浓度的叠氮化钠处理对赤小豆 M_1 代 CAT 活性影响较大。相同处理浓度下，随着处理时间的延长，赤小豆 M_1 代叶片中的 CAT 活性平缓升高。说明处理时间对赤小豆 M_1 代叶片 CAT 活性也有一定的影响。

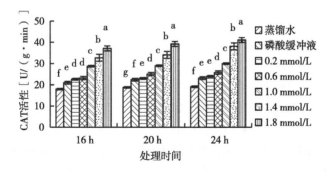

图 22-3　叠氮化钠处理对赤小豆 M_1 代叶片 CAT 活性的影响

22.3　讨论与结论

叠氮化钠诱变是获得基因水平变异体的重要途径，了解叠氮化钠处理时间和处理浓度等基本条件是进行诱变育种的前提。联合国粮食及农业组织与国际原子能委员会提出的谷类作物叠氮化钠处理一般程序应用于豆类作物应适当的修改。由于豆类种子种皮较厚，不易打破，体积大，发芽所需的水分多（Ohwi，1969）。所以在其预浸、叠氮化钠诱变处理时间等方面都应适当的延长，诱变剂与种子比例应做适当的调整（张超美，1994）。本研究采用 0.0 mmol/L、0.2 mmol/L、0.6 mmol/L、1.0 mmol/L、1.4 mmol/L、1.8 mmol/L的叠氮化钠溶液对赤小豆种子进行诱变处理，处理时间为 16 h、20 h、24 h。结果表明：叠氮化钠对赤小豆诱变处理时间为 20 h 时的半致死浓度为 1.0 mmol/L。同一处理时间，叠氮化钠浓度高于 0.6 mmol/L 时，赤小豆种子萌发受抑制，且叠氮化钠浓度越大，抑制作用越明显。诱变浓度较低时，处理时间延长可对种子萌发有促进作用。当处理时间为 16 h、20 h 时，磷酸缓冲溶液（pH＝3）和低浓度（≤0.2 mmol/L）的叠氮化钠溶液对赤小豆萌发有极显著的影响（表22-1）。浸种 16 h 对所有种子是否都能打破萌发，还有待进一步探究。姚红等（2012）在不同培养条件对赤小豆萌发特性影响研究中指出，35～45 ℃浸种 24 h，赤小豆的发芽率最高。而在较低浓度叠氮化钠（≤1.4 mmol/L），处理时间延长，则有可能使赤小豆萌发，发芽率增大。而事实上，24 h 的蒸馏水处理发芽率确实大于 20 h 的发芽率。

抗氧化系统作为植物适应和抵抗逆环境能力的一个重要机制，SOD、POD、CAT 活性是反映植物抗氧化系统能力的重要指标（刘建霞 等，2019）。正常代谢下，植物组织中自由基的产生与清除处于低水平平衡状态。在低胁迫环境下，植物体内的自由基清除系统激活，产生的作用超过了自由基对植物的损伤（卢银，2014）。本研究显示，较低浓度诱变剂、适宜诱变时间可使赤小豆 M_1 代幼苗中 SOD、POD、CAT 活性升高，有助于清除体内因胁迫导致产生的过多自由基，利于防御因逆境胁迫对赤小豆幼苗的伤害；在高胁迫环境下，保护酶系统严重被抑制，抗氧化酶系统内多种酶之间活性不平衡（吴克莉，2010）。研究中，随着处理浓度增大和诱变时间延长，赤小豆 M_1 代组织中的 SOD、POD 活性降低，但 CAT 活性却升高。表明赤小豆对高浓度的叠氮化钠伤害也能做出保护性应激反应，其中 CAT 起关键作用。植物中 SOD、POD 活性随胁迫的增强表现为先增大后降低，这符合植物应对胁迫反应的特征。即当植物面对胁迫时，会通过各种机制提高抗性以适应生长环境，但当胁迫超过植物可以耐受极限时，植物的防御机制就会损伤，甚至死亡。

佟星等（2010）研究发现，EMS 浓度为 0.9%，处理时间为 24 h 时，京农 6 号小豆 M_1 代叶形变异突出，有鸡爪叶、剑叶、肾形叶等。本研究发现，叠氮化钠处理也会使赤小豆叶形发生改变。如图 22-4 所示，叠氮化钠处理后

赤小豆 M_1 代叶片发生皱缩，甚至残缺，且叠氮化钠浓度越高，赤小豆残缺越明显。

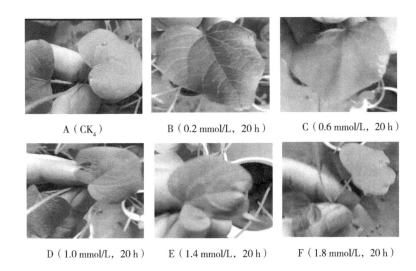

A（CK$_4$）　　　　　B（0.2 mmol/L，20 h）　　　C（0.6 mmol/L，20 h）

D（1.0 mmol/L，20 h）　　E（1.4 mmol/L，20 h）　　F（1.8 mmol/L，20 h）

图 22-4　叠氮化钠处理赤小豆 M_1 代叶片

注：A 为对照，B~F 为不同浓度叠氮化钠突变叶形。

参考文献

曹珺，赵丽娇，钟儒刚，等，2012. 原子吸收光谱法测定食品中重金属含量的研究进展 [J]. 食品科学，33 (7)：304-309.

曹欣，杨煜峰，钱强华，等，1991. 叠氮化钠对不同大麦品种的诱变效应 [J]. 浙江农业学报，3 (3)：143-146.

柴民伟，2014. 外来种互花米草和黄顶菊对重金属和盐碱胁迫的生态响应 [D]. 天津：南开大学.

陈俊任，柳丹，吴家森，等，2014. 重金属胁迫对毛竹种子萌发及其富集效应的影响 [J]. 生态学报，34 (22)：6501-6509.

陈燕，刘晚苟，郑小林，等，2006. 玉米植株对重金属的富集与分布 [J]. 玉米科学，14 (6)：93-95.

杜天庆，杨锦忠，郝建平，等，2010. 小麦不同生育时期 Cd、Cr、Pb 污染监测指标体系 [J]. 生态学报，30 (7)：1845-1852.

郭凌，张肇铭，芦冬涛，等，2008. 球形红细菌对镉胁迫下小麦幼苗几项生理生化指标的影响 [J]. 农业环境科学学报，27 (1)：40-45.

胡国涛，杨兴，陈小米，等，2016. 速生树种竹柳对重金属胁迫的生理响应 [J]. 环境科学学报，36 (10)：3870-3875.

吉雯雯，张泽燕，张耀文，等，2017. 不同地区小豆资源芽期抗旱性鉴定 [J]. 作物杂志 (3)：54-59.

李明飞，谢彦周，刘录祥，2015. 叠氮化钠诱变普通小麦陕农 33 突变体库的构建和初步评估 [J]. 麦类作物学报，35 (1)：22-29.

梁丽雅，李玉娥，闫师杰，等，2004. 红小豆酸奶的研制 [J]. 食品科技，11 (5)：53-54.

刘爱玉，郝梦霞，2014. 铜和锌胁迫对小豆种子萌发的影响 [J]. 黑龙江农业科学 (4)：46-48.

刘建霞，白泽珍，王润梅，等，2019. 重金属胁迫下小豆种子萌发特性及幼苗期富集效应 [J]. 作物杂志 (6)：182-186.

刘建霞，苏迁，周利青，等，2018. NaN₃诱变对赤小豆种子萌发与幼苗抗氧化系统的影响 [J]. 种子，37（7）：35-38.

刘建霞，温日宇，刘文英，等，2017. EMS不同处理浓度和时间对红小豆诱变的影响 [J]. 山西农业科学，45（5）：715-717+72.

刘拥海，俞乐，林馥丽，等，2007. 不同重金属胁迫对绿豆种子萌发和幼苗初期生长影响的差异 [J]. 种子，2611（5）：40-44.

卢银，刘梦洋，王彦华，等，2014. EMS处理对大白菜种子萌发及主要生化指标的影响 [J]. 中国蔬菜，25（11）：20-24.

钮力亚，谷爱秋，2010. 叠氮化钠在农作物育种中的应用 [J]. 河北农业科学，13（11）：29-35.

芮海云，沈振国，张芬琴，2017. 土壤镉污染对箭筈豌豆生长、镉积累和营养物质吸收的影响 [J]. 作物杂志（6）：104-108.

陶迎梅，韩玲，2018. 微波消解——原子吸收光谱法测定天梯山人参果中有害重金属的含量 [J]. 食品科学（2）：43-44.

佟星，赵波，金文林，等，2010. 理化诱变小豆京农6号突变体的鉴定 [J]. 作物学报，36（4）：565-574.

王红星，赵锦慧，任双双，2016. 铈对重金属胁迫下小麦种子萌发及幼苗生理特性的影响 [J]. 周口师范学院学报，33（5）：111-116.

王钦南，智慧，王永芳，等，2010. 化学诱变与诱变育种 [J]. 河北农业科学，14（11）：77-79.

王硕，2018. 萱草和石榴对镉、铅、锌污染土壤的修复潜力研究 [D]. 天津：天津理工大学.

王兴明，涂俊芳，李晶，等，2006. 镉处理对油菜生长和抗氧化酶系统的影响 [J]. 应用生态学报，17（1）：102-106.

吴克莉，邹婧，邹金华，2010. 镉福胁迫对玉米幼苗抗氧化酶系统及矿质元素吸收的影响 [J]. 农业环境学报，29（6）：1050-1056.

徐莉莉，李萍，王玉林，等，2010. 细胞分裂素类物质对镉胁迫下玉米幼苗生长和抗氧化酶活性及脯氨酸含量的影响 [J]. 环境科学学报，30（11）：2256-2263.

姚红，马建军，2012. 不同培养条件对红小豆种子萌发特性的影响 [J]. 问题探讨，32（6）：97-100.

尹国丽，师尚礼，寇江涛，等，2013. 镉胁迫下紫花苜蓿种子萌发及生理生化特性研究 [J]. 西北植物学报，33（8）：1638-1644.

张波，薛文通，2012. 红小豆功能特性研究进展 [J]. 食品科学，33

（9）：264-266.

张超美，1994. 叠氮化钠对豌豆诱变效应初步研究［J］. 湖北农学院学报，14（3）：56-60.

张浩，陆宁，钱晓刚，等，2014. 不同类型土壤重金属胁迫对烟叶脯氨酸含量的影响［J］. 贵州农业科学，42（1）：127-131.

赵淑玲，王瀚，王让军，等，2018. 重金属 Cd^{2+} 对花椰菜种子的萌发及幼苗生理生化的影响［J］. 种子，37（1）：100-102.

周相娟，梁宇，沈世华，等，2007. 接种根瘤菌和遮光对大豆固氮和光合作用的影响［J］. 中国农业科学，40（3）：478-484.

Al-aghabary K, Zhu Z J, Shi Q H, 2004. Influence of silicon supply on chlorophyll content, chlorophyll fluorescence, and antioxidative enzyme activities in tomato under salt stress［J］. Journal of Plant Nutrition, 27（12）: 2101-2115.

Damodaran D, Vidya Shetty K, Raj Mohan B, 2013. Effect of chelaterson bioaccumulation of Cd^{2+}, Cu^{2+}, Cr^{6+}, Pb^{2+} and Zn^{2+} in Galerina vittiformis fromsoil［J］. International Biodeterioration and Biodegradation, 85: 182-188.

Li M, Luo Y M, Song J, et al., 2006. Ecotoxicological effect of pH, salinity and heavy metals on the barley root elongation in mixture of copper mine tailings and biosolids［J］. Soils, 38（5）: 578-583.

Tao L, Ren J, Zhu G H, et al., 2007. Advance on the effects of heavy metals on seed germination［J］. Journal of Agro-Environment Science, 26（S1）: 52-57.

Tian R N, Yu S, Wang S G, 2011. Germination and seedling growth of *Triarrhena sacchariflora*（Maxim.）Nakai under Copper and Cadmium stress［J］. Ecology and Environment, 20（8）: 1332-1337.

Wang H, Jin J Y, 2009. The physiological and molecular mechanisms of zinc uptake, transport, and hyperaccumulation in plants: a review［J］. Plant Nutrition and Fertilizer Science, 15（1）: 225-235.

Zhang D P, Cai C J, Fan S H, et al., 2012. Effects of Pb^{2+}, Cd^{2+} on germination and seedling early growth of Moso Bamboo（*Phyllostachys edulis*）seed［J］. Forest Research, 25（4）: 500-504.

第八篇
黄芪种质资源研究

23 黄芪综述

23.1 黄芪的生物学特性

黄芪（*Astragalus membranaceus*），别名：戴椹、独椹、易脂、百本（吴宏辉 等，2016），已有两千多年的药用历史，属多年生草本植物。2015 版《中华人民共和国药典》记载黄芪为豆科植物蒙古黄芪 [*Astrsgalus membranaceus*（Fisch.）Bge. var. *mongholicus*（Bge.）Hsiao] 或者膜荚黄芪 [*Astragalus membranaceus*（Fisch.）Bge.] 的干燥根。染色体组 x = 8，2n = 2x = 16。黄芪为常用大宗中药材，素有"十药八芪"之称。黄芪乃补药之长，被《神农本草经》列为"上品"。恒山地区是我国黄芪的道地产区之一。清代《植物名实图考》载："黄芪西产也，有数种，山西、蒙古产者最佳。"黄芪既是中药也是保健品原料，年需求量在 3.5 万 t 以上，位列 40 种大宗中药材品种的前 10 名，已进入美国中药材消费量的前十位，是日本和韩国进口的主要中药材品种之一，韩国每年从我国进口超过 100 万美元的黄芪药材，主要用做保健食品。黄芪还被用于化妆品、饲料和兽药。因而黄芪具有国内和国际市场巨大的发展潜力，是当前最值得关注和深入研究的药材品种之一（张兰涛，2009）。

23.1.1 黄芪的分布及其生长环境

蒙古黄芪主要分布在内蒙古、山西、甘肃、青海、河北；膜荚黄芪主要分布于西南地区的四川、云南，西北地区的陕西、甘肃、青海、宁夏、内蒙古、山西，华北地区的河北、山东，以及东北地区的辽宁、吉林、黑龙江等省份（赵明 等，2000）。一般认为山西产蒙古黄芪为道地药材，主要分布于山西省恒山山脉的浑源、繁峙、应县、代县、天镇、阳高等县。此外，内蒙古大青山脉的固阳、武川、武东等县产的蒙古黄芪质量亦佳（刘建霞 等，2018；刘建霞 等，2019）。

野生蒙古黄芪多生于内蒙古、山西、甘肃、青海等地，海拔 1 100~

2 900 m，土壤类型为黄壤土、黄绵土、黑垆土。野生膜荚黄芪主要分布在海拔1 000~2 000 m的山地上，土壤多为黑壤（余坤子 等，2010）。黄芪属深根系植物，具有喜冷凉、耐旱性强和怕涝的习性。栽培时要求土层深厚，土质疏松，透水透气性能良好，排水渗水力强，含水量少，有机质多的砂质土壤，pH为7.0~8.5。

23.1.2 黄芪的植物学特征

根 直根系，主根粗而长，上端较粗，有的有分枝，圆柱形，稍带木质，外皮淡棕黄色或淡棕褐色（图23-1）。黄芪根有"鞭杆芪"和"鸡爪芪"之称，主根较长，侧根很少，称之为鞭杆芪；主根肥大不明显，侧根很多且短而粗，称之为鸡爪芪。对于野生黄芪，无论蒙古黄芪还是膜荚黄芪，根的形态多为鞭杆态，鸡爪态的根很少。但在潮湿低洼地，野生膜荚黄芪常会出现鸡爪态。引种栽培后的黄芪，蒙古黄芪根系形态变化较小，鞭杆芪的比例高，膜荚黄芪根系变化较大，容易出现鸡爪态黄芪。原因：一是蒙古黄芪主要分布在山西、内蒙古黄土高原地带，长期在干旱的土壤条件下生长，独根性强，鞭杆态多，遗传特性较为稳定。膜荚黄芪分布范围比蒙古黄芪广，生长土壤条件和气

图23-1 恒山黄芪根、茎
（图片由山西北岳神耆生物科技股份有限公司提供）

候条件也有所不同，根部形态在遗传特性上表现得不稳定，不同土壤条件下根部从鞭杆态到鸡爪态变化。二是与土壤类型有关，土壤肥力、水力不同，根系形态不同。在养分贫瘠，透水性强，土层深厚的土壤下，鞭杆态黄芪相对较多；在养分高，透水性差，土层薄的土壤，鞭杆态黄芪比例下降，鸡爪芪相对较多。三是在移栽过程当中，黄芪根尖多受到破坏，根尖的生长点不能正常向下生长，侧根生长旺盛，此情况下比种子直播产生的鸡爪芪相对较多（王尔彤 等，1995；王尔彤 等，1996；王良信 等，1991；王凌诗 等，1999），黄芪干燥根有不整齐的纵皱纹或纵沟，质硬而韧，不易折断，断面纤维性强并显粉性，皮部黄白色，木部淡黄色，有放射性纹理和裂隙，老根中心偶呈枯朽状，黑褐色或成空洞。味微甜，嚼之微有豆腥味（国家药典委员会，2015）。根长一般 30~90 cm，直径 1.0~3.5 cm（陈志国 等，2004）。黄芪幼根由表皮、皮层、中柱 3 部分组成（燕玲 等，2001）。优质黄芪药材，以鞭杆态芪，且绵性大、粉性和甜性足、色泽黄白为特征。绵性是指根部韧皮纤维含量多，柴性是指根部木纤维含量多。对于粉性，主要是指组织中含淀粉粒的多少而言（王凌诗 等，1999）。

茎　直立，上部多分枝，有细棱，被白色柔毛。蒙古黄芪株高为 40~80 cm，茎有红、绿、红绿相间 3 种颜色，茎长至 10~15 cm 时，开始匍匐地面，形成平铺茎，并由基部开始逐渐木化而呈圆柱形，表面变得粗糙，少柔毛，但嫩茎始终保持棱角形，并被有柔毛，茎逐渐变为黄褐色，不及膜荚黄芪的粗壮，大多数茎有一级分枝，少数有三级分枝；地上部枯萎时，根头已产生越冬芽；成熟时，老茎变为淡红褐色。膜荚黄芪株高为 50~100 cm，幼茎淡绿色，柔毛较长；成熟时，老茎变为红褐色（段琦梅，2005）。

叶　单数羽状复叶，互生，托叶披针形、卵形至条状披针形，长 6~10 mm，有毛，幼苗期第一片真叶为三出羽状复叶；小叶椭圆形、矩圆形或卵状披针形；先端钝、圆形或微凹，具小刺尖或不明显，基部圆形或宽楔形，上面带绿色包，近无毛，下面带灰绿包，有平伏白色柔毛。蒙古黄芪幼苗期出第 2 片真叶时，变为具 5 小叶的奇数羽状复叶，叶缘及叶片上下表面疏被短柔毛；当长至 5 叶期时，小叶增至 7 片，茎逐渐变为黄褐色；当长至成年植株时，羽状复叶具小叶 25~37 片，小叶矩圆形，顶端微凹，小叶长 5~10 mm，宽 3~5 mm。

花　黄芪总状花序，具花 10~25 朵，较稀疏，黄色或淡黄色，长 12~18 mm，花梗与苞片近等长，有黑色毛；苞片条形；花萼钟状，长约 5 mm，常被黑色或白色柔毛，小花为典型的蝶形花，两侧对称，花瓣 5 枚（马毓泉，1989）。二体雄蕊，10 枚雄蕊，其中 9 枚连合，1 枚分离。花药 4 裂, 子房上位, 1 室; 侧膜胎座, 弯生胚珠。花柱弯曲, 柱头有毛状突起 (王尔彤 等, 1996)。花粉粒近圆球形或长球形, 极面观为 3 浅裂圆形, 具 3 孔沟, 花粉粒表面为穴状纹饰 (段琦梅, 2005)。当黄芪的小花花冠大于花萼或等于花萼时, 花蕾柱头和花粉都已成熟。黄芪是自花不孕或自交不亲和的异花授粉植物, 为虫媒花, 不易自交得到纯的品系 (徐昭玺 等, 1983)。

果实和种子 黄芪荚果卵状矩圆形或半椭圆形, 侧边缘呈弓形弯曲, 膜质, 稍膨胀, 长 20~30 mm, 宽 8~12 mm, 顶端有短喙, 基部有长柄, 有种子 3~8 粒; 种子肾形, 棕褐色或褐色, 种皮表面有斑纹, 光滑, 革质。蒙古黄芪较膜荚黄芪种子大, 蒙古黄芪种子千粒重为 6.44 g 左右, 膜荚黄芪为 4.87 g 左右 (王俊杰 等, 2005)。两者外观上无明显区别, 均为宽卵状肾形, 略扁, 长约 3 mm, 宽约 2.5 mm, 厚约 1 mm, 具不规则的黑色斑点或纹, 或黑褐色无斑, 平滑, 略有光泽; 两侧微凹入, 腹侧肾形凹入处为种脐, 种脊不明显; 胚弯曲, 淡黄色, 含油分, 胚根粗大, 子叶两枚, 倒卵形 (段琦梅 等, 2005)。黄芪属豆科植物, 具有豆科植物的硬实现象, 硬实率高达 70%。原因有两个方面, 其一黄芪种皮含有果胶质、蜡质和油脂等物质 (唐秀光 等, 2001), 种子成熟脱水形成坚硬种皮, 产生硬实现象。其二, 种子较小, 种脐更小且结构紧密 (陈瑛, 1999; 段琦梅, 2005)。并且, 种子中存在的生物活性较强的水溶性有机酸内源抑制物也是蒙古黄芪种子休眠的主要原因之一 (常晖, 2015)。黄芪种子最佳采收期为荚果干黄色时期 (段琦梅 等, 2005)。关于破除黄芪硬实种子的种皮障碍已进行了一些方法研究, 并取得了一定的成果, 如沙磨处理、浓硫酸浸种、100 ℃ 开水处理、超声波处理、划破种皮、药物浸种等方法 (张辰露 等, 2005)。

23.1.3 黄芪营养与功能成分

《本草汇言》记载 "黄芪, 补肺健脾, 卫实敛汗, 祛风运毒之药也。" 中国的药剂师在长达两千多年的历史中推敲总结了黄芪的许多作用及疗效。如今, 在现代科技的帮助下, 研究人员对黄芪成分深入研究, 表明黄芪营养成分丰富 (表 23-1), 含有黄酮类、皂苷类、多糖类、氨基酸、生物碱、有机酸类、微量元素及叶酸、亚油酸、胆碱、甜菜碱、香豆酸等复杂的化学成分, 其中黄酮、皂苷和多糖类物质具有较高的药用价值。具有增强机体免疫功能、保肝、利尿、抗衰老、抗应激、降压和较广泛的抗菌作用。

表 23-1 黄芪的营养成分

营养成分	铜	铁	锌	干物质	脂肪	蛋白质	苯丙氨酸	赖氨酸
含量	0.56 mg/100 g	16.23 mg/100 g	14.71 mg/100 g	93.6%	0.99%	16.35%	0.81%	1.15%
营养成分	酪氨酸	亮氨酸	异亮氨酸	缬氨酸	丙氨酸	甘氨酸	天冬氨酸	谷氨酸
含量	0.1%	0.69%	0.38%	0.53%	0.58%	0.46%	1.76%	1.46%
营养成分	半胱氨酸	脯氨酸	组氨酸	赖氨酸	精氨酸	苏氨酸	丝氨酸	蛋氨酸
含量	0.34%	0.73%	0.36%	1.15%	0.68%	0.42%	0.50%	0.04%

资料来源：马雪松 等，2018。

研究表明，黄芪的化学活性成分主要为多种多糖类、三萜皂苷类和黄酮类氨基酸等生物活性成分。

多糖 黄芪多糖（astragalus polysacharin，APS）是黄芪中含量最多、免疫活性较强的一类物质。它不仅可以增加淋巴系统和骨髓中干细胞的数量，促进这些干细胞转化为有活性的免疫细胞，还对 B 淋巴细胞的免疫功能有明显的增强作用（张建新和刘金荣，2000）。黄芪可以促进白细胞介素-1a（IL-1a）、白细胞介素-12p40（IL-12p40）mRNA 的翻译及脾细胞的有丝分裂作用来对抗免疫抑制（Lee et al.，2003）。

甲苷 研究者发现黄芪甲苷可以改善脑缺血再灌注后血脑屏障的通透性，通过增加通透性来发挥脑保护作用，其保护血脑屏障的机制可能与上调 ZO21 蛋白的表达有关（Quctal，2009）。Zhang 等（2014）给肺癌小鼠口服黄芪甲苷后，发现黄芪甲苷可以通过增强机体免疫功能抑制肿瘤的生长。

黄酮 黄酮类化合物是黄芪的主要活性成分之一，被认为是黄芪中最有价值的成分。已有大量试验证明黄芪黄酮类化合物可以增强生物体免疫能力，具有抗氧化、抗诱变、抗癌、防止动脉硬化等作用及其他多种生物学活性（张冬青和汪德清，2010；Wang et al.，2012）。

23.2 黄芪种质资源研究进展

种质资源是黄芪规模化生产、提高质量的关键。我国是世界上唯一的黄芪药材产地和出口国（刘亚明 等，2001），面对国内外巨大的市场需求量（董庆，2001），我国野生黄芪种质资源被过度采挖，面临枯竭（钱丹 等，2009），目前栽培黄芪为主要商品来源。但在黄芪栽培中多存在种质混乱混杂的情况，山西、内蒙古、甘肃、陕西等省（自治区）种植地相互调种使用。同时，黄芪品种的人工选育工作严重滞后，优良品种品系较少，种质资源已成为制约黄芪产业发展的主要瓶颈。因此，积极开展黄芪种质资源研究和人工栽培品种选育，保护黄芪种质资源的多样性，建立优质高产、抗逆性强的良种资源库，具有十分重要的理论价值和现实意义。

23.2.1 黄芪属资源植物种类

黄芪属（*Astragalus* L.）是豆科中最大的一个属，在全世界共有 11 亚属 2 000 余种，主要分布于欧亚、北美洲和南美洲凉爽的干旱和半干旱地区，中亚和西亚为本属的分布中心。中国有 8 亚属 278 种 2 亚种 35 变种 2 变型，主要分布于华北、东北、西北及西藏各省（自治区、直辖市）（傅坤俊，1993）。药用黄芪主要分布于黄芪亚属、华黄芪亚属、簇毛黄芪亚属、裂萼黄芪亚属和密花黄芪亚属 5 个亚属（赵明 等，2000），其中簇毛黄芪亚属主产中国（陈贵林，2018）。

中药黄芪属药用植物，除中药黄芪（膜荚黄芪、蒙古黄芪）外，其他均为黄芪代用品，如多花黄芪、金翼黄芪、东俄洛黄芪、单蕊黄芪等；或一些地方习用品，如背扁黄芪、沙打旺等。入药部位多为根，少数以全草或种子入药（中国科学院中国植物志编辑委员会，1993）。与膜荚黄芪和蒙古黄芪同属于黄芪亚属的有秦岭黄芪、阿克苏黄芪、梭果黄芪、单蕊黄芪、天山黄芪、多花黄芪、东俄洛黄芪、金翼黄芪、云南黄芪、马衔山黄芪、草珠黄芪、草木樨状黄芪（赵明 等，2000）（表 23-2）。

表 23-2　中国黄芪属药用植物的种类、分布及应用现状

亚属	种名	分布	药用部位	应用现状
簇毛黄芪亚属	背扁黄芪（*Astragalus complanatus*）	东北、华北、河南、陕西、宁夏、甘肃、江苏、四川	种子称为沙苑子	补肝益肾，明目固精
	甘肃黄芪（*Astragalus tanguticus*）	甘肃西南部（夏河、岷县）、青海东部及西部、四川西北部、西藏东部	根	
	弯齿黄芪（*Astragalus camptodontus*）	四川西南部（稻城）、云南西北部（中甸、丽江、鹤庆、洱源）	根	云南作黄芪用
	乌拉特黄芪（*Astragalus hoantchy*）	内蒙古西部、宁夏中部、甘肃中部至西部（兰州、靖远、肃北）、青海东部（循化、同仁）、新疆	根	内蒙古、宁夏、新疆等地代黄芪用
	长小苞黄芪（*Astragalus balfourianus*）	四川西部及西南部（甘孜、木里）、云南西北部	根	云南部分地区作黄芪用
	蒙古黄芪（*Astragalus membranaceus* var. *mongholicus*）	黑龙江、内蒙古、河北、山西	根	为中药黄芪正品之一

（续表）

亚属	种名	分布	药用部位	应用现状
簇毛黄芪亚属	膜荚黄芪 (*Astragalus menmbranaceus*)	东北、华北及西北	根	为中药黄芪正品之一，藏族用黄芪
	阿克苏黄芪 (*Astragalus aksuensis*)	天山	根	
	多花黄芪 (*Astragalus floridus*)	甘肃、青海、四川、西藏	根	四川代黄芪入药
	单蕊黄芪 (*Astragalus monadelphus*)	甘肃东部及西南部（祁连山、岷山及兰州、榆中、夏河、临潭、卓尼、合作）、青海东部至东南部、四川西北部	根	功效与黄芪相同
	天山黄芪 (*Astragalus lepsensis*)	天山北坡至帕米尔	根	新疆作黄芪用
	秦岭黄芪 (*Astragalus henryi*)	陕西东南部、湖北西部	根	鄂西作黄芪用
	云南黄芪 (*Astragalus yunnanensis*)	四川西部、云南西北部及西藏	根	西藏部分地区作黄芪入药；藏族还用于清肺热、脾病、止肠痛
	梭果黄芪 (*Astragalus ernestii*)	四川西部、云南西北部及西藏东部	根	四川个别地区代黄芪入药
	草木樨状黄芪 (*Astragalus melilotoidell*)	长江以北各地	全草	祛风除湿，活血通络；用于风湿疼痛，四肢麻木
	草珠黄芪 (*Astragalus capillipes*)	内蒙古、河北、山西、陕西北部	根	
	金翼黄芪 (*Astragalus chrysopterus*)	四川、河北、山西、陕西、甘肃、宁夏、青海	根	河北、甘肃南部代黄芪用
	东俄洛黄芪 (*Astragalus tongolensis*)	四川西部	根	甘肃、青海、四川代黄芪用
	马衔山黄芪 (*Astragalus mahoschanicus*)	四川西北部、内蒙古、甘肃、宁夏、青海、新疆	根	
华黄芪亚属	紫云英 (*Astragalus sinicus*)	长江流域各地	全草、种子	清热解毒，种子在四川作沙苑子
	多枝黄芪 (*Astragalus polycladus*)	四川、云南、西藏、青海及新疆西部	根	
	无花黄芪 (*Astragalus severzovii*)	新疆北部	根	
	刺叶柄黄芪 (*Astragalus oplites*)	西藏西南部、新疆西部	根	
	华黄芪 (*Astragalus chinensis*)	辽宁、吉林、黑龙江、内蒙古、河北、山西	种子	强社补肾，清肝明目，作沙苑子入药

（续表）

亚属	种名	分布	药用部位	应用现状
华黄芪亚属	长果颈黄芪 (*Astragalus englerianus*)	云南和西藏西南部	根	功效与黄芪相似
	华山黄芪 (*Astragalus havianus*)	华山、太白山	根	
裂萼黄芪亚属	沙打旺 (*Astragalus sadsurgens*)	东北、西北、华北、西南地区	根	根作黄芪的代用品，种子在江苏、宁夏部分地区作沙苑子使用
	地八角 (*Astragalus bhotanensis*)	贵州、四川、西藏、陕西、甘肃	根	用于口鼻出血、牙痛、麻疹、扁桃体炎、水肿；藏族还用于止咳止痢
	湿地黄芪 (*Astragalus uliginosus*)	东北各地及内蒙古	根	用于肝火引起的目赤、视物不清
	细弱黄芪 (*Astragalus miniatus*)	内蒙古、黑龙江	根	
	糙叶黄芪 (*Astragalus scaberrimus*)	东北、华北、西北各地	根	
密花黄芪亚属	藏新黄芪 (*Astragalus tibetanus*)	新疆北部、西部及西南部	根	云南、西藏作黄芪用

注：引自赵明 等，2000；陈贵林，2018。

23.2.2 蒙古黄芪与膜荚黄芪种质特征比较

膜荚黄芪（*Astragalus membranacens* Bunge）和蒙古黄芪［*A. membranacens var. mongolicus*（bunge）Hsiao］同属豆科黄芪属，且后者为前者的变种，均属深根性的多年生草本植物，分布于我国温带和暖温带地区，尤以东北和华北地区分布广泛，其中膜荚黄芪是森林草甸中生植物，而蒙古黄芪则是旱中生植物。二者均有较高的药用价值，以根入药，能补气、固表，还能止血、治伤等，其中蒙古黄芪药效更佳，市面上俗称的黄芪即为之。而膜荚黄芪不仅药效远不及蒙古黄芪，且栽培管理技术、产值均不如前者。蒙古黄芪在栽培后第一年不开花，到第二年才开花结果，而膜荚黄芪第一年可以正常开花结果。黄芪虽然是异花传粉，但在自然状态下，由于两种植物花期相差甚远，造成了时间上的生殖隔离，一般不会天然杂交（王良信 等，1992）。

个体 膜荚黄芪植株高大，粗壮，5 小叶的羽状复叶始于 5 叶期，小叶数目少，13～27 枚，叶较大，而蒙古黄芪植株低矮，细弱，5 小叶的羽状复叶始于 2 叶期，小叶数目多，25～37 枚，叶较小。

种子　膜荚黄芪种皮纹饰为复网状，网眼规则，细纹多，网壁曲且薄（电镜下）；而蒙古黄芪的种皮纹饰位于两侧为皱褶状，而种脐周围则为拟网状，纵条纹较粗，细纹少。

叶表皮毛　膜荚黄芪叶表面密被白色柔毛，电镜下毛表面有乳头状突起，而蒙古黄芪叶表面被稀疏短柔毛，毛表面较为光滑。

花粉　膜荚黄芪花粉近圆球形，而蒙古黄芪花粉长球形，花粉粒较前者大，前者沟宽，内孔外突，孔膜表面具少量瘤状突起，花粉粒表面分布密集，后者穴分布稀疏，沟细而短，沟缘加厚，较光滑。

核型分析　膜荚黄芪染色体核型属 IB 型，公式为 $2n = 2x = 16 = 10m + 6sm$；蒙古黄芪属 IC 型，公式为 $2n = 2x = 16 = 8m + 8sm$（燕玲 等，2001）（表 23-3）。

表 23-3　膜荚黄芪与蒙古黄芪比较

类别	膜荚黄芪	蒙古黄芪
产地	山东、陕西、河北、东北	山西、内蒙古、甘肃、宁夏、陕西
种子	种子肾形，两侧扁，棕褐色或褐色，种皮有斑纹，光滑、革质	种子宽肾形，两侧扁，黑褐色或褐色，种皮表面具黑色斑纹，光滑、革质
果实	荚果半椭圆形，一侧边缘呈弓形弯曲，果皮膜质，稍膨胀	荚果半卵圆形，果皮膜质，膨胀，光滑无毛，有显著网纹
子房	被刚毛	无毛
荚果	被刚毛	无毛
果期	8—9 月	6—7 月
花期	7—8 月	5—6 月
花序	总状花序	总状花序
开花	头年不开花，次年开花	头年开花
小苞片着生位置	贴附于花萼基部	位于小花柄中上部，不与花萼贴生
叶	奇数羽状复叶，小叶椭圆形，先端微凹，叶缘和上下表面均被毛，托叶条状披针形长 7～30 mm，宽 3～12 mm；13～27 片小叶	奇数羽状复叶，小叶矩圆形，顶端微凹，托叶披针形，长 5～10 mm，宽 3～5 mm；25～37 片小叶
叶表皮毛	毛表面有乳头状突起	毛表面较为光滑
茎	茎直立，50～10 cm，上部多分支，茎上有细棱，被白色长柔毛	茎直立，被稀疏短柔毛
株高	50～100 cm	40～80 cm
分枝	直立少分枝	匍匐多分枝

（续表）

类别	膜荚黄芪	蒙古黄芪
花粉粒	近圆球形，孔沟宽而短，沟膜完整孔膜表面具少量瘤状突起	长球形，孔沟细而短，未达两极沟缘加厚，较光滑
染色体	核型公式：$2n = 2x = 16 = 10\ mm + 6\ sm$ 染色体包括中部着丝点染色体 5 对，近中着丝点染色体 3 对，核型属于 IB 型	核型公式：$2n = 2x = 16 = 8\ m + 8\ sm$ 染色体包括中部着丝点染色体 4 对，近中着丝点染色体 4 对，核型属于 IC 型

23.2.3 黄芪品种资源

种质资源是黄芪产业发展的源头、品种选育的基础，黄芪种质资源选育方面，总体工作进展缓慢，优良品种品系较少（表23-4）。1994—2022 年，甘肃选育出的蒙古黄芪品种陇芪 1 号至陇芪 4 号等，山东的膜荚黄芪品种文黄11，山西和内蒙古尚无品种选育报道，经调查多采用当地人工驯化的蒙古黄芪种子，或山西、内蒙古、甘肃三地相互调种使用。

23.2.4 中药黄芪资源野生与栽培现状

20 世纪50 年代以前的很长一段时期均可认为是黄芪野生资源时期。野生黄芪药材产地的历史发展，从四川、甘肃，经宁夏、陕西，向山西、内蒙古逐渐过渡。四川、甘肃、陕西、宁夏、山西南部一带只产膜荚黄芪，而山西北部和内蒙古南部主要产蒙古黄芪，也有少量膜荚黄芪（赵一之，2004）。根据文献记载，20 世纪末期之前，蒙古黄芪生于山地草原、灌丛、林缘、沟边等地，主要分布于内蒙古的锡林郭勒白音锡勒、克什克腾黄岗梁和白音敖包，华北地区的恒山、五台山、小五台山、燕山山地、大青山、蛮汗山、吕梁山北部（赵一之，2006；傅坤俊，1993；刘慎谔，1976）。膜荚黄芪生于山地林缘、灌丛及疏林下，分布于哈萨克斯坦的阿尔泰山、塔尔哈巴斯台山、阿拉套山，蒙古国的滨库苏古泊、肯特、蒙古国—俄罗斯达乌里的西北部和东北部、蒙古国及阿尔泰的西北部、东蒙古国，俄罗斯的东西伯利亚达乌里和远东地区，朝鲜的北部山地，中国的阿尔泰山、大小兴安岭、完达山、张广才岭、老爷岭、长白山及辽宁东部山地和华北的燕山山脉、泰山、小五台山、恒山、五台山、黄土高原、太岳山、秦岭、横断山脉的北部（赵一之，2006；傅坤俊，1993；刘慎谔，1976）。21 世纪初期，张兰涛等（2006）在内蒙古乌拉山、甘肃、山西、陕西、吉林、黑龙江等地调查采集野生黄芪时，常只能找到极少数几株；而在内蒙古鄂伦春发现有大面积的膜荚黄芪天然植株。在 2013 年 5 月至 2014

表23-4 黄芪育种成效一览

品种/类型	育种目标	育种途径/方法	特征特性	育种者/时间	文献
文黄11	优质高产	系统选育	比原始种增产80%	山东文登，1984	崔贤等，2001
9118	高产	杂交育种	由本地毛芪为母本，内蒙古短蔓黄芪为父本选育而成，比一般黄芪品种增产20%，干芪350~400 kg/亩	甘肃定西市旱作农业科研推广中心，2000	苟永平，2000
94-01	高产、抗逆	混合选择法	较大田混合种增产15%以上，高产稳产，抗病或能力较强	甘肃定西市旱作农业科研推广中心，2003	李鹏程，2005
94-02	抗根腐病	集团选择法	平均亩产鲜芪606.1 kg，较对照品种甘肃黄芪94-01增产15.8%		刘效瑞等，2007
陇芪1号	高产	混合选择法	平均亩产鲜芪708.9 kg：规范化栽培条件下，特级品出成率17.1%，一级品出成率为1.5%，较对照分别提高3.5%和4.2%（原代号黄芪94-01）	甘肃定西市旱作农业科研推广中心，2010	刘效瑞等，2013
陇芪2号	高产、抗病	系统选育法	平均亩产鲜芪606.1 kg（原代号黄芪94-02）增产15.8%	甘肃定西市旱作农业科研推广中心，2011	甘肃省农牧厅，2009
陇芪3号	优质高产	辐射诱变育种	对陇芪1号采用快中子束辐照选育，平均亩产鲜芪655.2 kg，较对照增产17.1%	甘肃定西市旱作农业科研推广中心，2013	徐敬匡等，2013
陇芪4号	丰产、优质、抗病、抗逆	单株选择法	平均亩产鲜芪708.9 kg增产31.1%；特级品、一级品出成率分别为21.5%、30.6%，较对照分别增产4.8%和5.3%	甘肃定西市旱作农业科研推广中心，2015	潘晓春，2016
JX08-5-1	优质、高产	单株系统选育	品系比较试验亩产674.5 kg，较蒙古黄芪（对照）增产20.1%。	崔红艳，2014	崔红艳等，2014

（续表）

品种/类型	育种目标	育种途径/方法	特征特性	育种者/时间	文献
红茂秆/早花型膜荚黄芪、晚花型膜荚黄芪	花熟性	引种驯化	人工驯化的野生类型	陕西旬邑，2006	曹建军，2006
膜荚黄芪SP2诱变育种	诱变育种	太空诱变	较丰富的遗传多样性群体	陈永中，2021	陈永中，2021
四倍体植株	多倍体	化学诱变育种	四倍体蒙古黄芪植株	吴玉香等，2003；陈兰兰，2006	吴玉香等，2003；陈兰兰，2006
再生植株	离体快繁	组织培养	获得膜荚黄芪和蒙古黄芪的再生植株	李湘申等，1992；白静仁等，1990	李湘申等，1992；白静仁等，1990
细胞悬浮培养	悬浮培养	细胞工程	建立蒙古黄芪悬浮细胞体系	刘雅静，2011	刘雅静，2011
黄芪毛状根及相关基因的克隆	毛状根培养	基因工程和细胞工程相结合	黄芪毛状根中含有皂苷、黄酮、多糖和氨基酸等活性物质，为黄芪有效成分工业化生产奠定基础	Hirotani et al.，1994；广谷正男等，1996；郑志仁，1997；胡之璧等，1998；彭倍松等，2000	Hirotani et al., 1994；广谷正男等，1996；郑志仁等，1997；胡之璧等，1998；彭倍松等，2000
AmPAL基因	克隆基因	基因工程	首次成功地从膜荚黄芪中克隆出了苯丙氨酸解氨酶基因，为有效利用该基因调控药用植物苯丙氨酸代谢途径奠定了基础	吴松权等，2010	吴松权等，2010

注：引自陈贵林，2018，及个人添加。

年1月对内蒙古地区的野生蒙古黄芪资源调查时，刘德旺等（2016）发现在呼和浩特市武川县、包头市固阳县、巴彦淖尔市乌拉特前旗、乌兰察布市兴和县和凉城县、赤峰市克什克腾旗、锡林郭勒盟西乌珠穆沁旗等，有散生至一定规模的野生黄芪，种质资源数量有所恢复。

　　从20世纪50年代开始，商品黄芪主要以人工栽培黄芪为主。蒙古黄芪主产区为山西省北部浑源县、应县、繁峙县、代县、五寨县，内蒙古固阳县、武川县、乌兰察布市、鄂伦春自治旗、锡林郭勒盟、通辽市；膜荚黄芪的主产区为四川松潘县、茂汶县、黑龙江宁安市、嫩江县、陕西旬邑县、甘肃陇西县、宕昌县、岷县。至1990年由于出口受阻，内蒙古、山西种植面积大幅减少，而后甘肃陇西县、定西市、岷县、宕昌县大量种植蒙古黄芪，产量占全国60%以上，成为新的主产区（张晓霞，2011）；膜荚黄芪以黑龙江林口县、桦南县、宁安市，吉林白山市、抚松县，辽宁本溪市，内蒙古赤峰市，山东威海市、文登区、莱阳县、平邑县、菏泽市、蒙阴县、临朐县、诸城市，河北安国市、唐山市，陕西子洲县为主产区。2000年以来，由于黄芪价格回升，山西和内蒙古传统蒙古黄芪种植面积扩大，产量增加，陕西子洲县、旬邑县，宁夏隆德县，甘肃等成为主产区，其中以甘肃产量最大；而膜荚黄芪在东北地区、河北产量减少，山东产量最大，陕西子洲县、旬邑县产量增加。蒙古黄芪栽培方式有大田直播法和育苗移栽法。栽植年限为半野生栽培3年以上，人工栽培2~3年采收；膜荚黄芪山东、河北直播1年采收，其他省（自治区、直辖市）有的育苗移栽2~4年采收（秦雪梅，2013）。

24 萘乙酸喷施对盐胁迫下黄芪幼苗的缓解作用

近几年来中草药产业迅速发展，我国对中草药资源的需求量不断加大。据统计，目前我国每年中药材消耗大约为 40 万 t，而中药材的来源依然主要靠野生资源（马晓晶 等，2015）。黄芪（*Astragalus membranaceus*）为常用中药材，2015 年版《中华人民共和国药典》收载的黄芪为豆科黄芪属植物蒙古黄芪 [*Astragalus membranaceus*（Fisch.）Bge. var. *mongholicus*（Bge.）Hsiao] 或膜荚黄芪 [*Astragalus membranaceus*（Fisch.）Bge.] 的干燥根，具有补气升阳、托毒排脓的功效（国家药典委员会，2015）。一直以来国内外学者较关注黄芪中主要活性成分黄芪多糖（APS）的现代临床应用价值，包括增强免疫力、保肝（孟琮 等，2016）及抗肿瘤（Zhen et al.，2017）等领域。进入 21 世纪，野生黄芪资源开始面临枯竭，已远不能满足人们的需求，人工种植又受制于土壤质量。我国土壤由于 Na^+、Ca^{2+}、CO_3^{2-}、HCO_3^{3-}、Cl^-、SO_4^{2-} 等离子过多造成土壤盐渍化严重（任丽丽 等，2010），植物生长中包括发芽、根的伸长及营养成分地自吸都会受到此类盐分的影响（Monica et al.，2015）。迄今为止，在黄芪应对盐胁迫方面研究甚少。

萘乙酸（1-Naphthylacetic acid，NAA）作为一种广谱型的植物生长激素，具有内源生长激素吲哚乙酸的作用特点和生理功能。可促进植物细胞分裂与扩大，诱导形成不定根，提高植物抗氧化酶活性。并且目前对 NAA 有较成熟的工业化合成技术，相对于其他需要生物提取的植物激素具有明显的经济优势（丁益 等，2004）。

本试验采用不同浓度 NAA 对黄芪种子浸种处理，再移栽至盐胁迫环境下进行黄芪幼苗的 NAA 喷施。通过测定黄芪种子发芽势，幼苗根长、茎长和株高度以及 MDA 含量、脯氨酸含量、SOD 活性及可溶性糖含量 4 项生理指标，旨在探究 NAA 对黄芪种子最佳催芽浓度和不同浓度 NAA 处理盐胁迫下黄芪生长的响应，为高产种植黄芪及后续研究提供参考。

24.1 材料与方法

24.1.1 材料

试验材料黄芪种子由山西省大同市浑源县黄芪种植基地提供。种子干重 0.66 g/100 粒，经张子龙教授鉴定为蒙古黄芪［*Astragalus membranaceus* (Fisch.) Bge. var. *mongholicus* (Bge.) Hsiao］种子。

24.1.2 方法

24.1.2.1 试验方案

NAA 催芽处理对黄芪种子发芽情况试验以三层纱布培养为基础于培养皿发芽处理，25 ℃培养箱培养；NAA 喷施处理影响黄芪幼苗根长、茎长、株高及生理指标试验以四层纱布为基础，培养瓶液体培养。

24.1.2.2 黄芪种子的 NAA 催芽试验

试验前先使用65%浓硫酸浸泡黄芪种子 4~5 min 以提高黄芪种子发芽率（郑天翔 等，2016）。将处理过的黄芪种子从三角瓶中取出以清水冲洗 6~8 遍后放在干净的滤纸中，待种子表面水分自然风干后待用。

将浓硫酸处理过的黄芪种子做 8 组处理。每组处理作 3 次重复。NAA 浸种以表 24-1 各浓度 NAA 溶液 50 mL 对黄芪种子浸种处理，以 50 mL 蒸馏水处理为无 NAA 对照 CK_1，CK_2 则以蒸馏水浸种后于 100 mmol/L NaCl 拟盐胁迫（崔兴国，2010）下发芽处理。24 h 后取出放置于铺有各浓度 NAA 湿润过的纱布培养皿中，置于 25 ℃培养箱进行催芽处理。所有试验至少重复 3 次，具有相似的试验结果。

表 24-1 不同浓度 NAA 处理黄芪种子作浸种处理

编号	CK_1	A	B	C	D	E	F	G
NAA（mg/L）	0	10	1.0	10^{-1}	10^{-2}	10^{-3}	10^{-4}	10^{-5}
种子数（粒）	30	30	30	30	30	30	30	30

24.1.2.3 黄芪幼苗的 NAA 喷施试验

取健康出芽且大小相近的黄芪幼苗各 10 株移植于 100 mmol/L NaCl 模拟的盐胁迫环境下，每隔 48 h 作 NAA 喷施处理，每组重复 3 组。如表 24-2 所示，（CK_2 为无菌水浸泡的黄芪种子盐胁迫处理，作无 NAA 处理盐胁迫对照）。所有试验至少独立重复 3 次且具有相似的试验结果。

表 24-2　黄芪幼苗盐胁迫及 NAA 的喷施处理

编号	CK₁	CK₂	A	B	C	D	E	F	G
NAA 浓度	0.00	0.00	10	1.0	10^{-1}	10^{-2}	10^{-3}	10^{-4}	10^{-5}
NaCl（mmol/L）	0.00	100	100	100	100	100	100	100	100
幼苗数目（株）	10	10	10	10	10	10	10	10	10

24.1.3　指标测定

24.1.3.1　黄芪种子发芽势的测定

种子浸种处理后次日开始记录种子发芽数，第 4 d 统计发芽势，计算公式（田鑫 等，2015）为：

$$发芽势（\%）=\frac{4\ d\ 内种子发芽数}{供试种子数}×100$$

24.1.3.2　NAA 喷施盐胁迫下黄芪幼苗的根长、茎长及株高的测定

对移栽后的黄芪幼苗在经过 NAA 喷施处理 5 次（每隔 48 h 喷施一次）后以毫米尺分别测量：幼苗茎基部到根尖为根长，幼苗茎基部以上、子叶以下部分作为幼苗茎长，幼苗基部以上至苗顶端为株高。

24.1.3.3　生理指标测定

脯氨酸含量采用茚三酮法测定、MDA 含量采用硫代巴比妥酸法测定、SOD 活性采用光还原法测定及可溶性糖含量的测定采用蒽酮比色法。

24.1.4　数据处理

通过 SPSS 23 对试验数据进行差异显著性分析，使用 Excel 对数据进行图表化处理。

24.2　试验结果与分析

24.2.1　NAA 浸种处理对黄芪种子发芽势及生长指标的影响

不同浓度的 NAA 浸种处理及幼苗移栽至 NaCl 拟盐胁迫环境下进行 NAA 喷施处理后，使用 SPSS 软件中 LSD 事后多重检验法进行黄芪种子的发芽势及生长指标的差异显著性分析。汇总如表 24-3 所示。

表 24-3　不同浓度 NAA 催芽处理及幼苗喷施对黄芪发芽势及
生长指标的均值差异显著性分析

处理	平均发芽势（%）	平均根长（mm）	平均茎长（mm）	平均株高（mm）
CK_1	21.11 ± 13.33^{bcABC}	9.97 ± 1.58^{cBC}	9.01 ± 2.77^{cdeBC}	31.23 ± 1.87^{aA}
CK_2	8.89 ± 2.22^{deDE}	6.97 ± 2.00^{eD}	6.33 ± 1.32^{fD}	15.13 ± 2.73^{gE}
A	1.11 ± 2.22^{eE}	5.40 ± 1.65^{fE}	6.50 ± 2.00^{fD}	8.07 ± 1.13^{hF}
B	1.11 ± 2.22^{eE}	5.73 ± 2.32^{fD}	7.67 ± 2.40^{efCD}	17.20 ± 2.90^{fgDE}
C	11.11 ± 2.22^{dCDE}	7.00 ± 2.50^{efD}	9.65 ± 3.25^{bcdABC}	25.53 ± 2.87^{cdBC}
D	16.67 ± 3.33^{cdBCD}	9.63 ± 2.37^{dC}	11.76 ± 2.74^{aA}	31.10 ± 2.85^{abA}
E	25.56 ± 7.77^{abAB}	11.47 ± 2.53^{bcAB}	11.38 ± 3.12^{abA}	27.43 ± 2.17^{bcAB}
F	31.11 ± 4.44^{aA}	12.70 ± 3.00^{aA}	10.17 ± 2.42^{abcAB}	22.07 ± 1.63^{deCD}
G	26.67 ± 4.44^{abAB}	12.50 ± 3.50^{abA}	8.17 ± 2.42^{deBCD}	19.17 ± 2.33^{efDE}

注：CK_2 为 100 mmol/L NaCl 下黄芪种子发芽势。表中同系列不同字母代表存在差异。小写字母代表平均值差值的显著水平为 $P<0.05$，大写字母代表平均值差值的显著性水平为 $P<0.01$。下同。

24.2.1.1　NAA 浸种对黄芪种子发芽势的影响

如表 24-3 所示，通过不同浓度的 NAA 溶液处理黄芪种子各发芽势的比较，在 NAA 低浓度（$10^{-5} \sim 10^{-3}$ mg/L）下对黄芪种子萌发有一定的促进作用但未达到极显著水平，其在 F 处理组（C_{NAA} 为 10^{-4} mg/L）黄芪种子发芽势达到峰值，为 CK_1 组黄芪种子发芽势 1.36 倍。当 NAA 浓度高于 10^{-3} mg/L 时随着 NAA 浓度的升高，黄芪种子发芽势会呈现递减的趋势，尤其在 NAA 浓度大于 0.1 mg/L 对黄芪种子的发芽有极显著的抑制作用，黄芪种子几乎无法发芽。CK_2 组为 100 mmol/L NaCl 模拟盐胁迫环境下黄芪种子发芽势为 8.89%，仅有对照组 CK_1 发芽势的 1/2。

24.2.1.2　NAA 喷施处理对盐胁迫下黄芪幼苗根长和茎长的影响

黄芪作为一种深根性植物，其根的生长情况一定程度上反映了黄芪对盐胁迫环境的耐受性。通过对比分析盐胁迫下黄芪根长约为对照根长的 1/2，经过浓度为 10^{-2} mg/L 和 10^{-3} mg/L 的 NAA 喷施黄芪幼苗，对盐胁迫下黄芪根的抑制有明显的缓解作用。

表 24-3 中在 NAA 浓度为 10^{-4} mg/L 和 10^{-5} mg/L 喷施处理后黄芪幼苗根长与对照相比有一定的促进作用，分别为 CK_2 根长的 1.82 倍、1.80 倍。当 NAA 浓度高于 1 mg/L 时明显地抑制了盐胁迫下黄芪幼苗根的伸长，尤其在 NAA 浓度 10 mg/L 时黄芪幼苗根有变黄的现象。

盐胁迫下 NAA 喷施对幼苗茎的生长有明显缓解作用。在 NAA 浓度为 10^{-3} mg/L 和 10^{-2} mg/L 比无盐胁迫（CK$_1$）都有显著的促进作用，平均幼苗茎长分别为 11.38 mm 和 11.76 mm，是 CK$_1$ 的 1.14 倍和 1.17 倍。在 NAA 浓度为 10^{-5} mg/L 时对盐胁迫下黄芪幼苗茎生长有显著的缓解作用，但未达到极显著水平。高浓度 NAA 对黄芪幼苗茎的伸长作用不明显，但比低浓度时处理的幼苗茎较粗大。

24.2.1.3　NAA 喷施处理对盐胁迫下黄芪幼苗株高的影响

由表 24-3 知不同浓度 NAA 喷施对黄芪幼苗株高的影响具有显著差异。盐胁迫下 CK$_2$ 的平均株高为 15.13 mm，经过 10^{-2} mg/L NAA 喷施达到最大值，为 31.10 mm，与 CK$_1$ 株高无显著差异，比 CK$_2$ 提高约 200%。当 NAA 浓度小于 1.0 mg/L 时对黄芪幼苗的盐胁迫都有显著的缓解作用，但在较高浓度时对黄芪幼苗的生长有较强的抑制作用，NAA 浓度为 10 mg/L 时幼苗平均株高为 8.07 mm，只有 CK$_1$ 的 1/3，约为 CK$_2$ 的 1/2。

24.2.2　NAA 喷施对黄芪幼苗生理指标的影响

24.2.2.1　NAA 喷施处理对盐胁迫下黄芪幼苗脯氨酸的影响

如图 24-1 所示，CK$_1$ 的脯氨酸含量为 62.2 μg/g，CK$_2$ 黄芪幼苗受到盐胁迫作用后其脯氨酸含量为 165.30 μg/g，是 CK$_1$ 的 2.66 倍。在经过不同浓度 NAA 的喷施处理，黄芪幼苗中的脯氨酸有极显著的变化，低浓度的 NAA（$C_{NAA} < 10^{-2}$ mg/L）喷施能明显提高黄芪幼苗中脯氨酸的含量。NAA 浓度在 10^{-3} mg/L 时对提高黄芪幼苗脯氨酸含量最显著，达到 233.72 μg/g，为 CK$_1$ 中

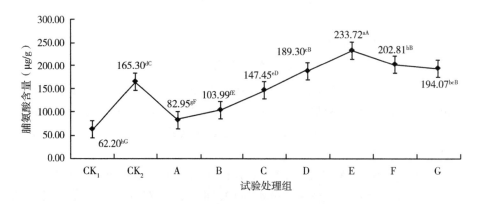

图 24-1　不同浓度 NAA 对盐胁迫下黄芪幼苗脯氨酸含量的影响

脯氨酸含量的 3.76 倍,是 CK$_2$ 的 1.41 倍,并与其他浓度有极显著的差异。

试验还发现当 NAA 浓度为 1 mg/L 和 10 mg/L 时黄芪幼苗中脯氨酸含量分别为 103.99 μg/g、82.95 μg/g 只有盐胁迫对照水平的 62.9% 和 50.2%。

24.2.2.2　NAA 喷施处理对盐胁迫下黄芪幼苗 MDA 含量的影响

如图 24-2 所示,100 mmol/L NaCl 拟盐胁迫环境使黄芪幼苗 MDA 水平显著提升,CK$_1$ 中 MDA 含量为 0.147 mmol/L,而 CK$_2$ 中 MDA 含量达到 0.350 mmol/L,是 CK$_1$ 的 2.38 倍。通过喷施 NAA,明显降低了盐胁迫下黄芪幼苗中 MDA 水平。10^{-3}mg/L 对降低盐胁迫时幼苗中 MDA 水平效果最佳,为 0.178 mmol/L,并与其他处理浓度有极显著的差异,比 CK$_2$ 减少 49%。而随着喷施 NAA 浓度的升高,黄芪幼苗中 MDA 的含量呈线性升高。试验中 NAA 对 MDA 水平的影响与对脯氨酸水平的影响相似,有所不同的是 NAA 在高浓度下也可降低黄芪幼苗 MDA 的水平。

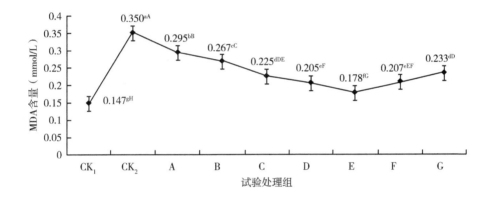

图 24-2　不同浓度 NAA 喷施对黄芪幼苗中 MDA 含量的影响

24.2.2.3　NAA 喷施处理对盐胁迫下黄芪幼苗 SOD 活性的影响

如图 24-3 所示,盐胁迫下 CK$_2$ 幼苗根部 SOD 活性为 29.19 U/（g·min）相对于 CK$_1$ 有极显著的提高。通过不同浓度 NAA 喷施黄芪幼苗发现,NAA 浓度为 10 mg/L 和 1 mg/L 时,幼苗根部 SOD 活性分别为 29.49 U/（g·min）和 32.79 U/（g·min）,对 SOD 活性并没有显著性影响。当 NAA 浓度为 10^{-2}mg/L、10^{-3}mg/L 和 10^{-4}mg/L 三者对黄芪幼苗根部 SOD 活性的影响无极显著差异,分别为 54.56 U/（g·min）、50.49 U/（g·min）和 49.47 U/（g·min）,是 CK$_2$ 的 1.87 倍、1.73 倍和 1.70 倍,CK$_1$ 的 3.96 倍、3.67 倍和 3.6 倍。当 NAA 为 10^{-5}mg/L 时幼苗中 SOD 活性明显低于前者。

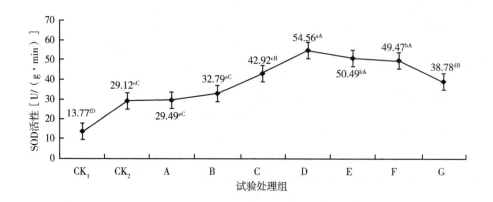

图 24-3   不同浓度 NAA 喷施对盐胁迫下黄芪幼苗 SOD 活性的影响

24.2.2.4   NAA 喷施处理对盐胁迫下黄芪幼苗可溶性糖含量的影响

如图 24-4 所示，100 mmol/L NaCl 模拟盐环境对黄芪幼苗根中可溶性糖含量有极显著提高，CK_2 中可溶性糖含量为 13.36%，比 CK_1 中可溶性糖含量（10.48%）提高 27.5%。盐胁迫作用下各浓度 NAA 喷施对黄芪幼苗根中可溶性糖水平也有显著性差异。NAA 浓度为 10 mg/L 时，幼苗可溶性糖含量为 8.51%，显著低于 CK_1，减少了 18.8%，比 CK_2 减少 36.3%。在 NAA 浓度低于 0.1mg/L，可溶性糖含量都显著高于 CK_1，在 NAA 浓度为 10^{-3}mg/L 有最大值，为无盐胁迫水平的 1.45 倍，且显著大于 CK_2 但未达到极显著水平。

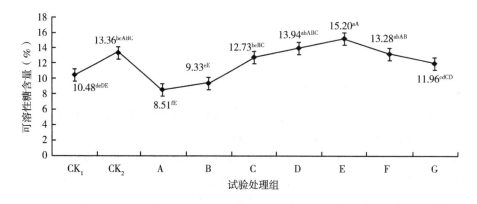

图 24-4   不同浓度 NAA 喷施对盐胁迫下黄芪幼苗可溶性糖含量的影响

注：本试验中可溶性糖含量为 1 g 鲜重样品所占比例。

24.3　讨论与结论

24.3.1　NAA 浸种对黄芪种子发芽势的影响

黄芪种子存在硬实现象，自然条件下难以突破种皮萌发，通过浓硫酸处理黄芪种子可以有效地破除种子的硬实。本试验中，经 NAA 浸种能在较短时间有效提高黄芪种子发芽势。秦淑英等（2001）认为可能是外源激素处理黄芪种子促进了部分水解酶的合成，使种子内大分子水解成容易吸收的小分子而引起黄芪种子的发芽。

试验中 NAA 浓度大于 1 mg/L 时对种子萌发有极显著的抑制作用，种子几乎无法萌发和部分出现溃烂。推测原因可能是高浓度的 NAA 诱导乙烯的合成，而乙烯能够引起器官活力降低，试验中出现种子溃烂现象是否由于产生过量乙烯导致，还有待于更深层次的证实。当 NAA 浓度小于 10^{-3} mg/L 开始对种子萌发有促进作用，并在 10^{-4} mg/L 促进作用最大。

24.3.2　NAA 喷施对盐胁迫下黄芪幼苗生长指标的影响

黄芪幼苗生长指标可以直观反映盐胁迫下喷施不同浓度 NAA 后黄芪幼苗的生长情况。结果表明 NAA 对幼苗根长影响较为明显，尤其在低浓度下对根有极显著的促进作用。在高于 10 mg/L 时对盐胁迫下根的生长有明显毒害作用，这与唐为萍等（2008）的 NAA 对芥蓝根和芽影响结果类似。在较高浓度对幼苗茎的增粗有促进作用，一方面的原因是 NAA 影响植物中的激素水平调节幼苗的生长，进而影响幼苗长势；另一方面由于黄芪幼苗根部及茎部对 NAA 的耐受浓度不同造成同一浓度下幼苗根和茎的长势不同。黄芪幼苗株高主要与子叶上部的茎有关。NAA 为 10 mg/L 时对盐胁迫幼苗叶片生长有抑制作用，伴有叶片卷曲的现象，推测可能是 NAA 影响黄芪幼苗蛋白质及核酸的合成与分解，使幼苗生长速度减慢甚至死亡。

24.3.3　NAA 喷施对盐胁迫下黄芪幼苗生理指标的影响

盐害通过使细胞过度生成 ROS 而损伤细胞膜，渗透调节物和抗氧化能力在保护植物免受盐度引起的氧化损伤方面发挥重要作用（Salar et al., 2017）。而脯氨酸作为植物蛋白主要组成成分，其含量会因为受逆境胁迫而积累。积累的脯氨酸不仅作为植物细胞质中的渗透调节物质，还可以稳定植物中大分子的结构、降低植物细胞酸性及调节细胞中氧化还原电势，因此植物体内脯氨酸水平的提高可以增强植物的抗逆性。

高浓度的 NAA 喷施后幼苗中的脯氨酸含量明显低于 CK_2，随 NAA 浓度的降低，黄芪幼苗中脯氨酸水平呈现升高的趋势，在 10^{-3} mg/L 达到峰值，并在 NAA 较低浓度时脯氨酸含量都极显著高于 CK_2。表明在低浓度下 NAA 促进了盐胁迫下黄芪幼苗脯氨酸的积累量提高，有利于提高幼苗的抗逆性。MDA 是植物细胞膜脂过氧化产物，其水平反映植物细胞膜过氧化损害程度。100 mmol/L NaCl 盐胁迫环境中，幼苗中 MDA 水平显著提高，而通过 NAA 喷施，盐胁迫下幼苗 MDA 水平有所下降，表明 NAA 对盐胁迫引起的细胞膜过氧化有一定的缓解作用。其中当 NAA 浓度为 10^{-3} mg/L 时对缓解幼苗膜脂过氧化效果最佳，可对 MDA 水平降低 49%。

NAA 喷施后对盐胁迫下黄芪幼苗中 SOD 活性有一定的提高，在试验中 NAA 浓度为 10 mg/L 对 SOD 活性提升不明显。在浓度小于 1 mg/L 对 SOD 活性都有极显著的提高，并在 NAA 浓度为 10^{-2} mg/L 效果最好，并与其他浓度有显著的差异。原因可能是 NAA 的处理诱导了幼苗中 SOD 合成，从而提高了 SOD 的活性。SOD 的活性越高对清除幼苗中 ROS 的能力越强，能有效地降低膜脂的过氧化减少 MDA 的产生（郭巧生 等，2009），有助于缓解黄芪幼苗的盐胁迫。MDA 含量在 NAA 浓度为 10^{-3} mg/L 最低，原因可能是在该浓度下对黄芪幼苗中其他抗氧化酶（如 CAT）有促进作用。

CK_2 的可溶性糖水平相比于 CK_1 提升了 27.5%。前人也有研究，植物中可溶性糖在遭受渗透胁迫时会有所增加（王家源，2013）。试验中当喷施的 NAA 浓度较高时会总体抑制幼苗的生长，导致幼苗中的可溶性糖水平低于无盐胁迫对照水平。随着 NAA 喷施浓度的降低，黄芪幼苗根部可溶性糖水平有一定幅度的增加，且在 NAA 浓度为 10^{-3} mg/L 有最大值，是 CK_1 处理的 1.45 倍。而在 NAA 浓度小于 10^{-3} mg/L 时，黄芪幼苗中的可溶性糖水平有所下降，从脯氨酸和 MDA 角度分析，原因可能是该浓度的 NAA 提高了脯氨酸的水平和缓解了根部细胞过氧化导致。这也从另一方面也说明了幼苗中可溶性糖含量增加的主要原因应是盐胁迫造成。综合以上分析，NAA 浓度在 10^{-3} mg/L 至 10^{-2} mg/L 范围可以使黄芪幼苗可溶性糖保持在较高水平，且对盐胁迫有一定的缓解作用，可以促进幼苗的生长。

25 扑草净处理对黄芪幼苗生理
生化特性的影响

随着中医中药理念的不断完善与推广（郭瑜瑞 等，2014；宋必成 2017；陈立国 等，2002），中药保健被越来越多的人所接受，中医药膳的快速发展，客观呼唤着药材种植结构的调整与完善。自然状况下的野生药材分布较少、品质不一，而人工栽培中草药不仅品质保证还能缓解市场压力推动经济发展（秦雪梅等，2012；张全，2017；赵颂杰 等，1997）。在黄芪种苗生产中，由于种植密度大，幼苗期长，导致幼苗生长较弱，同时，杂草发生量大，生长速度快，与黄芪争水、争肥、争光，而人工除草的方法劳动强度大，除草效率低，易伤苗。因此，育苗田杂草的防除已经成为黄芪种苗安全生产的主要限制因子之一。

除草剂作为去除杂草的重要手段（信小娟 等，2015；宫光前，2015；张永鹏 等，2017），通过影响植物生理代谢，引发细胞结构异常，从而起到杀灭植物的作用。因此，除草剂去除杂草的同时会对作物生理及土壤污染有一定影响。现阶段扑草净的理化性质及降解方面的研究成果颇多，颜慧等（2003）表明，固定化酶在一定 pH 范围内都有较稳定的降解效果；付晓苹等（2015）表明，刺参中扑草净检出最高。植物生理生化特性的是植物表现出抗逆性的更深层次的原因，孔治有等（2013）研究表明，扑草净对大麦伤害较大，酶活性也显著降低；郝艳平等（2007）认为，扑草净浓度越高对枣树生物量影响越大；王虎瑞等（2014）研究表明，扑草净对谷子苗期同工酶有明显影响，拔节期差异不明显。本试验探究扑草净对黄芪幼苗的影响，通过测定 MDA、SOD、POD 等生理指标的测定，进一步分析黄芪幼苗的生理生化特性，为后续黄芪栽培及除草剂用量提供理论依据。

25.1 材料与方法

25.1.1 试验材料

本试验以恒山地区道地药材蒙古黄芪种子为试验材料，由山西省大同市浑源县黄芪种植基地提供，经山西大同大学张子龙教授鉴定为蒙古黄芪种子，干重 0.62 g/100 粒。

25.1.2 试验设计

用黑方塑料小花盆每盆 10 粒预处理过的黄芪种子用营养土培育。按照试验要求配置不同浓度的扑草净待用。参照相关试验方法处理后进行各项生理指标的测定，每个指标做 3 次重复。

25.1.2.1 种子预处理

试验时先用 98% 浓硫酸处理 3 min，用氢氧化钠溶液中和后清水冲洗 7~8 次，将处理好的种子置于 25 ℃下黑暗培养箱萌发 48 h，期间保持种子湿润。

25.1.2.2 黄芪育苗

将营养土浸湿后装入塑料花盆中，选取萌发出芽的黄芪种子每盆种 10 粒，种子表面再加盖薄层营养土置于 25 ℃黑暗培养箱 1 d，此时黄芪幼苗顶土出来，然后置于人工智能气候箱，光照时间设为昼 16 h，夜 8 h，光强为昼 120 μmol/（m² · s)夜 0 μmol/（m² · s)，相对湿度设为昼 60%，夜 80%。

25.1.2.3 扑草净处理

配置不同浓度的扑草净处理液 10 mg/L、25 mg/L、50 mg/L、100 mg/L、200 mg/L、400 mg/L。将生长一致的黄芪种子进行分组，每盆加处理液 5 mL，对照加 5 mL 蒸馏水（浇液体时应用移液管在幼苗根部浇，避免将子叶浇倒或引起子叶渗透压变化）。置于人工智能气候箱，光照时间设为昼 16 h，夜 8 h，光强为昼 120 μmol/（m² · s)，夜 0 μmol/（m² · s)，相对湿度设为昼 60%，夜 80%。处理 24 h 后测定不同处理黄芪幼苗的 MDA、脯氨酸、可溶性蛋白含量及 SOD、POD 活性。处理一周后测定黄芪幼苗的根长、芽长及干重、鲜重。

25.1.3 方法

25.1.3.1 幼苗生长指标测定

处理一周后测量黄芪幼苗苗高、根长、鲜重、干重。下胚轴长：子叶与根之间的长度，每处理设 3 次重复。

25.1.3.2 生理指标测定方法

SOD 活性、POD 活性、MDA 含量、可溶性蛋白质和脯氨酸含量的测定参照蔡庆生《植物生理学试验》（蔡庆生，2013）。

25.1.4 数据分析方法

试验指标均 3 次重复，用 SPSS 20.0 进行差异显著性分析，Excel 2016 作图。

25.2　结果

25.2.1　扑草净对黄芪幼苗生长的影响

由表25-1可知，扑草净处理一周后，黄芪幼苗的根长、根鲜重及根干重均被抑制，且与处理浓度呈正相关。与对照相比，10 mg/L、25 mg/L、50 mg/L、100 mg/L、200 mg/L、400 mg/L处理下根长分别下降16.8%、35.3%、48.2%、51.4%、56.0%、60.0%；根鲜重分别下降7.9%、18.6%、30.1%、38.4%、64.9%、74.4%；根干重分别下降14.3%、17.9%、25.0%、35.7%、60.7%、71.4%。

表 25-1　扑草净对黄芪幼苗生长的影响

扑草净浓度（mg/L）	根长（cm）	芽长（cm）	根鲜重（mg/株）	芽鲜重（mg/株）	根干重（mg/株）	芽干重（mg/株）
0	2.55ᵃ	1.91ᵃ	5.55ᵃ	14.50ᵃ	0.28ᵃ	1.14ᵃ
10	2.12ᵇ	1.55ᵇ	5.11ᵇ	11.22ᵇ	0.24ᵃᵇ	1.09ᵇ
25	1.65ᶜ	1.30ᶜ	4.52ᶜ	9.54ᶜ	0.23ᵃᵇ	1.03ᶜ
50	1.32ᵈ	1.16ᵈ	3.88ᵈ	8.23ᵈ	0.21ᵇ	0.99ᵈ
100	1.24ᵈᵉ	0.88ᵉ	3.42ᵉ	7.44ᵉ	0.18ᵉ	0.94ᵉ
200	1.12ᵉᶠ	—	1.95ᶠ	—	0.11ᵈ	—
400	1.02ᶠ	—	1.42ᵍ	—	0.08ᵉ	—

芽长、芽鲜重、芽干重均被抑制。与对照相比，10 mg/L处理下芽长下降18.8%，芽鲜重下降22.6%，芽干重下降4.4%；25 mg/L处理下芽长下降31.9%，芽鲜重下降34.2%，芽干重下降9.6%；50 mg/L处理下芽长下降39.3%，芽鲜重下降43.2%，芽干重下降13.2%；100 mg/L处理下芽长下降53.9%，芽鲜重下降48.7%，芽干重下降17.5%；200 mg/L及以上时芽的生长被完全抑制。

25.2.2　扑草净对黄芪幼苗主要生理生化指标的影响

25.2.2.1　扑草净对黄芪幼苗脯氨酸和MDA含量的影响

如图25-1所示，随着扑草净浓度的升高，黄芪幼苗中脯氨酸含量随处理浓度升高呈先升后降的趋势。10 mg/L扑草净处理下脯氨酸含量上升最少，比对照增加5.3%，差异不显著；25 mg/L处理下脯氨酸含量比对照增加35%，差异显著；50 mg/L 处理下脯氨酸含量上升最多，比对照增加 245.7%，差异极显著；100 mg/L 处理下脯氨酸含量比对照增加 100.8%，差异极显著；200 mg/L 处理下脯氨酸含量比对照增加 87.7%，差异极显著；400 mg/L 处理下脯氨酸含量比对照增加 51.4%，差异显著。

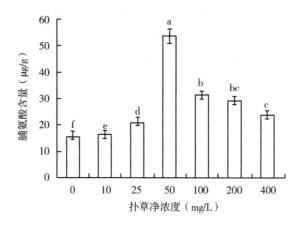

图 25-1　扑草净对黄芪幼苗脯氨酸含量的影响

如图 25-2 所示，随扑草净浓度增加，黄芪幼苗中 MDA 含量呈持续上升趋势。扑草净浓度在 10 mg/L 时 MDA 含量增加最少，比对照上升 37.7%，差异显著；扑草净浓度在 25 mg/L 时 MDA 含量比对照上升 121.4%，差异极显著；扑草净浓度在 50 mg/L 时 MDA 含量比对照上升 192.9%，差异极显著；扑草净浓度在 100 mg/L 时 MDA 含量对照上升 250%，差异极显著；扑草净浓度在 200 mg/L 时 MDA 含量比对照上升 328.6%，差异极显著。扑草净浓度

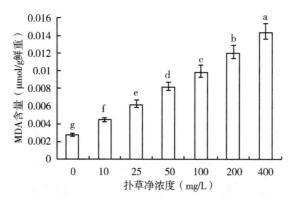

图 25-2　扑草净对黄芪幼苗 MDA 含量的影响

400 mg/L时 MDA 含量增加最多，比对照上升414.2%，差异达极显著水平。

25.2.2.2　扑草净对黄芪幼苗 POD 和 SOD 活性的影响

如图 25-3 所示，随着扑草净浓度的增加，黄芪幼苗中 POD 的活性呈先升后降的趋势。扑草净 50 mg/L POD 活性最高，比对照增加 65%，差异达极显著；扑草净 400 mg/L POD 活性最低，比对照下降 46.5%，差异显著。

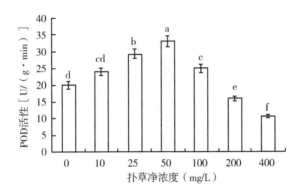

图 25-3　扑草净对黄芪幼苗 POD 活性的影响

如图 25-4 所示，随着扑草净浓度的增加，黄芪幼苗中 SOD 活性呈先升后降的趋势。扑草净浓度 100 mg/L 时 SOD 活性最高，比对照增加 25.2%，差异显著；扑草净浓度 400 mg/L 时 SOD 活性最低且低于对照，比对照减少 5.6%，差异不显著。

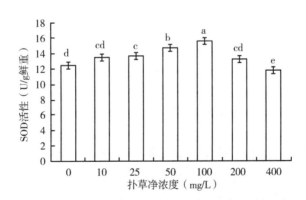

图 25-4　扑草净对黄芪幼苗 SOD 活性的影响

25.2.2.3　扑草净对黄芪幼苗可溶性蛋白含量的影响

如图 25-5 所示，随扑草净浓度的增加，黄芪幼苗中可溶性蛋白的含量呈下降趋势，扑草净浓度 10 mg/L 时可溶性蛋白含量下降最少，比对照减少7.3%，差异显著。400 mg/L 时可溶性蛋白含量下降最多，比对照减少 73%，极显著低于对照水平。

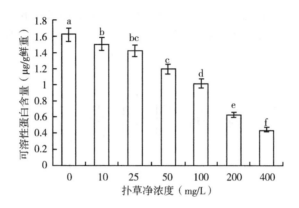

图 25-5　扑草净对黄芪幼苗可溶性蛋白含量的影响

25.3　讨论与结论

除草剂处理明显抑制了黄芪幼苗根长与芽长的生长（表 25-1），且随着处理浓度升高对根长和芽长的抑制效果越明显，在扑草净浓度达到 200 mg/L 时抑制芽的生长，与温银元等（2012）的研究结果相一致。根长、芽长、根鲜重、芽鲜重下降明显，表明除草剂抑制了细胞的分裂从而影响了根、芽的生长。扑草净胁迫下膜脂质过氧化加剧，细胞膜完整性被破坏，MDA 和脯氨酸含量增加。本试验 MDA 含量呈持续上升趋势（图 25-2），表明随处理浓度升高细胞膜完整性越差，细胞受到的损伤程度越大。脯氨酸含量在中低浓度处理时升高，高于 50 mg/L 处理时下降（图 25-1）。表明中低浓度除草剂处理下，植物通过脯氨酸积累来增加植物抗逆性；处理浓度过高则破坏了细胞结构。

除草剂胁迫破坏 ROS 代谢的动态平衡（郭青海 等，2009）。扑草净浓度低于 100 mg/L 时，SOD 活性上升随后开始下降（图 25-4），当处理浓度达到400 mg/L 时 SOD 活性低于对照组。扑草净浓度低于 50 mg/L 时 POD 活性上升随后开始下降（图 25-3），当处理浓度达 200 mg/L 及以上时 POD 活性低于对照。两个数据表明：在低浓度除草剂处理时，黄芪幼苗可通过自身抗氧化系统提高自身对外界环境的适应性；高浓度的除草剂则严重损害细胞抗氧化系统，碰坏了细胞结构。

综上所述，高浓度扑草净处理严重影响黄芪幼苗的生长及生理特性，且自身生抗氧化系统遭到破坏。扑草净浓度低于 50 mg/L 时，黄芪幼苗可通过自身抗氧化酶的相互协调，减轻对细胞的伤害。因此，在后续黄芪幼苗的生产种植中，除草剂扑草净的使用浓度不应高于 50 mg/L。

参考文献

陈贵林，2018. 黄芪生物学研究 [M]. 北京：科学出版社.

陈立国，杨长举，王克勤，等，2002. 茯苓喙扁螨和白蚁无害化防控技术研究 [J]. 华中农业大学学报，21（3）：221-223.

陈永中，2021. 太空搭载膜荚黄芪 SP2 代二年生群体遗传变异分析 [D]. 兰州：甘肃农业大学.

崔红艳，周海，方子森，等，2014. 黄芪高产优质新品系 JX08-5-1 选育报告 [J]. 中国现代中药，16（4）：303-306.

崔兴国，2010. 盐胁迫对黄芪种子萌发的影响 [J]. 衡水学院学报（4）：31-33.

丁益，王百年，韩效钊，等，2004. α-萘乙酸的合成方法及应用前景 [J]. 安徽化工（3）：17-18.

段琦梅，梁宗锁，慕小倩，等，2005. 黄芪种子萌发特性的研究 [J]. 西北植物学报（6）：1246-1249.

付晓苹，刘巧荣，许玉艳，等，2015. 扑草净对人体健康及水生环境的安全性评价 [J]. 中国农学通报，31（35）：49-57.

傅坤俊，1991. 甘肃黄耆属新分类群 [J]. 西北植物学报（4）：341-345.

宫光前，2015. 中药材除草剂使用要点 [J]. 特种经济动植物，18（5）：55.

郭巧生，吴友根，林尤奋，等，2009. 广藿香苗期生长及其抗氧化酶活性对盐胁迫的响应 [J]. 中国中药杂志，34（5）：530-534.

郭青海，王宏富，赵晓玲，等，2009. 扑草净不同处理对谷子幼苗过氧化物酶活力及同工酶的影响 [J]. 山西农业科学，37（7）：11-13.

郭瑜瑞，王渭玲，杨祎辰，等，2014. 4 种微量元素对蒙古黄芪幼苗形态建成及抗逆性的影响 [J]. 西北农业学报，23（6）：172-179.

国家药典委员会，2015. 中华人民共和国药典 [M]. 一部. 北京：中国医药科技出版社.

郝艳平，武静，廉梅霞，等，2007. 扑草净对枣树生理生化影响的研究
　[J]. 山西林业科技，3（1）：41-43.

黄耀龙，武永陶，曹占凤，等，2021. 黄芪新品种西芪1号种苗高效繁育
　技术 [J]. 甘肃农业科技，52（4）：92-94.

孔治有，杨志雷，覃鹏，等，2013. 不同浓度扑草净和异丙隆对大麦生理
　生化特性的影响 [J]. 西南农业学报，26（6）：2332-2335.

刘建霞，刘建，王润梅，等，2019. 扑草净处理对黄芪幼苗生理生化特性
　的影响 [J]. 中药材，42（4）：738-741.

刘建霞，钟文星，王润梅，等，2018. 萘乙酸喷施对盐胁迫下黄芪幼苗的
　缓解作用 [J]. 中药材，41（1）：28-32.

刘娟，王良信，王凌诗，1996. 黄芪性状特征与物种及条件相关性研究
　[J]. 中国野生植物资源，4：1-4.

马晓晶，郭娟，唐金富，等，2015. 论中药资源可持续发展的现状与未来
　[J]. 中国中药杂志，40（10）：1887-1892.

马雪松，赵金梅，隋月梅，2018. 黄芪的营养成分测定及保健功能研究
　[J]. 黑龙江科学，9（22）：44-45.

孟琮，吴家胜，马越鸣，2016. 黄芪组分及主要成分保肝作用研究进展
　[J]. 中医学，5（2）：63-70.

秦淑英，唐秀光，王文全，等，2001. 药用植物种子处理研究概况 [J].
　种子（2）：39-41.

秦雪梅，李爱平，李科，等，2016. 山西黄芪产业发展思考 [J]. 中国中
　药杂志，41（24）：4670-4674.

任丽丽，任春明，赵自国，2010. 植物耐盐性研究进展 [J]. 山西农业科
　学，38（5）：87-90.

宋必成，2017. 应县黄芪产业发展探讨 [J]. 山西科技，32（6）：
　101-106.

覃鹏，孔治有，赵旭，等，2012. 低温和扑草净处理对大麦生理生化特性
　的影响 [J]. 作物杂志，6（25）：101-104.

唐为萍，陈树思，陈丹生，等，2008. 萘乙酸对芥蓝根、芽生长的影响
　[J]. 北方园艺（11）：34-36.

田鑫，钟程，李性苑，等，2015. 盐胁迫对薏苡种子萌发及幼苗生长的影
　响 [J]. 作物杂志（2）：140-143.

王尔彤，刘玫，刘鸣远，1995. 两种黄芪主根内部结构和有效成分含量变
　化规律的研究 [J]. 植物研究，15（1）：92-96.

王尔彤，刘鸣远，1996. 两种药用黄芪比较生物学研究 [J]. 植物研究，16（1）：85-91.

王虎瑞，张瑞栋，张素梅，等，2014. 不同除草剂对不同谷子品种POD同工酶的影响 [J]. 山西农业科学，42（1）：17-22.

王家源，2013. 苦楝种苗耐盐胁迫的生理响应机制研究 [D]. 南京：南京林业大学.

王良信，刘娟，1991. 黑龙江省药用黄芪栽培驯化的若干问题 [C] //全国黄芪学术研讨会论文集. 中国药学会、山西省药学会编.

王凌诗，王良信，1999. 中药材性状特征的质量评价 [J]. 中草药，30（5）：371-374.

王荣栋，尹经章，2015. 作物栽培学 [M]. 2版. 北京：高等教育出版社.

温银元，郭平毅，尹美强，等，2012. 扑草净对远志幼苗根系活力及氧化胁迫的影响 [J]. 生态学报，32（8）：2506-2514.

吴宏辉，李红丽，侯俊玲，等，2016. 黄芪种质资源研究进展 [J]. 中医药导报，22（24）：76-79.

吴松权，2009. 膜荚黄芪不定根培养及苯丙氨酸解氨酶（PAL）基因的克隆与功能鉴定 [D]. 吉林：东北林业大学.

信小娟，张玉华，万群芳，等，2015. 5 种除草剂防除黄芪田杂草的效果比较 [J]. 防护林科技，3（3）：14-15.

颜慧，李军红，宋文华，等，2003. 扑草净降解酶的固定化及其对受污染土壤的生物强化研究 [J]. 南开大学学报，36（2）：109-115.

燕玲，宛涛，张众，等，2001. 膜荚黄芪与蒙古黄芪植物学特征分析 [J]. 内蒙古农业大学学报（自然科学版）（4）：71-77.

张兰涛，郭宝林，朱顺昌，等，2006. 黄芪种质资源调查报告 [J]. 中药材（8）：771-773.

张全，2017. 浑源县黄芪种子种苗繁育技术 [J]. 农业技术与装备，3（49）：51-53.

张永鹏，赵斌荣，张东，等，2017. 不同除草剂对黄芪育苗田常见杂草防除效果研究 [J]. 农业灾害研究，7（5）：9-11.

赵明，段金廒，黄文哲，等，2000. 中国黄芪属（Astragalus Linn.）药用植物资源现状及分析 [J]. 中国野生植物资源（6）：5-9.

赵颂杰，杨武，牟亚楠，1997. 国外中药市场的分布及开发利用 [J]. 国外医学中医中药分册，19（3）：61.

郑天翔, 陈叶, 2016. 黄芪硬实种子的破除方法研究 [J]. 种子, 35 (6): 90-93.

Chao L, Zhou Q X, Chen S, 2007. Effects of herbicide acetochlor on physiological mechanisms in wheat and biomarkers identification [J]. Environmental Science, 28 (4): 866-871.

Farhangi-Abriz S, Torabian S, 2017. Antioxidant enzyme and osmotic adjustment changes in bean seedlings as affected by biochar under salt stress [J]. Ecotoxicology and Environmental Safety (137): 64-70.

Niste M, Vidican R, Stoian V, et al., 2015. The Effect of Salinity Stress on Seed Germination of Red Clover (*Trifolium pratense* L.) and Alfalfa (*Medicago sativa* L.) Varieties [J]. Bulletin of University of Agricultural Sciences and Veterinary Medicine Cluj-Napoca. Agriculture (2): 447-452.

Zhou Z, Meng M H, Ni H F, 2017. Chemosensitizing effect of astragalus polysaccharides on nasopharyngeal carcinoma cells by inducing apoptosis and modulating expression of Bax/Bcl-2 ratio and caspases [J]. Medical Science Monitor (23): 462-469.

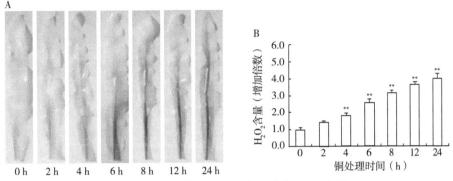

图 8-1　Cu²⁺ 暴露后玉米叶片中 H₂O₂ 积累

注：A：组织化学染色法检测 H₂O₂ 积累；B：采用分光光度计法检测 H₂O₂ 含量。试验重复 3 次，结果为平均值 ± S. E.（n = 6）。对照组平均值设为 1，处理组的平均值用处理组数值与对照组平均值的比值表示。* $P<0.05$，** $P<0.01$。

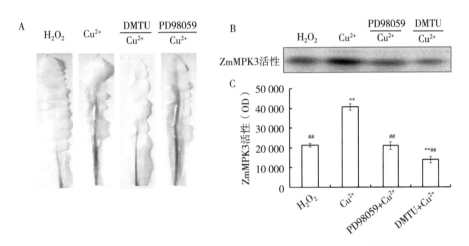

图 8-4　Cu²⁺ 胁迫诱导玉米叶片 H₂O₂ 产生与 ZmMPK3 活化的关系

注：A：PD98059 或 DMTU 预处理对 Cu²⁺ 诱导 H₂O₂ 生成的影响。用 100 μmol/L PD98059/5 mmol/L DMTU 预处理玉米植株 8 h，然后用 100 μmol/L Cu²⁺ 预处理 24 h。图 8-4A 中字母表示：H₂O₂=H₂O₂（8 h）+H₂O₂（24 h）；Cu²⁺=H₂O₂（8 h）+100 μmol/L Cu²⁺（24 h）；DMTU/Cu²⁺=5 mmol/L DMTU（8 h）+100 μmol/L Cu²⁺（24 h）和 PD98059/Cu²⁺=100 μmol/L PD98059（8 h）+100 μmol/L Cu²⁺（24 h）。B：PD98059 或 DMTU 预处理对 ZmMPK3 激酶活性的影响；C：ZmMPK3 激酶活性的量化，用 imagej 图像处理软件对凝胶图像进行分析。数据显示为 3 次重复试验的平均值 ± S. E. 玉米植株经 100 μmol/L PD98059/5 mmol/L DMTU 预处理 8 h 后，再经 100 μmol/L Cu²⁺ 预处理 0.5 h，检测 ZmMPK3 激酶活性。图 8-4B 和图 8-4C 上字母表示：H₂O₂=H₂O₂（8 h）+H₂O₂（0.5 h）；Cu²⁺=H₂O₂（8 h）+100 μmol/L Cu²⁺（0.5 h），PD98059/Cu²⁺=100 μmol/L PD98059（8 h）+100 μmol/L Cu²⁺（0.5 h），DMTU/Cu²⁺=5 mmol/L DMTU（8 h）+100 μmol/L Cu²⁺（0.5 h），试验重复 3 次。与对照组比较，* $P<0.05$，** $P<0.01$；与 Cu²⁺ 处理组比较，#$P<0.05$，##$P<0.01$。

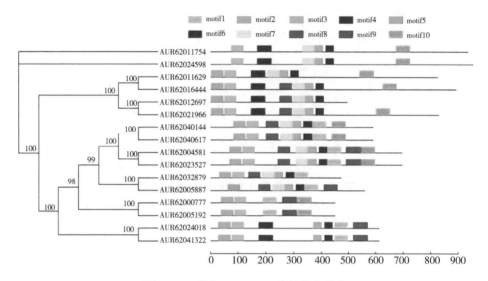

图 11-3 所有 CqHSP70 中的保守基序

注：通过多重 EM 基序引发（MEME）分析，鉴定了所有 CqHSP70 中的 10 个保守基序。示意图显示了保守的基序，每个基序由顶部编号的彩色框表示。比例尺表示氨基酸（aa）的数量。

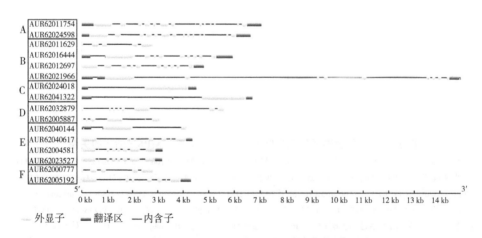

图 11-4 藜麦中 *Hsp70* 旁系同源对基因结构的保守性和多样性

注：该图显示了藜麦中 *Hsp70* 基因结构的示意图。黄色框代表外显子，黑线代表内含子，蓝色框代表非翻译区（UTR）区域。HSP70 进化枝 A ~ F（A ~ F）如左侧所示。比例尺表示碱基对（bp）的数量。

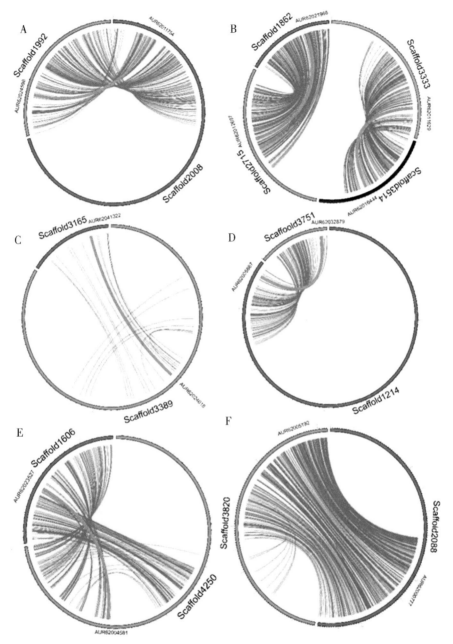

图 11-5　*Cqhsp70* 的同线性分析

注：使用 MCScanX 进行支架中 *Cqhsp70* 旁系同源对的同线性和共线性区域（Wang et al., 2012）。（使用了 8 对中的 7 对，除了 AUR62040144-AUR620440617 对，其支架太短而无法研究同线性区域。）*Cqhsp70* 旁系同源对由蓝线表示，而红线代表支架中的保守区域。注：该图中的（A）~（F）与图 11-2 中那些旁系同源对的进化枝来源一致。

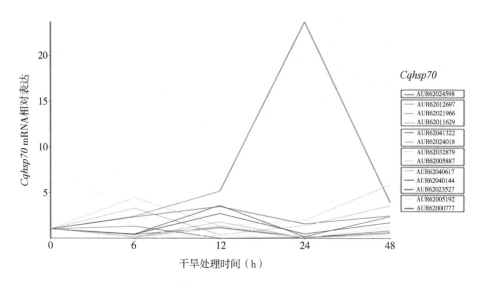

图 11-6　响应干旱处理的 *Cqhsp70* 基因表达谱

注：用 25% PEG 6000（W/V）灌溉生长 2 周的藜麦幼苗。在处理期间的 5 个时间点（0 h、6 h、12 h、24 h 和 48 h）收集地上组织。对不同批次的处理植物进行定量聚合酶链反应（qPCR）测定，并显示了一项代表性数据。

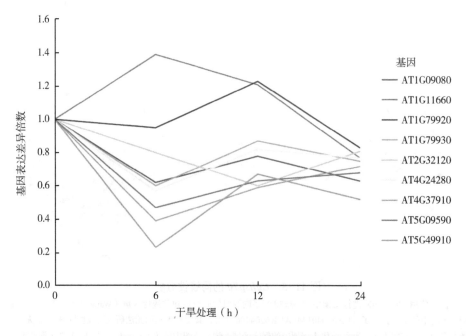

图 11-7　*Athsp70* 基因在干旱处理中的表达谱

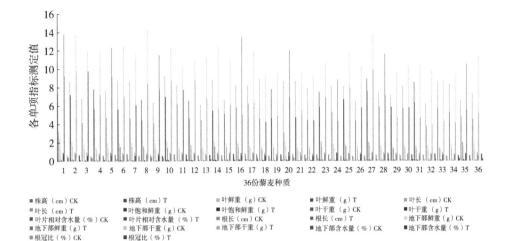

图 13-1　各单项指标测定值

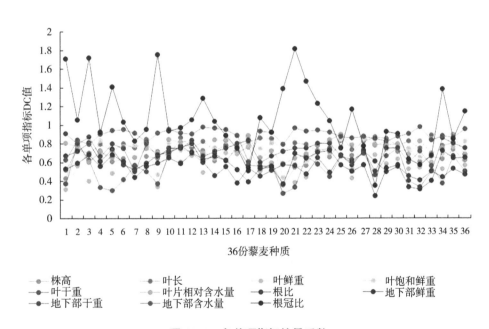

图 13-2　各单项指标抗旱系数

作者简介

刘建霞，女，汉族，山西山阴人，1977年10月出生。山西大学作物遗传育种专业研究生毕业，2021—2022年北京大学访问学者。现为山西大同大学农学与生命科学学院设施农业技术研发中心副主任，主要从事作物种质资源开发与利用研究；主讲课程有《细胞工程》《遗传学》《细胞生物学》《食品营养与健康》《生物制药》等。

2010—2012年主持完成"山西省自然科学（青年）基金"项目——山西省马铃薯遗传资源多样性的SSR研究（项目编号：2010021026-2）；2014—2016年主持完成"山西省科技攻关计划项目"——食用豆种质资源发掘、创新及高效栽培技术研究（项目编号：20140311005-3）；2018—2020年主持完成"大同市农业重点研发项目"——藜麦种质资源引种大同地区适应性筛选与种质创新（项目编号：2018042）；2022年至今主持在研"大同市应用基础研究项目"——道地恒山黄芪优质种源选育与组学分析（项目编号：2022036）；2023年至今主持在研"横向项目"——中药材种子种苗繁育研发基地建设（项目编号：02050294）。参与国家自然科学基金项目（项目编号：31400479）1项，省自然科学基金项目多项。以第一作者发表学术论文22篇，其中SCI收录4篇，中文北大核心10篇。

2022年以第一副主编设计编撰了实验教材《小杂粮生产性实验实训》，由科学出版社出版。2021年获山西大同大学教学创新大赛二等奖；2020年获山西大同大学教学基本功大赛工科组一等奖；2013年"恒山黄芪内生真菌抗生素类代谢产物的研究"获大同市科技进步三等奖；2010年获山西大同大学科学技术研究突出贡献先进个人三等奖。